KUKA 工业机器人应用工程师系列

KUKA 工业机器人基础入门与应用案例精析

王志全　王云飞　编著

机 械 工 业 出 版 社

本书基于作者多年与KUKA机器人相关的从业经验来编写，全书共7章，主要围绕KUKA机器人的机械、电气、操作、配置软件、编程软件以及应用等方面展开。其中，第1章以机器人系统组成展开，主要讲述了机器人本体、控制柜、通信总线、示教器操作以及机器人相关安全等内容；第2章以机器人投入运行展开，包含系统线路连接、安全回路、数据备份、投入运行设置、零点标定等内容；第3章主要围绕机器人编程展开，内容包括运动编程以及逻辑信号编程等；第4章介绍基于WorkVisual软件的机器人工程项目配置，如机器人项目的上传与下载、通信总线与I/O信号的配置、长文本编辑等；第5章从软件编程角度出发，分别讲述了OrangeEdit软件和WorkVisual软件在编程方面的使用；第6章与第7章分别围绕码垛工作站以及上下料工作站展开，其中涉及I/O配置、坐标系建立、联机表单编程、KRL语言编程、流程分解、程序清单等内容。为便于读者学习，随书赠送PPT课件，请联系QQ296447532获取。

本书适合从事KUKA机器人现场维护、调试应用的工程技术人员，以及高校和职业院校自动化、工业机器人等相关专业的学生学习和参考。

图书在版编目（CIP）数据

KUKA工业机器人基础入门与应用案例精析/王志全，王云飞编著．—北京：机械工业出版社，2020.1（2024.7重印）

KUKA工业机器人应用工程师系列

ISBN 978-7-111-64382-1

Ⅰ．①K… Ⅱ．①王… ②王… Ⅲ．①工业机器人—程序设计—教材 Ⅳ．①TP242.2

中国版本图书馆CIP数据核字（2019）第293720号

机械工业出版社（北京市百万庄大街22号 邮政编码100037）

策划编辑：周国萍　　责任编辑：周国萍

责任校对：王　欣　　封面设计：陈　沛

责任印制：邓　博

北京盛通数码印刷有限公司印刷

2024年7月第1版第9次印刷

184mm×260mm・12.5印张・300千字

标准书号：ISBN 978-7-111-64382-1

定价：59.00元

电话服务	网络服务
客服电话：010-88361066	机　工　官　网：www.cmpbook.com
010-88379833	机　工　官　博：weibo.com/cmp1952
010-68326294	金　　书　　网：www.golden-book.com
封底无防伪标均为盗版	机工教育服务网：www.cmpedu.com

前　言

KUKA（库卡）机器人有限公司是世界领先的工业机器人制造商之一。KUKA 机器人有限公司在全球拥有 20 多个子公司，大部分是销售和服务中心，其中包括美国、墨西哥、巴西、日本、韩国、印度和绝大多数欧洲国家。公司的名字 KUKA 是 Keller und Knappich Augsburg 的四个首字母组合，它同时是库卡公司所有产品的注册商标。

KUKA 机器人的主要应用领域包括汽车制造业、电子电气行业、橡胶及塑料行业、铸造行业、化工行业、食品行业、家电行业、冶金行业、烟草行业、医疗行业等，涉及的典型应用包括焊接、喷涂、涂胶、装配、搬运、包装、码垛、打磨等。

随着德国提出“工业 4.0”的概念，全球制造业正在向着自动化、集成化及智能化方向发展，中国作为制造业大国，以工业机器人为标志的智能制造在各行业的应用越来越广泛，从而以智能制造为主导的第四次工业革命也开始逐渐影响人们的生活。工业机器人的广泛应用，不仅降低了劳动力成本，提高了企业的生产效率和竞争力，而且可以保证我国社会生产的安全，将工人从复杂而又恶劣的工作环境中解放出来。

由于科学和技术的不断发展，对机器人工程师的要求也越来越高，不仅需要掌握机器人本身的操作和编程，而且还需要了解机器人周边相关的一些知识，比如视觉系统、总线通信、可编程序控制器（PLC）及面向对象编程的语言（如 C#）。

本书基于作者多年与 KUKA 机器人相关的从业经验来编写，全书共 7 章，主要围绕 KUKA 机器人的机械、电气、操作、配置软件、编程软件以及应用等方面展开。其中，第 1 章以机器人系统组成展开，主要讲述了机器人本体、控制柜、通信总线、示教器操作以及机器人相关安全等内容；第 2 章以机器人投入运行展开，包含系统线路连接、安全回路、数据备份、投入运行设置、零点标定等内容；第 3 章主要围绕机器人编程展开，内容包括运动编程以及逻辑信号编程等；第 4 章介绍基于 WorkVisual 软件的机器人工程项目配置，比如机器人项目的上传与下载、通信总线与 I/O 信号的配置、长文本编辑等；第 5 章从软件编程角度出发，分别讲述了 OrangeEdit 软件和 WorkVisual 软件在编程方面的使用；第 6 章与第 7 章分别围绕码垛工作站以及上下料工作站展开，其中涉及 I/O 配置、坐标系建立、联机表单编程、KRL 语言编程、流程分解、程序清单等内容。

本书的内容适合从事 KUKA 机器人现场维护、调试应用的工程技术人员学习和参考。同时由于本书图文并茂、通俗易懂、KUKA 机器人知识点的展开条理清晰，也非常适合高校及职业院校自动化、工业机器人等相关专业的学生使用。

全书由王志全、王云飞编著。感谢在编写过程中给予帮助的朋友，如吕楠、丁华晶、张秀思、郝建辉、梁涛、吴庆国、刁鹏等（排名不分先后）。由于编著者的水平有限，时间仓促，在编写中若出现疏漏，欢迎广大读者朋友提出宝贵意见以及建议，让本书更加完善。

编著者

目　录

第 1 章

KUKA 机器人系统

- 认识工业机器人
- KUKA 工业机器人品种
- 机器人机械系统构成
- 控制柜分类
- 机器人控制系统构成
- 示教器 SmartPad 介绍
- 机器人的安全

1.1 认识工业机器人

工业机器人是面向工业领域的带有多个关节的机器装置，是一种可自由编程并受程序控制的操作机器，它可以按照预先编制的程序运行。工业机器人多数由机械本体、驱动系统和控制系统三个基本部分组成，机械本体包括臂部、腕部和手部，驱动系统包括伺服驱动装置和传动机构，控制系统是整个机器人的控制核心，可以根据设定的程序来控制工业机器人的动作。

随着全球制造业向着自动化、集成化及智能化方向发展，中国作为制造业大国，以工业机器人为标志的智能制造在各行业的应用越来越广泛。工业机器人的主要应用领域包括汽车制造业、电子电气行业、橡胶及塑料行业、铸造行业、化工行业、食品行业、家电行业、冶金行业、烟草行业等。工业机器人的典型应用包括焊接、喷涂、涂胶、装配、搬运、包装、码垛、打磨等。工业机器人的优点有：

1）减少劳动力费用，降低生产成本。

2）加快生产节拍，提高生产效率。

3）保证产品质量。

4）消除危险和恶劣的工作环境对人的影响。

5）减少材料浪费。

一套完整的工业机器人系统一般包括机械本体、控制柜、连接线缆、软件以及外围设备。图 1-1 所示为一套标准的 KUKA 工业机器人系统。

图 1-1

1—机器人控制柜　2—机器人机械本体　3—SmartPad 示教器

1.2 KUKA 工业机器人品种

KUKA 工业机器人为行业应用提供了多种产品，主要分为人机协作机器人、耐热耐脏型机器人、洁净室型机器人、防水型机器人、用于搬运卸货的码垛机器人、焊接机器人、食品药品行业应用的机器人、高精度机器人和冲压机器人。

1.3 机器人机械系统构成

机械手是机器人机械系统的主体，一般由六根可活动的、相互连接到一起的轴组成，各轴关节运动是通过伺服电动机驱动减速机或同步带，调控机器人机械系统的各部件实现的。机械系统各部件主要由铸铁和铸铝制成，有的机器人根据特殊的工艺要求，机械系统各部件也可使用碳纤维制作。KUKA 机器人机械系统如图 1-2 所示（A1 ～ A6 分别为机器人的 1 轴至 6 轴）。

图　1-2

基于安全原因，KUKA 机器人 A1 ～ A3 及 A5 轴运动范围可能会有带缓冲器的机械终端止档（简称硬机械限位）限定。图 1-3 为 A1 ～ A3 的硬机械限位。

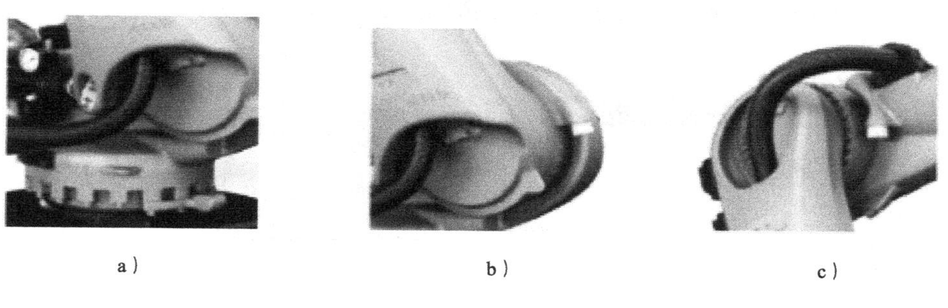

a）　　b）　　c）

图　1-3

a）A1 轴硬机械限位　b）A2 轴硬机械限位　c）A3 轴硬机械限位

1.4 控制柜分类

KUKA 机器人控制柜分为如图 1-4 所示五种类型。其名称及主要参数见表 1-1。

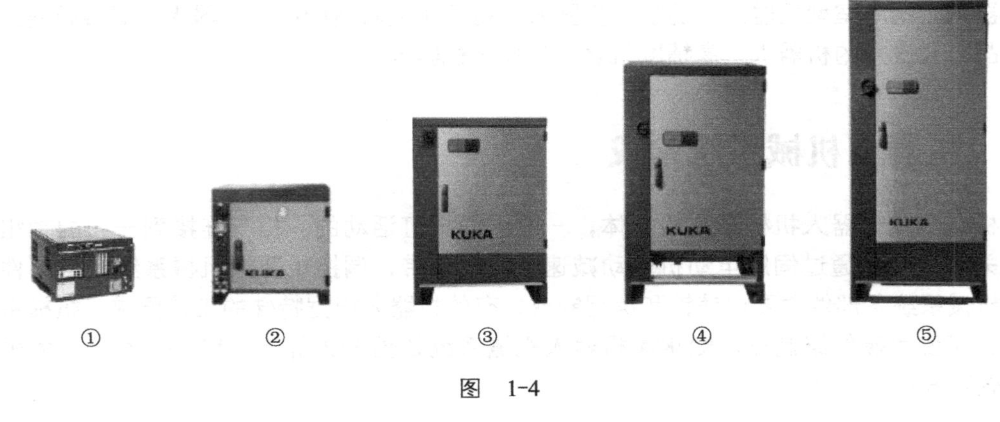

图 1-4

表 1-1

序号	名称	主要参数
①	KR C4 紧凑型控制柜	19in（1in=0.0254m）机箱，IP 20，6 轴，最多 2 个外部轴（需配紧凑型驱动箱来扩展）
②	KR C4 小型控制柜	IP 54，6 轴，可叠加（可配小型驱动箱扩展外部轴）
③	KR C4 标准型控制柜	IP 54，6 轴，最多 3 个外部轴，可叠加
④	KR C4 中型控制柜	IP 54，6 轴，最多 3 个外部轴，不可叠加
⑤	KR C4 扩展型控制柜	IP 54，6 轴，最多 10 个外部轴，不可叠加

1.5 机器人控制系统构成

1.5.1 控制系统操作面板

KUKA 机器人控制系统（以 KR C4 标准型控制柜为例）操作面板指示灯和接口的布置如图 1-5 所示。KUKA 机器人控制系统操作面板指示灯和接口说明见表 1-2。

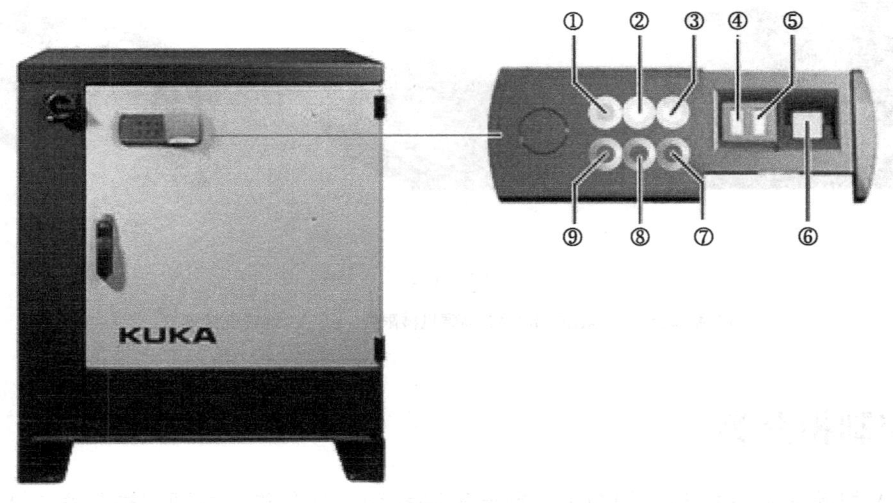

图 1-5

表 1-2

序号	名称	说明	序号	名称	说明
①	LED 绿色	运行指示灯	⑥	网络接口	选配
②	LED 白色	休眠模式指示灯	⑦	LED 红色	故障指示灯
③	LED 白色	自动模式指示灯	⑧	LED 红色	故障指示灯
④	USB 接口	数据读取接口	⑨	LED 红色	故障指示灯
⑤	USB 接口	数据读取接口			

1.5.2 控制系统元件

KUKA 机器人系统配置不同，元件的构成可能会有所不同。如图 1-6 所示，下面以一款控制柜型号为 KR C4 标准型、本体型号为 KR16-2 的机器人系统为例，介绍控制系统元件组成和总线系统的构成。主要元件说明见表 1-3。

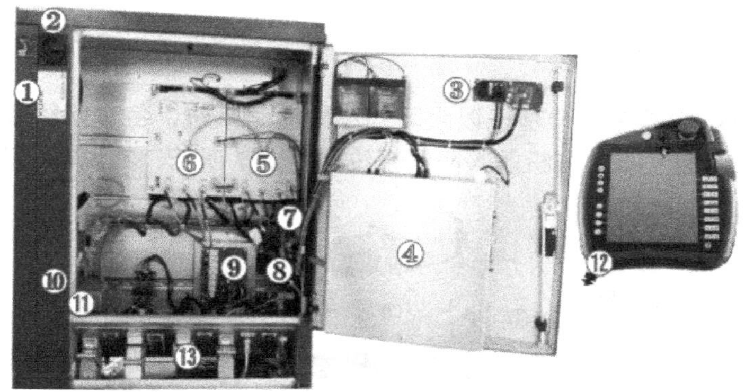

图 1-6

表 1-3

序号	说明	序号	说明
①	电源滤波器	⑧	控制柜控制单元板（CCU）
②	主开关	⑨	安全接口板（SIB）/ 扩展型安全接口板（SIB-Ext）
③	控制系统操作面板（CSP）	⑩	保险元件
④	控制系统主机（KPC）	⑪	蓄电池（根据规格放置）
⑤	驱动电源（KPP），集成驱动调节器	⑫	示教器 SmartPad
⑥	驱动调节器（KSP）	⑬	接线面板
⑦	制动滤波器		

控制系统部分元件详细介绍如下：

1）KPP 可生成整流中间回路电压，利用该电压可给内置驱动调节器和外置驱动装置供电。KPP 有五种形式可供选择，分别是：

① 不带驱动系统，如型号 KPP600-20。

② 带单轴驱动系统，如输出峰值电流 1×40A，型号 KPP600-20-1×40。

③ 带单轴驱动系统，如输出峰值电流 1×64A，型号 KPP600-20-1×64。

④ 带双轴驱动系统，如输出峰值电流 2×40A，型号 KPP600-20-2×40。

⑤ 带三轴驱动系统，如输出峰值电流 3×20A，型号 KPP600-20-3×20。此形式用于驱动腕部轴 A4 ～ A6，应用于小型和中型负载能力的 KUKA 系统，在图 1-6 所示的控制系统中，KPP 为此种类型。

2）KSP 是机器人驱动调节器，在图 1-6 所示的控制系统中，KSP 驱动 A1 ～ A3 轴。KSP 有三种形式可供选择，分别是：

① 3 轴 KSP，如输出峰值电流 3×20A，型号 KSP600-3×20。

② 3 轴 KSP，如输出峰值电流 3×40A，型号 KSP600-3×40。

③ 3 轴 KSP，如输出峰值电流 3×64A，型号 KSP600-3×64。

3）CCU 包含两块电路板（CIB 控制柜接口板和 PMB 电源管理板），是机器人控制系统所有组件的配电装置和通信接口。所有数据通过内部通信传输给控制系统，并在那里继续处理。当主电源断电时，控制系统低压部件接受蓄电池供电，直至位置数据备份完成以及控制系统关闭，可通过电池负载测试检查蓄电池的充电状态和质量。

4）SIB 是用户安全接口的组成部分，连接急停开关和防护门等安全信号，与接线端子 X11 相连；SIB-Ext 与接线端子 X13 相连，用于安全机器人。

1.5.3 网络系统

KR-C4 控制系统内具有六个基于以太网的不同网络系统，每个网络系统用于使不同的控制系统组件相互连接，KUKA 机器人网络系统如图 1-7 所示，其说明见表 1-4。

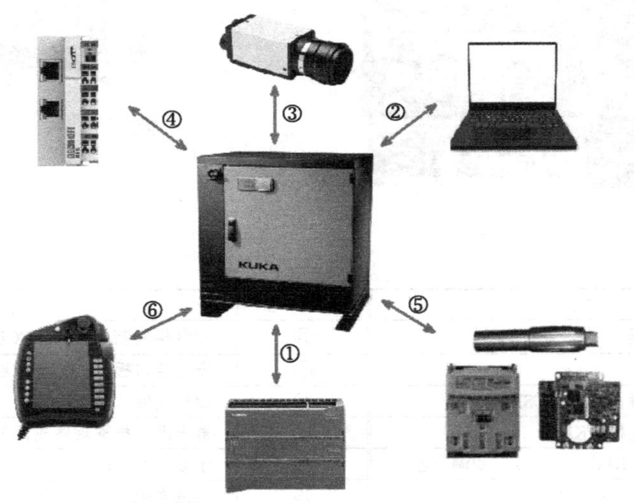

图 1-7

表 1-4

序　号	名　称	说　明
①	KLI（KUKA 线路接口）	用于耦联：PLC 和 TCP/IP 网络连接
②	KSI（KUKA 服务接口）	用于连接配置和诊断的 WorkVisual 笔记本计算机
③	KONI（KUKA 选项接口）	例如通过备选软件包 VisionTech 连接工业相机
④	KEB（KUKA 扩展总线）接口	用于耦联：EtherCAT 总线耦合器、EtherCAT 输入/输出模块、PROFIBUS 网关、DeviceNet 网关、其他所选的基于 EtherCAT 的现场总线用户
⑤	KCB（KUKA 控制器总线）接口	用于耦联：RDC（分解器数字转换器）、KPP、KSP、EMD（电子校准装置）
⑥	KSB（KUKA 系统总线）接口	用于耦联：SmartPad、SIB、SIB-Ext、机器人协同、其他 KUKA 选项

1.5.4 KCB

KCB（KUKA 控制器总线）是基于 EtherCAT 协议的驱动总线，图 1-8 为 KCB 的组件示意图，主要针对带标准柜的中小型机器人系统，其说明见表 1-5。

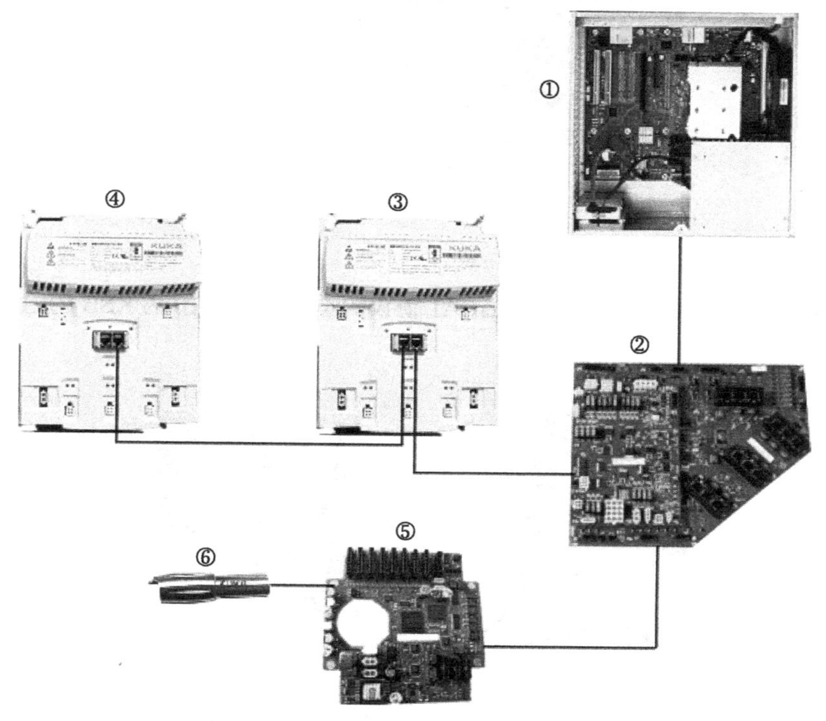

图 1-8

表 1-5

序　号	名　称	说　明	序　号	名　称	说　明
①	KPC	控制系统主机	④	KSP	驱动调节器
②	CIB	控制柜接口板	⑤	RDC	分解器数字转换器
③	KPP	驱动电源	⑥	EMD	电子校准装置

KCB 部分组件说明如下：

1）RDC 是一种可将分解器模拟数值转换成数码数值的电路板。该电路板装于一个 RDC 盒内，整体固定在机器人支脚或转台上。RDC 完成以下功能：

① 采集机器人伺服电动机的编码器数据。

② 采集机器人伺服电动机的工作温度。

③ 与机器人控制器通信。

④ 监控分解器的线路是否中断。

2）机器人在运输过程中有时因为强烈颠簸会造成机器人轴零点丢失，或者在更换电动机、RDC 后也会造成机器人轴零点丢失。这时就需要专用的工具对机器人轴进行零点校准。如图 1-9 所示，这个专用工具称为电子校准装置（EMD），EMD 用于机器人各轴的零点校准，属于 KCB 下的一个组件，EMD 通过接线端 X32 与 RDC 相互连接。

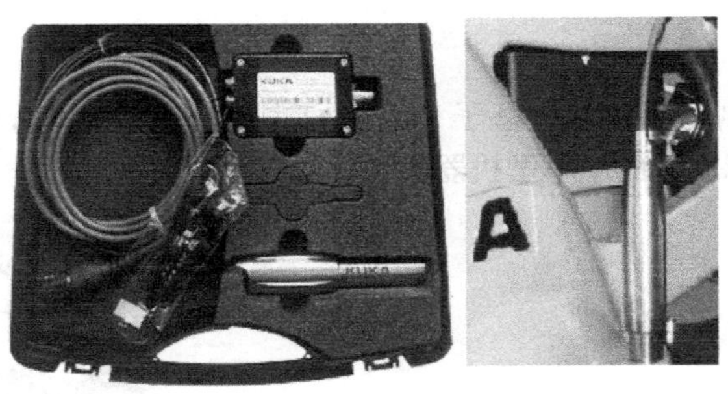

图 1-9

1.5.5 KSB

KSB（KUKA 系统总线）是基于 EtherCAT 协议的总线，图 1-10 为 KSB 的组件示意图，其说明见表 1-6。

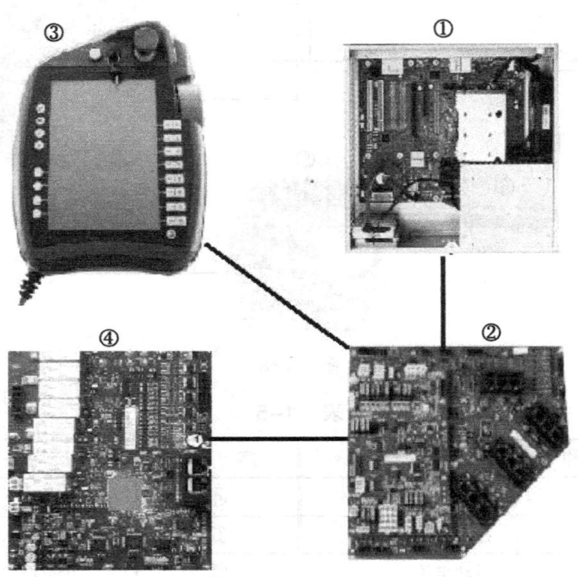

图 1-10

表 1-6

序 号	名 称	说 明
①	KPC	控制系统主机
②	CIB	控制柜接口板
③	SmartPad	示教器
④	SIB/SIB-Ext	SIB：安全接口板，与接线端子 X11 相连；SIB-Ext：扩展型安全接口板，与接线端子 X13 相连

1.5.6 KEB

KEB（KUKA 扩展总线）可与 EtherCAT 母线耦合器、EtherCAT 输入/输出模块、PROFIBUS 网关、DeviceNet 网关等设备连接，图 1-11 为 KEB 连接示意图。CIB 板的 X44 接口为 EtherCAT 接口，用于 KUKA 扩展总线。

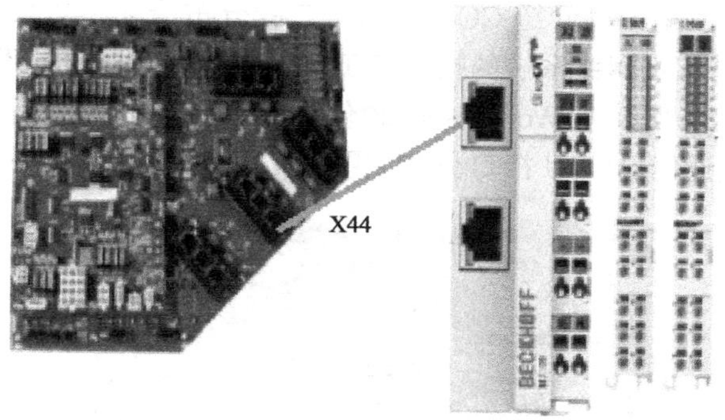

图 1-11

1.5.7 KLI

KLI（KUKA 线路接口）属于基于以太网的客户接口（例如可与 PLC 进行数据通信）。图 1-12 为 KLI 连接示意图，其说明见表 1-7。

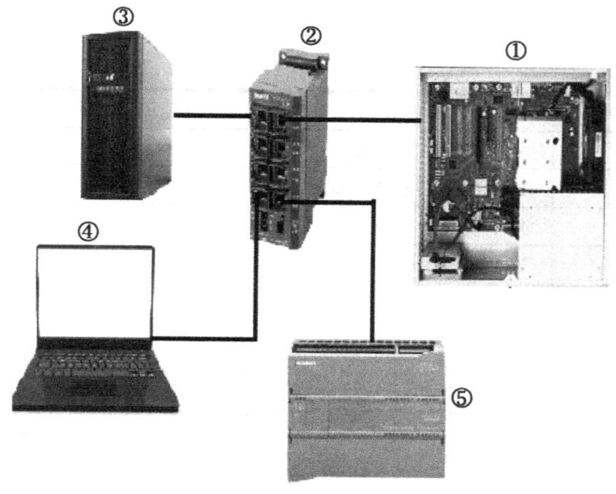

图 1-12

表 1-7

序 号	名 称	说 明
①	KPC	控制系统主机
②	交换机	以太网交换机
③	服务器	数据服务器
④	计算机	外部 PC：项目备份还原或数据交互
⑤	PLC	带以太网接口 PLC

1.5.8 CCU 网络接口

CCU 是机器人控制系统所有组件的配电接口和通信接口，根据 KR C4 系统交付阶段和交付时间不同，CCU 在接口分配和紧固方式等方面可能有所不同，请以随机说明书为准。现以图 1-6 所示的机器人系统为例介绍 CCU 网络接口的分布情况。熟悉网络系统在 CCU 板的接口有助于读者理解 KUKA 网络系统的构成和工作原理，同时对于处理与网络相关的操作和故障都具有很大的帮助，如装有 WorkVisual 软件的计算机可以通过网口与 KUKA 机器人控制系统的 KSI 进行连接通信。CCU 接口分布如图 1-13 所示。具体接口说明见表 1-8。

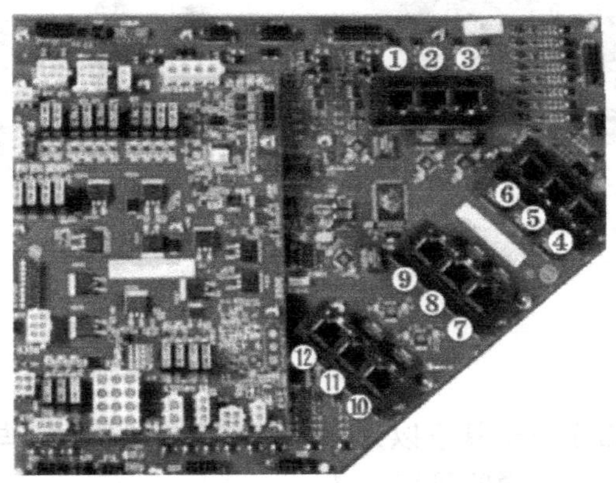

图 1-13

表 1-8

序号	插头	接口说明
①	X48	安全接口板（橙色）
②	X31	KPC 控制器总线（蓝色）
③	X32	KPP 控制器总线（白色）
④	X43	KUKA 服务接口（绿色）
⑤	X42	KUKA SmartPad 操作面板接口（黄色）
⑥	X41	KUKA 系统总线 KPC（红色）
⑦	X44	EtherCAT 接口，KUKA 扩展总线（红色）
⑧	X47	KUKA PC 的远程桌面访问（黄色）
⑨	X46	KUKA 系统总线 RoboTeam（绿色）
⑩	X45	KUKA 系统总线 RoboTeam（橙色）
⑪	X34	控制器总线 RDC（蓝色）
⑫	X33	选项控制器总线（白色）

CCU 板上的每个网络接口都有对应的 LED 指示灯，指示灯的状态对应不同的指示意义。

1）亮：有物理连接，网线已经插入。

2）关：无物理连接，网线未插入。

3）闪烁：线路上正在进行数据交换。

1.6 示教器 SmartPad 介绍

1.6.1 SmartPad 概览

SmartPad 是 KUKA 机器人的手持操作器，具有对工业机器人操作和编程所需的各种操作和显示功能。SmartPad 配备一个触摸屏，可用手指或指示笔对其进行相关的操作，无须外部的键盘和鼠标。SmartPad 正面如图 1-14 所示，其各部分组成说明见表 1-9。

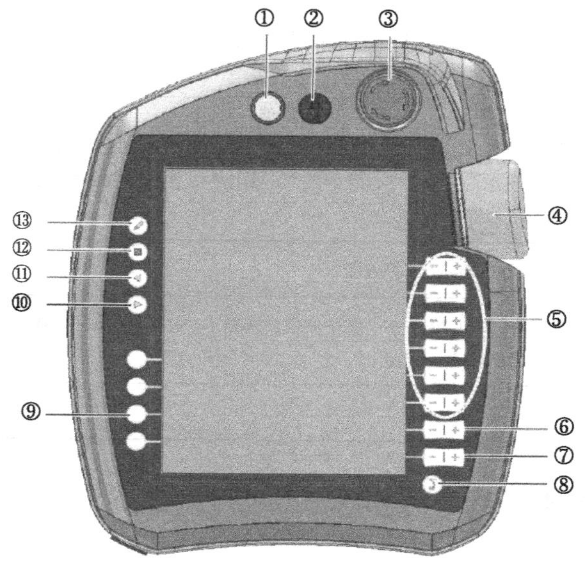

图 1-14

表 1-9

序号	说明	序号	说明
①	SmartPad 插拔解耦按钮，避免触发安全信号	⑧	主菜单按键
②	运行方式切换开关	⑨	软件包功能键（具体功能取决于所安装软件包）
③	紧急停止按钮	⑩	程序启动键
④	6D 鼠标	⑪	程序逆向启动键
⑤	机器人手动模式下的移动键	⑫	程序暂停键
⑥	设定程序倍率（POV）的按键	⑬	键盘按键
⑦	设定手动倍率（HOV）的按键		

SmartPad 背面如图 1-15 所示。SmartPad 背面的各组成部分说明见表 1-10。

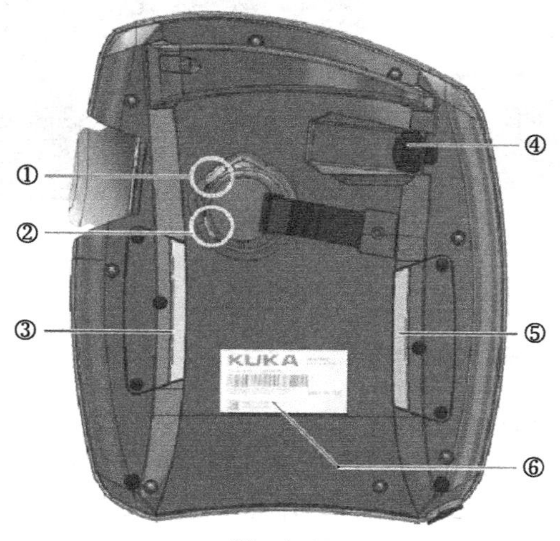

图 1-15

表 1-10

序　号	说　明
①	使能开关，有三个状态：①未按下，②中间位，③按下。在运行方式 T1 或 T2 模式下，使能开关必须保持中间位置，这样才可启动机器人
②	程序启动键
③	使能开关，有三个状态：①未按下，②中间位，③按下。在运行方式 T1 或 T2 模式下，使能开关必须保持中间位置，这样才可启动机器人
④	USB 接口，用于项目存档 / 还原等方面
⑤	使能开关，有三个状态：①未按下，②中间位，③按下。在运行方式 T1 或 T2 模式下，使能开关必须保持中间位置，这才可启动机器人
⑥	铭牌

1.6.2 SmartPad 拔插

1. SmartPad 拔下的步骤

1）如图 1-16 所示，按下示教器 SmartPad 上的插拔解耦按钮，SmartHMI（KUKA 示教器人机界面）上会显示一条提示信息和一个计时器，计时器会计时 30s，在此时间内可从机器人控制器上拔下 SmartPad。

2）从机器人控制器拔下示教器 SmartPad 的步骤为：在插头处于插接状态下（图 1-17a），沿箭头方向将上部的黑色部件旋转约 25°（图 1-17b），然后向下拔出插头（图 1-17c）。

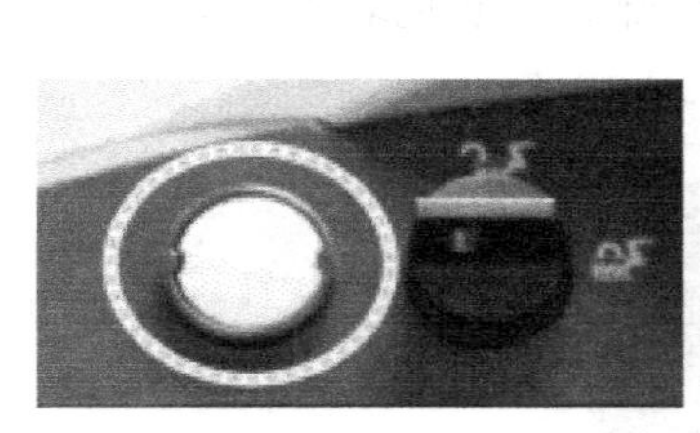

图　1-16

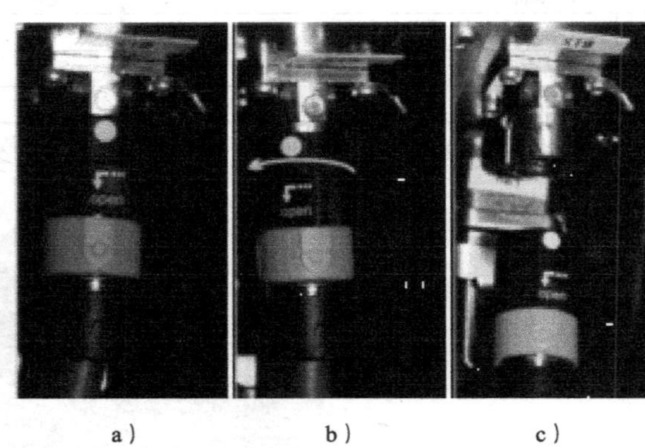

a）　　b）　　c）

图　1-17

2. SmartPad 插接的步骤

1）确保使用相同规格的示教器 SmartPad。

2）示教器插接到机器人控制器步骤为：在插头处于拔下状态（注意标记，如图 1-18a 所示）；向上推插头，推上时，上部的黑色部件自动旋转 25°（图 1-18b）；插头自动卡止，即标记相对（图 1-18c）。

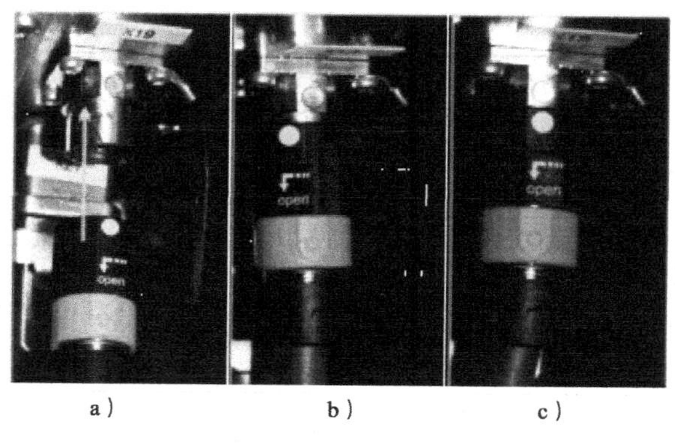

a）　　b）　　c）

图　1-18

1.6.3　操作界面介绍

SmartHMI 操作界面如图 1-19 所示。SmartHMI 操作界面各部分说明见表 1-11。

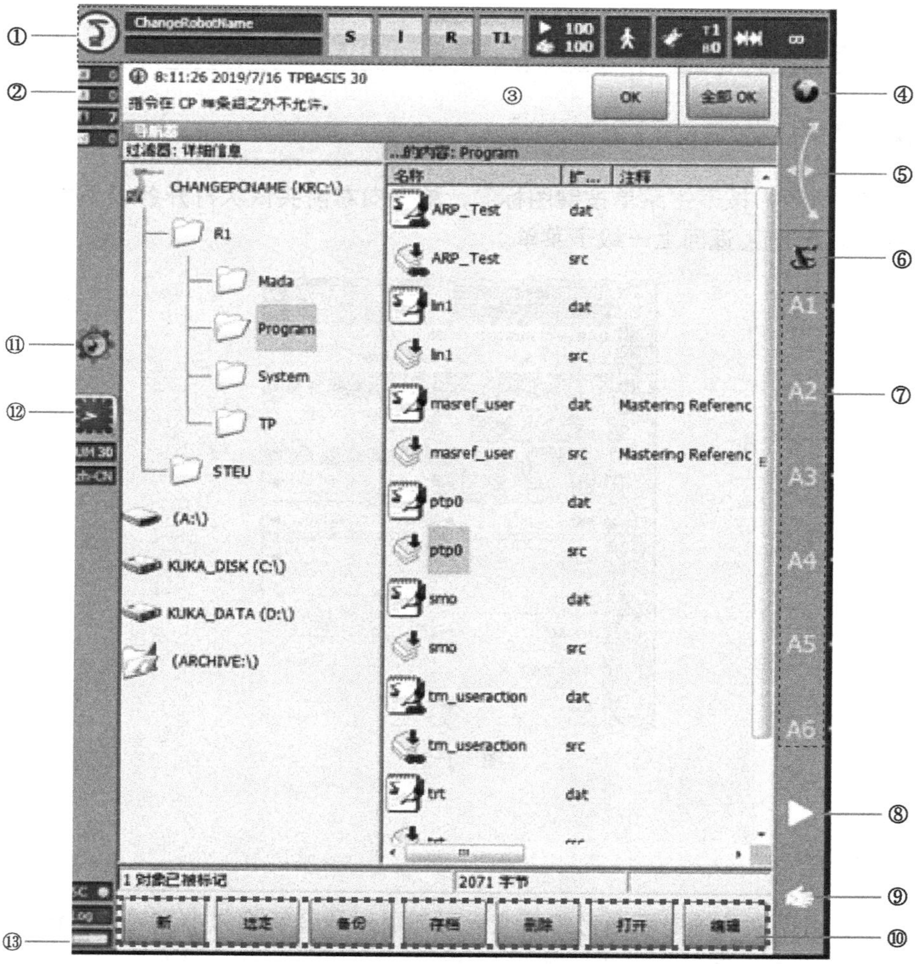

图　1-19

表 1-11

序号	说明
①	状态栏
②	信息提示计数器
③	信息窗口，“OK”可对可确认的信息进行确认，“全部 OK”可一次性确认所有可确认信息
④	6D 鼠标当前坐标系
⑤	显示 6D 鼠标定位
⑥	移动键当前所对应的坐标系
⑦	手动移动按键（支持轴坐标系及笛卡儿坐标系）
⑧	程序倍率（POV）
⑨	手动倍率（HOV）
⑩	按键栏
⑪	WorkVisual 项目图标
⑫	时钟
⑬	显示存在信号，如左右侧灯交替发绿光，表示 SmartHMI 激活

1.6.4 菜单使用

如图 1-20 所示，按下主菜单按键图标，单击向右箭头依次打开各级菜单，单击关闭所有子菜单，单击返回上一级子菜单。

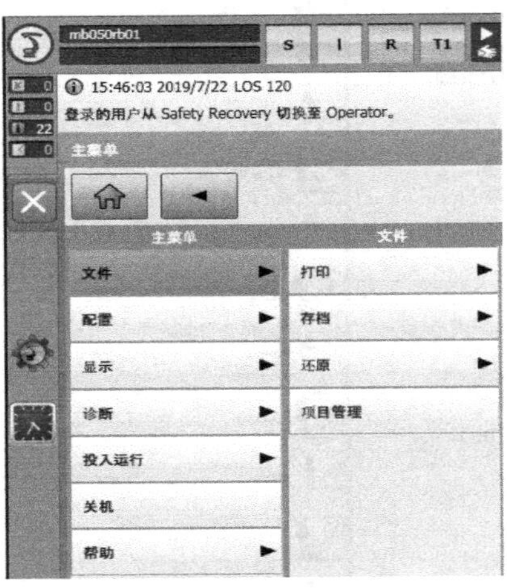

图 1-20

1.6.5 语言切换

SmartHMI 出厂默认的显示语言为英文，可以通过语言切换为中文显示，设置步骤为：在“主菜单”中选择“配置”，在“配置”中选择“其它”，在“其它”中选择“语言”，如图 1-21 所示。

图 1-21

1.6.6 更换用户组

不同用户组具有不同的可用功能。如图 1-22 所示，共有 6 种用户组可供选择，用户组间可切换。

图 1-22

（1）用户（User） 操作人员用户组。

（2）专家（Expert） 编程人员用户组，该用户组有密码保护。

（3）安全维护人员（Safety Recovery Technician） 该用户组可以激活和配置机器人的安全配置，该用户组有密码保护。

（4）安全调试员（Safety Maintenance Technician） 只在使用安全选项例如 KUKA.SafeOperation 时，该用户组才相关，该用户组有密码保护。

（5）管理员（Administrator） 其功能与专家用户组一样。另外可以将插件（Plug-Ins）集成到机器人控制系统中。该用户组有密码保护。

用户组切换操作步骤如下：

1）在主菜单中选择“配置”→“用户组”（图 1-23），将显示出当前用户组。

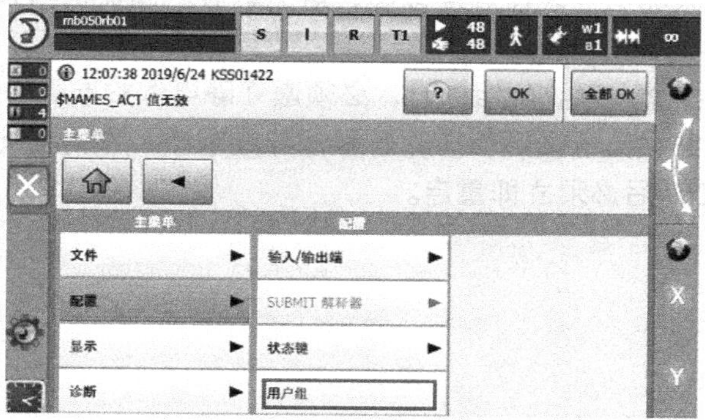

图 1-23

2）若欲切换至默认用户组，则按下“标准”。

3）若欲切换至其他用户组，则按下“登录”，选定所需的用户组。

4）如果需要切换用户组，输入密码并单击“登录”确认。

1.7 机器人的安全

机器人运动范围大、手臂的移动速度快等特点，决定了机器人在使用过程中存在安全隐患。如果相关人员对机器人系统的认知不够，可能会造成对机器人的损坏或威胁到人身安全。

从事机器人系统安装、调试、操作、维护的人员都必须事先阅读和理解 KUKA 机器人相关操作手册的内容，特别是“安全”章节以及加注安全标志的部分，并遵循各种规程，以保证机器人和操作人员的安全。

1. 安全标志

⚠此标记的意义：如果不严格遵守操作说明、工作指示规定的操作和诸如此类的规定，可能会导致人员伤亡事故。

✋此标记的意义：如果不严格遵守操作说明、工作指示规定的操作和诸如此类的规定可能会导致机器人系统损坏。

☞此标记的意义：遵循这个提示将使工作更容易完成。

2. 机器人工作中部分安全注意事项

1）机器人在自动运行期间，禁止任何人进入机器人的工作区域。

2）在机器人工作区域进行维修等工作，如果需要移动机器人，那么操作人员需以 T1 模式手动慢速移动机器人，并保证机器人以及周边人员和设备应在视线范围之内，保证随时停止机器人。

3）机器人在运行期间禁止进行模式切换。

4）机器人出现故障时，必须立即停止机器人的运行。故障排除前禁止重新启动机器人。

5）机器人在安装、保养和维护期间，必须关闭总电源，并切断控制柜进线电源，需要挂锁防止重新开机。机器人在电源关闭以后一段时间内，内部伺服模块仍有一定的电压，在此期间不要打开机器人控制柜。

6）工作中，机器人和工件表面温度较高，避免触碰。确保机器人夹具等辅助设施按正确方法操作。

7）在维护和安装机器人系统的组件时，必须遵守静电保护准则，做好静电防护工作。

8）紧急停止装置必须处于激活状态。若因保养或维修工作需将安全功能或安全防护装置临时关闭，在完成工作后必须立即重启。

第 2 章

KUKA 机器人投入运行

- 机器人系统线路连接
- 机器人安全回路连接与屏蔽
- 机器人安全机制
- 机器人运行设置
- 数据的备份与还原
- 机器人运动
- 机器人零点标定

2.1 机器人系统线路连接

现以一款控制柜型号为 KR C4 标准型、本体型号为 KR 16-2 的机器人系统为例，介绍 KUKA 机器人系统的线路连接。由于机器人系统配置的不同，接口布置和接线方式可能也会存在差异，请以机器人系统随机说明书为准。

1）KUKA 机器人系统基本连线如图 2-1 所示。各部分说明见表 2-1。

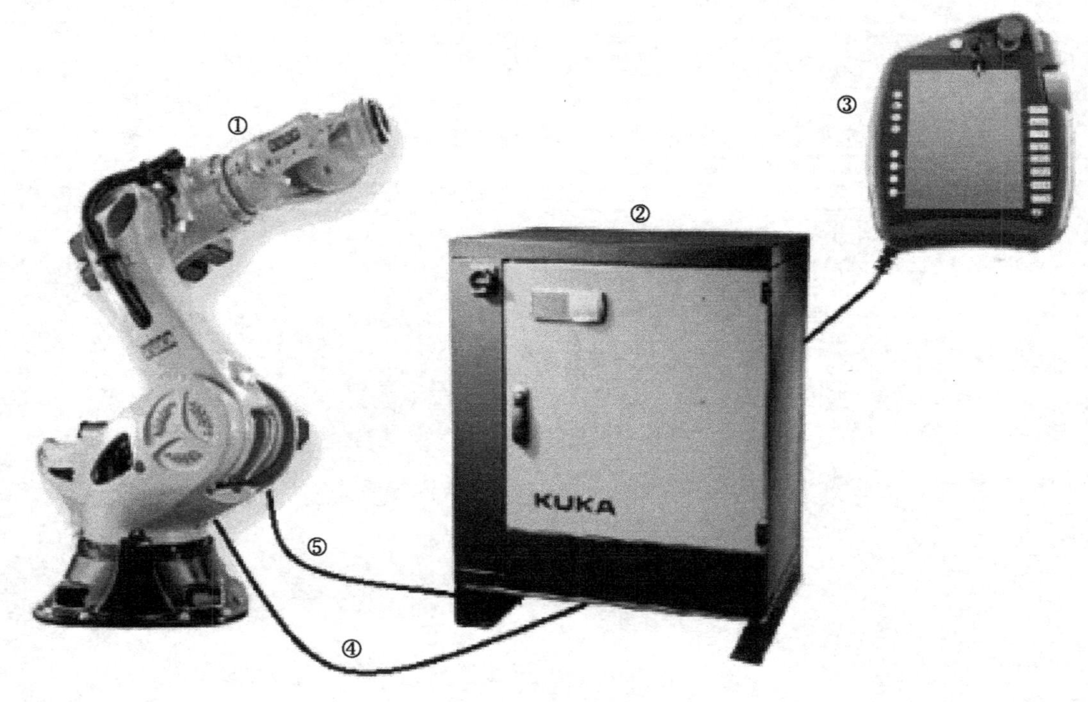

图 2-1

表 2-1

序 号	说 明	序 号	说 明
①	机器人本体	④	电动机动力线
②	机器人控制柜	⑤	RDC 与机器人控制器之间的数据线
③	SmartPad 示教器		

2）控制柜内元件排布以及 KUKA 标准接线面板如图 2-2 所示。KR C4 专用线由电动机动力线和数据线构成。接线面板说明见表 2-2（不同的客户需求，定制的接线面板会有所不同）。

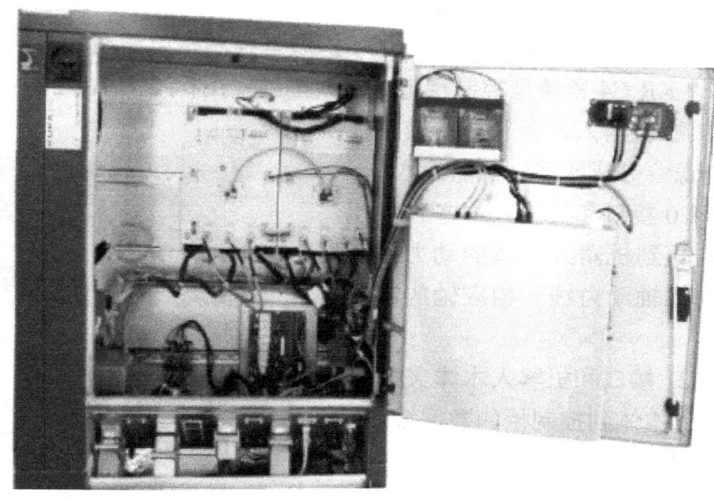

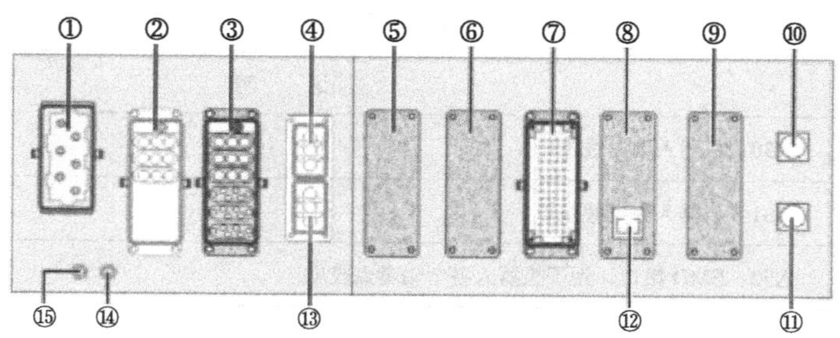

图 2-2

表 2-2

序　号	说　明
①	XS1：动力电源接口
②	重载机器人动力电源接口
③	X20：轴 1 ～轴 6 电动机动力电源接口
④	X7.1：外部轴第 7 轴动力电源接口
⑤	选配项
⑥	选配项
⑦	X11：安全回路接口
⑧	选配项
⑨	选配项
⑩	X19：示教器 SmartPad 接口
⑪	X21：RDC 与机器人控制柜接口
⑫	网络接口（可选项）
⑬	X7.2：外部轴第 8 轴动力电源接口
⑭	机械手接地线
⑮	主电源接地线

表 2-2 提及的接线面板部分说明如下：

① KR C4 标准型、KR C4 中型、KR C4 扩展型控制柜电源在我国的使用标准为三相四线制、AC 380V。KR C4 紧凑型控制柜电源在我国的使用标准为 AC 220V。

② 如果为重载机器人，因为功率较大，所以控制柜动力电源会分成两路到机器人本体。

③ 控制柜 X20 接口和机器人本体 X30 接口线路连接：控制柜到机器人本体的动力线。动力线包括各电动机轴动力线和相应轴的制动器动力线。

④ 控制柜 X21 接口和机器人本体 X31 接口线路连接：机器人本体到控制柜的数据线。

3）KUKA 机器人本体接线板如图 2-3 所示。接线说明见表 2-3。

图 2-3

表 2-3

序号	说明
①	X30：机器人动力线接口
②	X31：机器人数据线接口
③	X32：EMD 接口，用于机器人各个轴零点校准

4）KUKA 机器人系统电位要求均衡，如图 2-4 所示。接线说明见表 2-4。

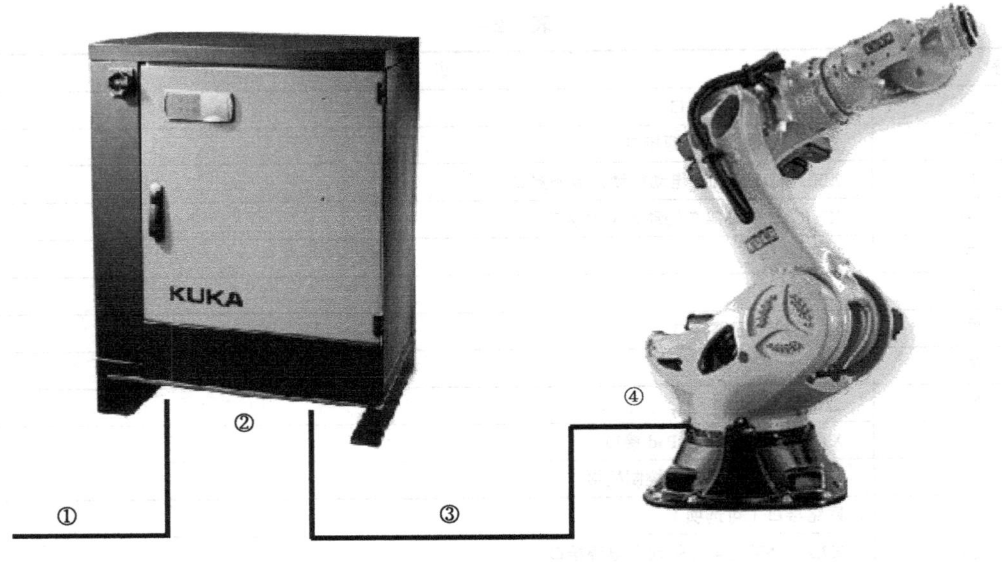

图 2-4

表 2-4

序　号	说　明
①	配电柜接地导轨与机器人控制柜接地螺栓间附加接地导线
②	机器人控制柜接地面板
③	机器人本体与控制柜之间的电位均衡导线，导线要求 16mm²
④	机器人本体电位均衡接口

2.2　机器人安全回路连接与屏蔽

1. 安全回路

机器人的 SIB 根据实际需求而定，在机器人控制系统里可采用两种不同的 SIB，如图 2-5 所示。各部分说明见表 2-5。

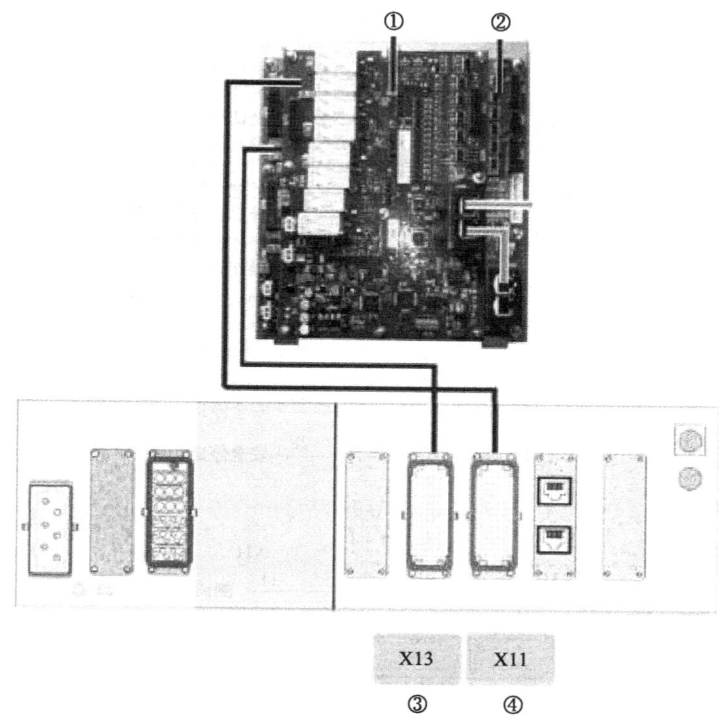

图　2-5

表　2-5

序　号	说　明	序　号	说　明
①	SIB	③	SIB-Ext 对应接线端口 X13
②	SIB-Ext	④	SIB 对应接线端口 X11

2. KR C4 标准型控制柜 X11 接口

机器人安全回路接口根据控制柜型号不同，接线方式也不相同。安全回路接线应遵循随机说明书。下面以 KR C4 标准型控制柜接线为例介绍，图 2-6a 为用于设备安全的 X11 端子插头配置图，图 2-6b 为用于外部确认开关的 X11 端子插头配置图。

1）X11 端子接线说明（均为双信道）：

① 外部急停信号接常闭点，且急停动作在四种运行方式时均有效。

② 操作人员防护装置为常闭信号接入 X11 端子，例如机器人工作区域的安全防护门信号。

③ 急停、防护门信号需要接入相应的安全装置，其他信号如果确定不需要接入，则将相应的通道短接即可。

2）X11 端子的插孔如图 2-6c 所示。

3）X11 端子接线如图 2-6d 所示。图中的数字为 X11 的端子号。

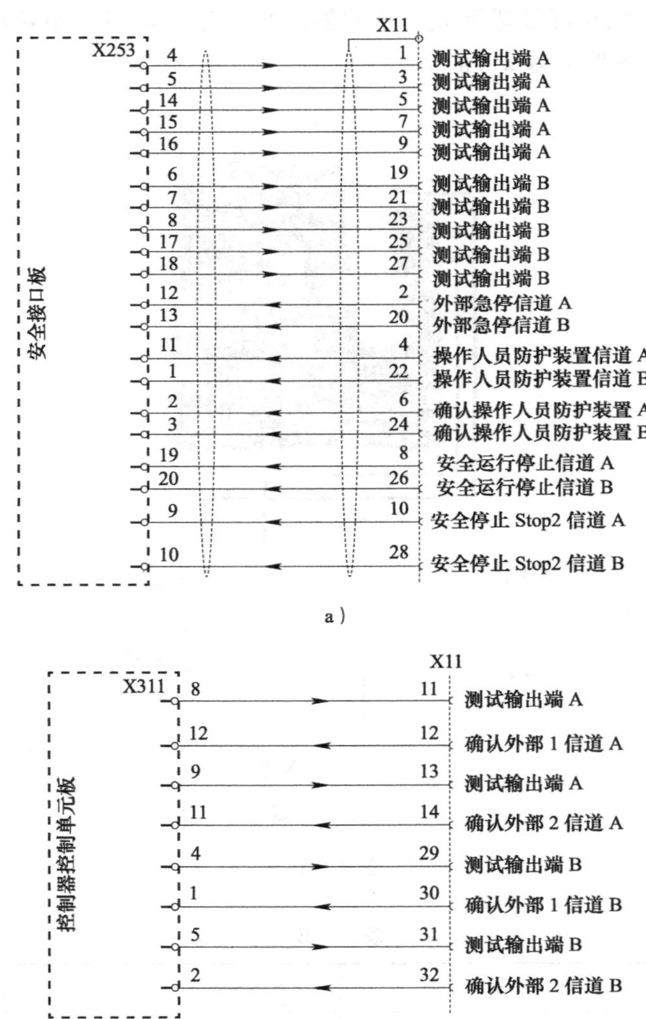

a）

b）

图 2-6

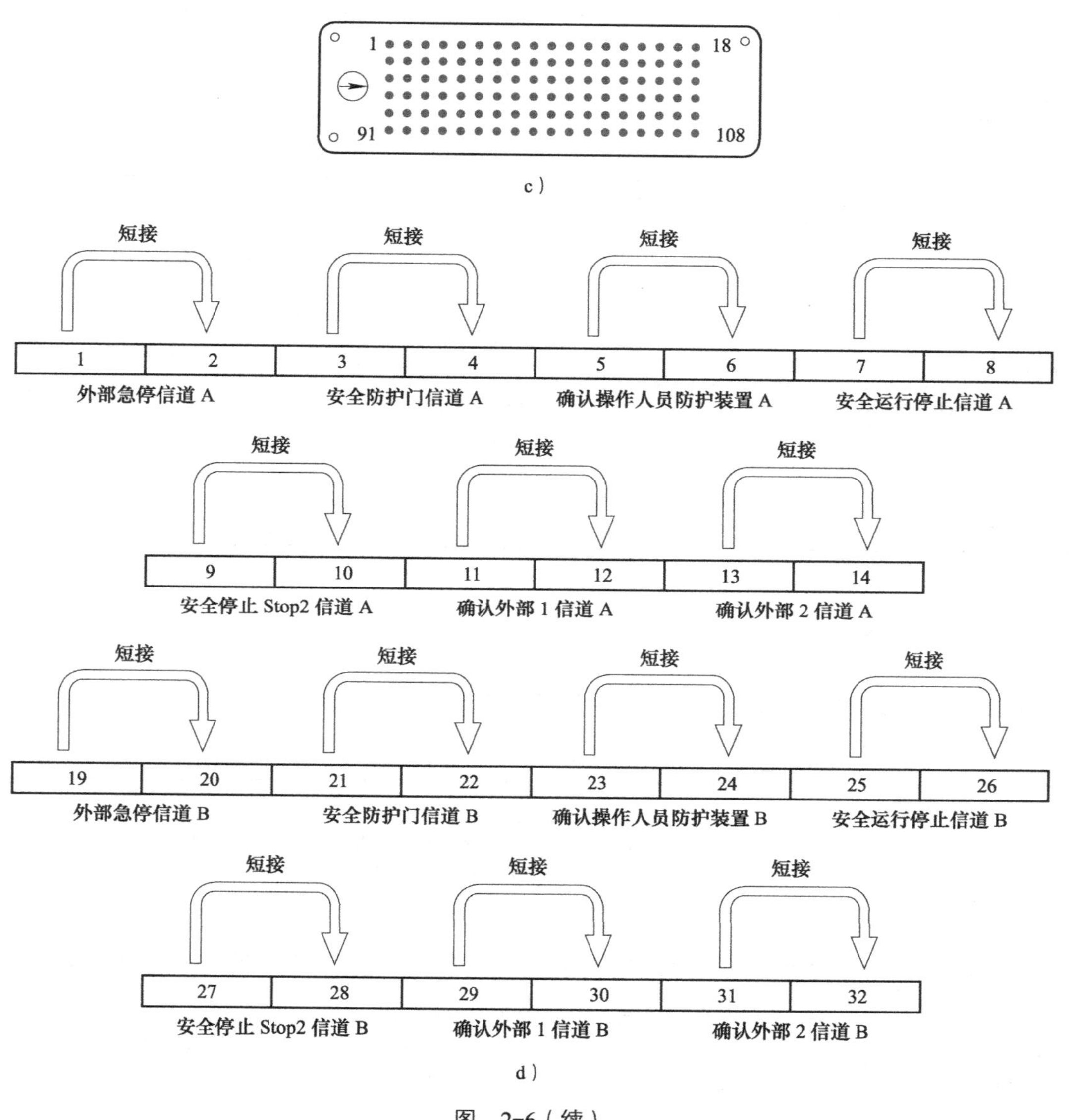

图 2-6（续）

2.3 机器人安全机制

2.3.1 触发停机方式

表 2-6 介绍了 KUKA 机器人在四种运行方式下，各种操作触发带来的停机方式。由表可以看出 KUKA 机器人停机方式可以分为以下几种：

1）与安全相关的停机方式：安全停止 0、安全停止 1、安全停止 2。

2）与安全无关的常规停机方式：停止 0、停止 1、停止 2。

表 2-6

触发条件	T1、T2	AUT、AUT EXT
松开启动键	停止 2	—
按下停止键	停止 2	
驱动装置关闭	停止 1	
输入端无 $MOVE_ENABLE	停止 2	
通过主开关关断电源或断电	停止 0	
机器人控制系统内与安全无关的部件出现内部故障	停止 0 或停止 1（取决于故障原因）	
运行期间运行方式切换	安全停止 2	
打开防护门（操作人员防护装置）	—	安全停止 1
松开 SmartPad 使能开关	安全停止 2	—
将 SmartPad 使能开关按到底或出现故障	安全停止 1	—
按下紧急停止按钮	安全停止 1	
安全控制系统或安全控制系统外围设备中的故障	安全停止 0	

2.3.2 停机方式

KUKA 机器人的几种停机方式及说明见表 2-7。

表 2-7

停机方式	说明
安全运行停止	一种停机监控，它不停止机器人动作，而是监视机器人的轴是否静止。如果机器人的轴在安全停止运行时动作，则安全运行停止触发安全停止 STOP0（针对安全机器人） 安全运行停止也可以由外部触发
安全停止 STOP0 （安全停止 0）	一种由安全控制系统触发并执行的停止。安全控制系统立即关断驱动装置和制动器的供电电源
安全停止 STOP1 （安全停止 1）	一种由安全控制系统触发并监控的停止。该制动过程由机器人控制系统中与安全无关的部件执行并由安全控制系统监控。一旦机械手静止下来，安全控制系统就关断驱动装置和制动器的供电电源 如果安全停止 STOP1 被触发，则机器人控制系统通过现场总线给一个输出端赋值 安全停止 STOP1 也可由外部触发
安全停止 STOP2 （安全停止 2）	一种由安全控制系统触发并监控的停止。该制动过程由机器人控制系统中与安全无关的部件执行并由安全控制系统监控。驱动装置保持接通状态，制动器则保持松开状态。一旦机械手停止下来，安全运行停止即被触发 如果安全停止 STOP2 被触发，则机器人控制系统通过现场总线给一个输出端赋值 安全停止 STOP2 也可由外部触发
停机类别 0（停止 0）	驱动装置立即关断，制动器制动。机械手和附加轴（选项）在额定位置附近制动
停机类别 1（停止 1）	1s 后驱动装置关断，制动器制动。机械手和附加轴（选项）沿轨迹制动
停机类别 2（停止 2）	驱动装置不关断，制动器不制动。机械手和附加轴（选项）沿轨迹的制动斜坡进行制动

安全停止跟机器人安全控制器相关，涉及硬件系统安全和现场总线安全（比如 FSOE/ProfiSafe/EthernetIP CIP）。常规停机方式的制动方式和工作方式见表 2-8。

表 2-8

停机方式	制动方式	工作方式
停机类别 0(停止 0)	短路制动，机器人会偏离程序路径	一旦触发停止 0，机器人控制器立即断开使能并让电动机抱闸刹车；此为等级最高制动，一般不是人为触发，是由于安全故障、设备硬件自检出现问题等引起
停机类别 1(停止 1)	路径保持制动，机器人会保持程序路径	一旦触发停止 1，机器人会以一个比加速度大得多的减速度制动减速，当电动机速度为 0，机器人会把中间回路断开使用，然后机器人电动机抱闸刹车；这里既有软件控制又有硬件控制，软件控制让机器人减速停止，硬件控制是断开使能和电动机刹车
停机类别 2(停止 2)	斜坡制动，机器人会保持程序路径	纯软件控制，一旦触发停止 2，斜坡制动完全由软件控制，机器人不采取任何硬件动作；这种制动方式非常平滑，不会有硬件的损伤和对硬件的限制

2.3.3 安全相关装置

1. 急停装置

机器人有两种急停装置，一种为 SmartPad 上的内部急停装置，另一种为外接的急停装置，当有紧急情况发生时，必须按下急停装置。特别注意的是，外部的急停装置是必需的，以确保 SmartPad 在拔下时，仍有急停装置可以使用。

2. SmartPad 确认装置

SmartPad 上有 3 个使能开关，使能开关有 3 挡的位置，分别为未按下、中间位置和完全按下。只有当至少一个使能开关按在中间位置时，方可在 T1 或 T2 运作方式下运行机器人。松开使能开关触发安全停止 2，完全按下使能开关触发安全停止 1。

3. 操作人员防护装置

操作人员防护装置是一种安全隔离的防护性装置，在自动和外部自动运行方式下激活；在 T1 和 T2 运作方式下，操作人员防护装置不会被激活。

操作人员防护装置为常闭信号接入 X11 端子，例如机器人工作区域的安全防护门，在机器人处于 AUT 或 AUT EXT 方式运行时，如果安全防护门被打开，机器人安全停止 1 信号被触发，在安全防护门信号得以恢复且得到确认之后，才可以在 AUT 或 AUT EXT 方式下运行机器人。该确认可以避免在危险区域中有人员停留时，因疏忽引起防护门意外闭合而机器人被继续运行。确认前提是已经对危险区域进行实际检查。

4. 安全运行停止装置

安全运行停止信号可通过 X11 的输入端被触发。当信号为 FALSE 时，机器人一直保持静止；当信号为 TRUE 时，机器人可以重新移动，此停止信号无须确认。

5. 外部确认装置

当机器人工作区域内有多人停留时，外部确认开关的使用非常必要，它保证了每个人都处于安全位置并全部确认后才可以启动机器人。

6. 安全停止 Stop 1 和安全停止 Stop 2 装置

当选择 X11 作为安全接口时，只有安全停止 Stop 2 可用；安全停止 Stop 2 信号可通过 X11 的输入端被触发。当信号为 FALSE 时，机器人一直保持静止；当信号为 TRUE 时，机器人可以重新移动，此停止信号无须确认。

2.3.4 安全附加防护装置

1. 轴硬机械限位

为了防止机器人轴运动超出范围，导致机器人损坏，KUKA 机器人通常在 A1、A2、A3、A5 轴设有带缓冲器的硬机械限位，如果机器人在高速运行期间撞击硬机械限位，则此机器人无法保证继续可靠地精准运行，需要重新进行零点校正。

2. 轴软件限位开关

软件限位开关可限制轴运动范围，可防止机器人轴运动到硬机械限位。在 SmartPad 中可以设定软件限位开关的位置。

3. 点动运行

机器人以 T1 或 T2 方式运行程序时，必须在按住 SmartPad 使能开关至中间档的同时按住程序启动键才能运行程序。

2.3.5 运行方式与防护功能

KUKA 机器人运行方式与防护功能的对应关系见表 2-9。

表 2-9

防护功能	T1	T2	AUT（自动）	AUT EXT（外部自动）
操作人员防护装置	—	—	激活	激活
紧急停止装置	激活	激活	激活	激活
SmartPad 的使能开关	激活	激活	—	—
程序验证时低速运行	激活	—	—	—
点动运行	激活	激活	—	—
软件限位开关	激活	激活	激活	激活

2.4 机器人运行设置

2.4.1 初次上电设置

初次上电设置具体步骤如下：

1）蓄电池需接入 CCU（具体内容请参照随机说明书了解接线方式）。

2）电气线路和安全回路连接后，SmartPad 上的内部急停开关和外部急停开关拔起，在机器人通电前，必须用万用表测量控制柜的动力电源，确认电源有无缺相、电压等参数是否满足机器人对电源的要求；确认完毕后，顺时针打开主电源开关，耐心等待机器人上电完成。

3）在机器人 KSS 系统里，出现图 2-7 所示提示信息，选择“机器人”。

RDC 存储器和控制系统不一致 什么被更换了？
硬盘
机器人
取消

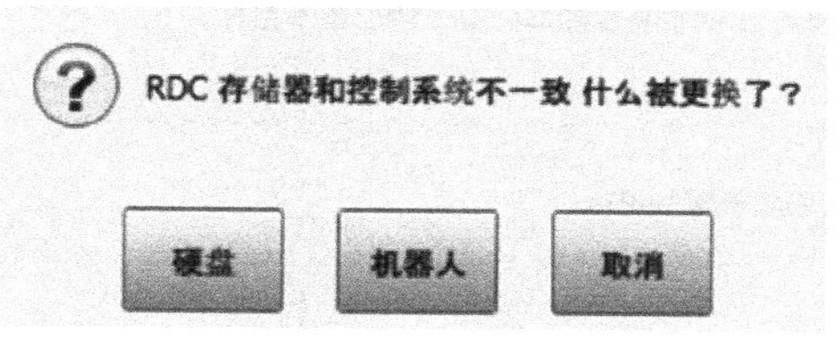

图 2-7

4）在 SmartPad 上，单击信息窗口的“全部 OK”确认可确认信息。单击消息提示区域，此时会出现如下的信息报警：

“KSS15068 安全配置的校验总和不正确”

“KSS00404 安全停止”

处理这类信息需要确认机器人的安全配置，按“主菜单”键，在菜单中选择“配置”→“用户组”，然后按“登录”键，选择“用户登录”，设用户为 Safety Recovery Technician、密码为 kuka，如图 2-8 所示。

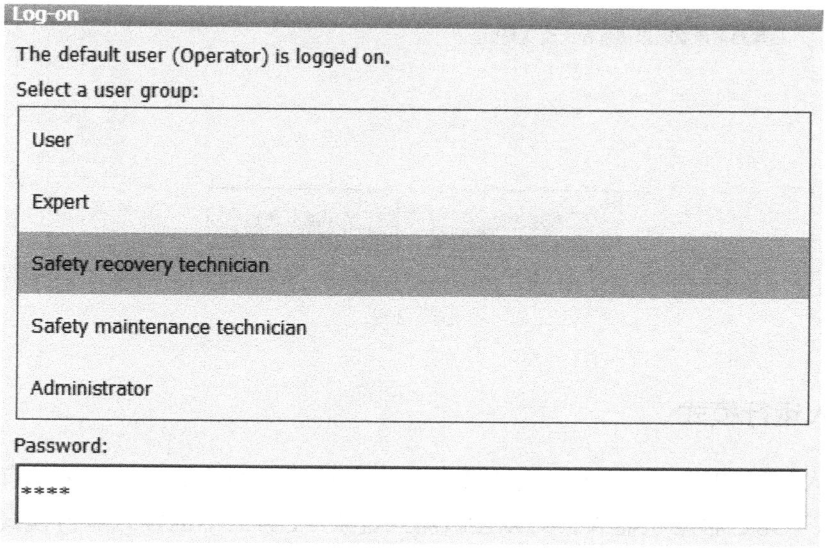

Log-on
The default user (Operator) is logged on.
Select a user group:
User
Expert
Safety recovery technician
Safety maintenance technician
Administrator
Password:
****

图 2-8

5）按“主菜单”键，在菜单中选择“配置”→“安全配置”，示教器弹出“故障排除助手”窗口，如图 2-9 所示，正确选择图 2-9 中带底色的选项，按“现在激活”键。

6）自动弹出窗口，询问是否确实想改变“安全配置与安全相关的通信参数”，选择“是”。等待安全配置参数完成并返回 KSS 界面，在信息提示窗口单击“全部 OK”确认所有信息。

至此通电完成，可以操作机器人。

故障排除助手
发现了以下故障：
保存在 RDC 上的校验总和与硬盘上的配置不相符。
请触摸下表中可能引起故障的原因。
已执行还原存档。
刚刚激活了一个 WorkVisual项目。
KRC 的硬盘已被更换。
机器人或 RDC 存储器首次投入运行。
故障排除建议：
如果您想立即启用安全配置，请将其激活。
如果您想先检查或配置安全配置，仅需关闭助手功能。
上一次激活安全配置时失败。
故障的可能原因未知或在此没有列出。
现在激活
关闭助手功能

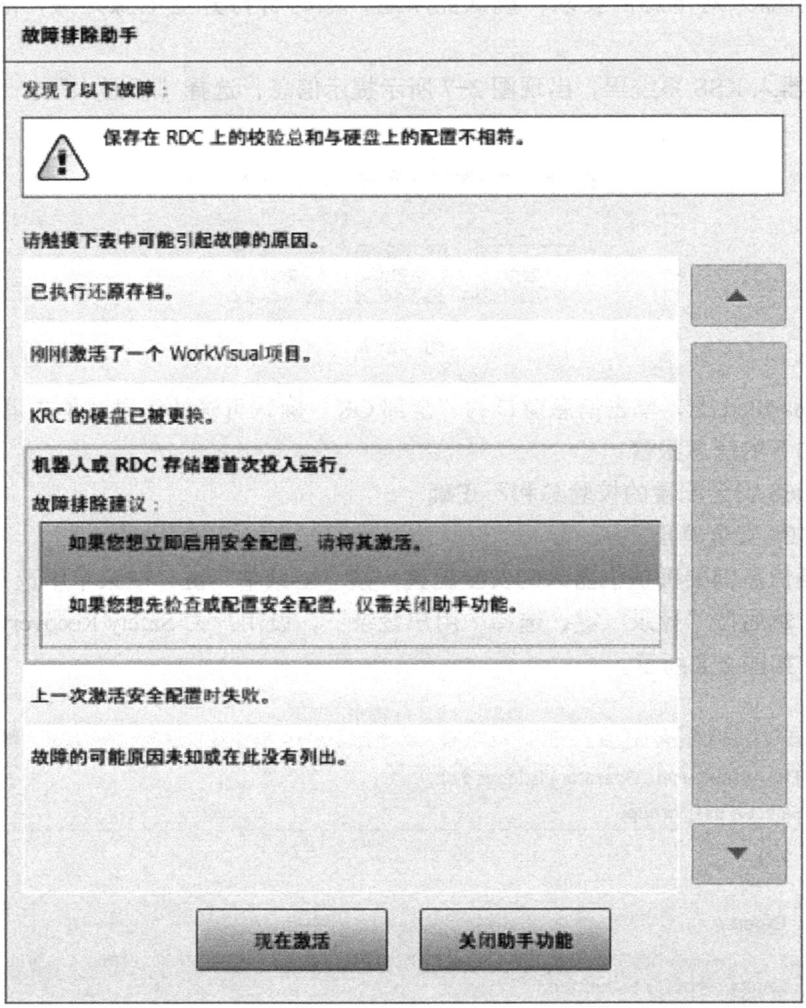

图 2-9

2.4.2 投入运行模式

在机器人调试期间，外部的安全装置如果没有接好（如外部急停开关没有就位），此时在 T1 方式下无法移动机器人，可以让机器人进入 T1 方式下的投入运行模式，允许机器人执行调试任务，比如零点校正，这表明此时机器人的运动与 X11 端子的安全输入信号无关，此模式存在一定的安全风险，待安全装置具备条件后，需立即恢复机器人正常的 T1 运动方式。进入投入运行模式的步骤如下：

1）按“主菜单”键，在菜单中选择“配置”→“用户组”，然后按“登录”键，选择“用户登录”，设用户为 Safety Recovery Technician、密码为 kuka。

2）按“主菜单”键，在菜单中选择“投入运行”→“售后服务”→“投入运行模式”，如图 2-10 所示。

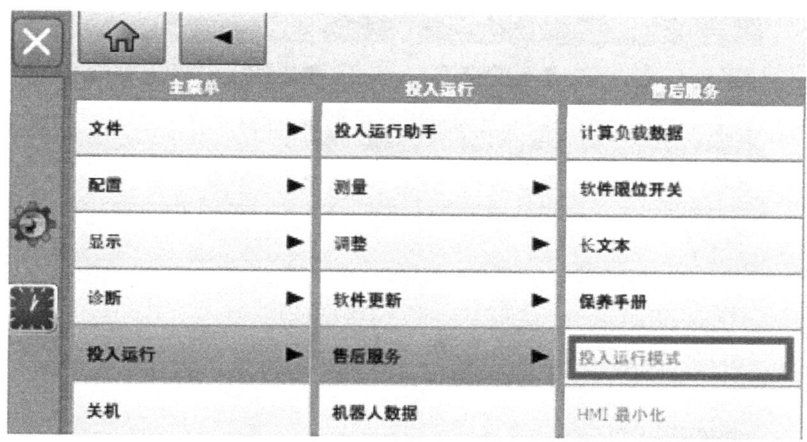

图 2-10

3）机器人处于投入运行模式，如图 2-11 所示。

图 2-11

2.5 数据的备份与还原

数据的备份是一项相当重要的工作，在误操作和其他人为修改数据后，可以对数据进行还原。数据备份的操作步骤是，按“主菜单”键，在菜单中选择“文件”→“存档”（图 2-12），存储位置可以选择将 U 盘插到 SmartPad 或者机器人控制柜上，一般选择控制柜上的 USB 口；可选择存储的数据包括所有、应用、系统数据、Log 数据、KrcDiag，一般选择“所有”；如保存成功，SmartPad 信息栏提示“文件已保存”，之后将 U 盘取下。可选择存储的数据所代表的意义如下：

1）所有：将还原当前系统所需的数据存档。

2）应用：所有用户自定义的 KRL（KUKA 编程语言）模块和相应的系统文件均被存档。

3）系统数据：将系统的参数和数据存档。

4）Log 数据：将 Log 日志文件存档。

5）KrcDiag：将数据存档，以便进行故障分析。

数据还原的操作步骤是，按“主菜单”键，在菜单中选择“文件”→“还原”，可以选择将 U 盘插到 SmartPad 或者机器人控制柜上，选择被还原文件所在的位置及还原数据内容，如图 2-13 所示，如还原成功，SmartPad 信息栏提示“还原成功”，之后将 U 盘取下。

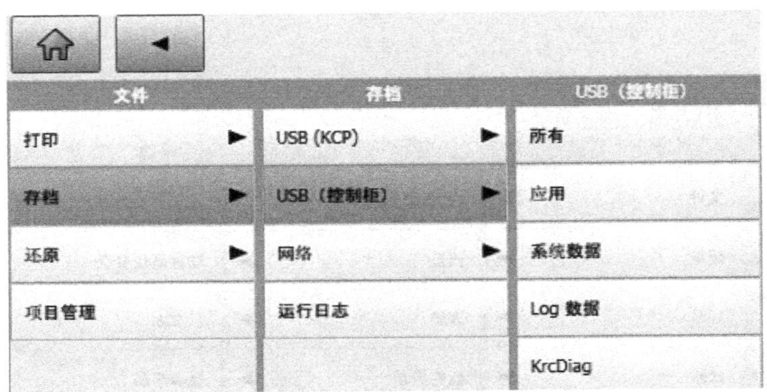

图 2-12

图 2-13

2.6 机器人运动

2.6.1 机器人轴运动

1）KUKA 机器人运动方式共有四种，具体见表 2-10。

表 2-10

运动方式		应用		速度
T1	手动慢速运行	用于测试运行、编程和示教	程序编程、验证	≤ 250mm/s
			手动运行	≤ 250mm/s
T2	手动快速运行	用于测试运行	程序编程、验证	等于编程设定的速度
			手动运行	无法进行
AUT	自动运行	用于不带上级控制系统的工业机器人自动运行	程序编程、验证	等于编程设定的速度
			手动运行	无法进行
AUT EXT	外部自动运行	用于带上级控制系统（如 PLC）的工业机器人自动运行（通过外部信号来启动）	程序编程、验证	等于编程设定的速度
			手动运行	无法进行

2）KUKA 机器人运动方式切换的操作步骤如下：

① 转动 SmartPad 上连接管理器的开关，如图 2-14 所示。

② 选择运动方式，如图 2-15 所示。

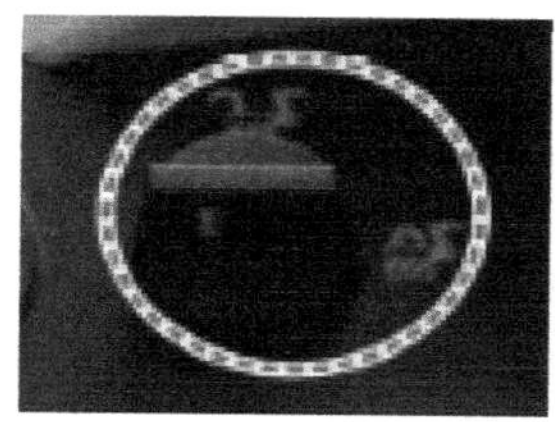

图 2-14

图 2-15

③ 将用于连接管理器的开关转回初始位置，SmartPad 的状态栏中会显示选择的运动方式，如图 2-16 所示。

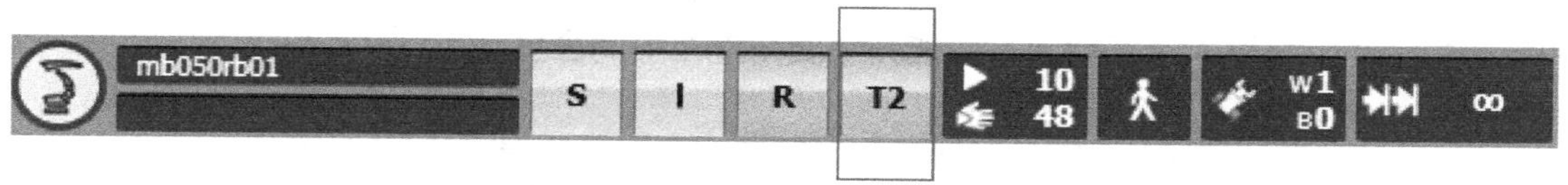

图 2-16

3）KUKA 机器人进行轴运动的具体操作步骤如下：

① 在 SmartPad 选择机器人为 T1 的运动方式，并选择轴运动按键，如图 2-17a 所示。

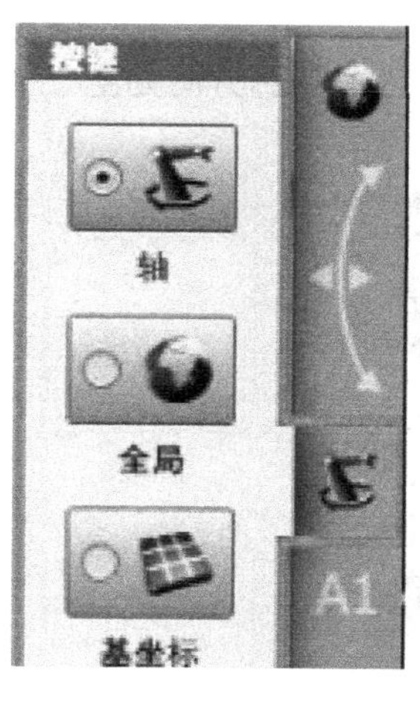

a）

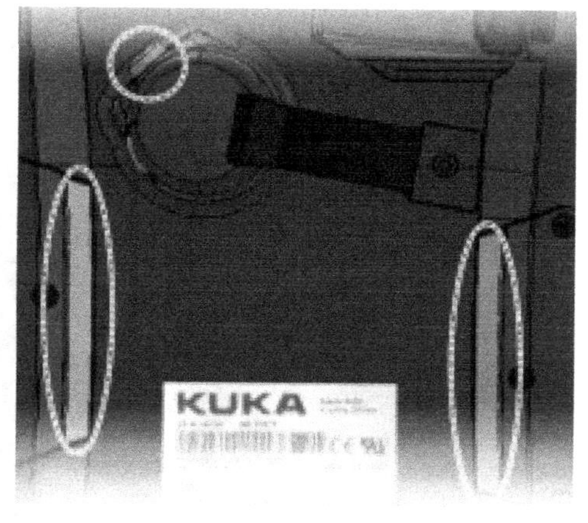

b）

图 2-17

② 在 SmartPad 的速度倍率调节量窗口中，调节“手动调节量”来设置机器人处于 T1 模式时的手动速度倍率，如图 2-18 所示。

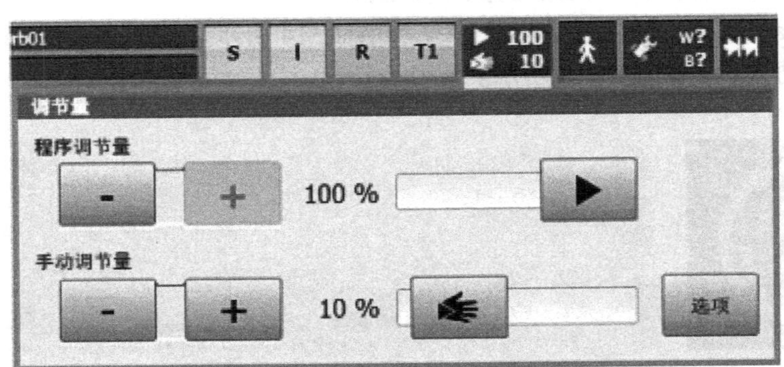

图 2-18

③ 在 SmartPad 后面，将任何一个使能开关按至中间位置，如图 2-17b 所示。

④ 在 SmartPad 上，将使能开关按至中间位置后（图 2-19），A1 ～ A6 轴的指示为绿色，代表可以对 A1 ～ A6 关节轴进行轴运动操作，按移动键，操作机器人相应关节轴进行正向和反向的运动。机器人运行期间，使能开关要一直在中间位置。

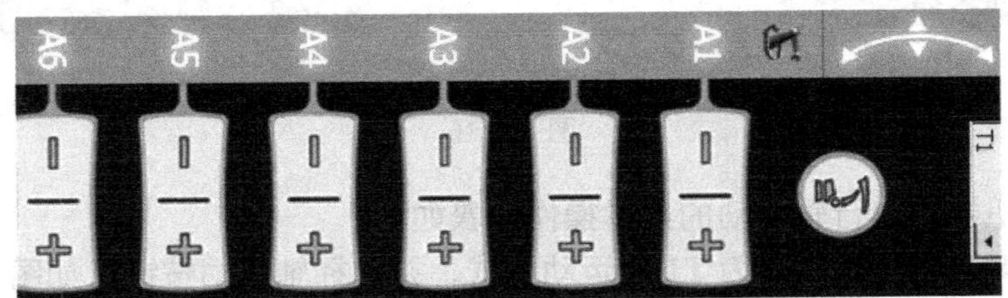

图 2-19

⑤ 机器人的各关节轴可以独立地正转和反转，各关节轴正反转的方向如图 2-20 所示。

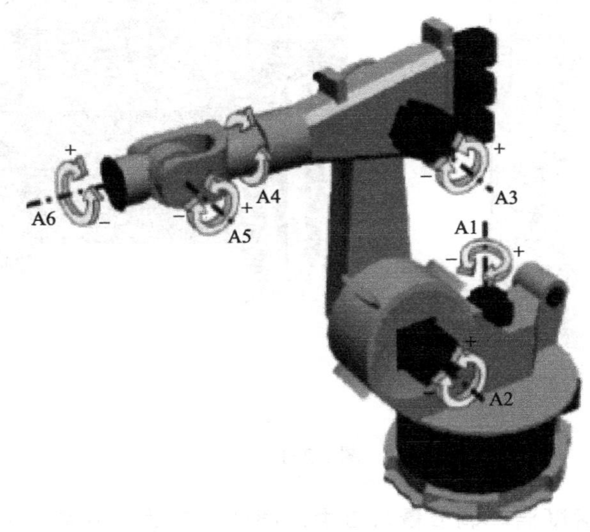

图 2-20

2.6.2 相关坐标系介绍

在工业机器人的操作和编程过程中，坐标系有着重要的意义。KUKA 机器人共定义了五种坐标系，分别为世界坐标系、基坐标系、工具坐标系、法兰坐标系和 ROBROOT 坐标系。

1. 世界坐标系

世界坐标系（又称大地坐标系）是一个笛卡儿坐标系，在默认配置中，世界坐标系位于机器人足部，其方向如图 2-21 所示。

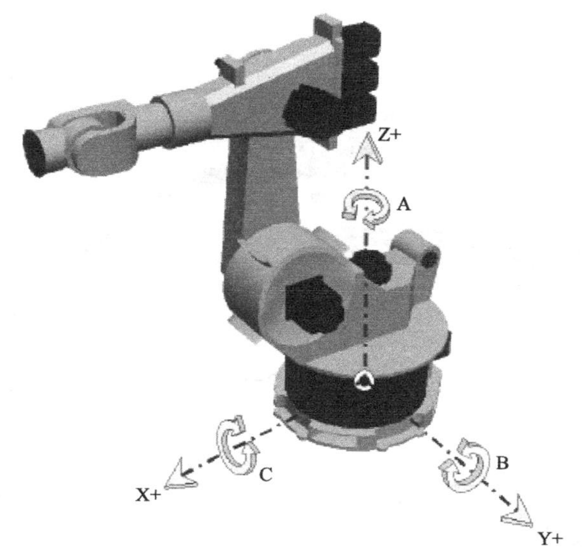

图 2-21

2. 基坐标系

基坐标系是一个笛卡儿坐标系，是在机器人周围的某一个位置上创建的坐标系，机器人的工具可以根据基坐标系方向运动。

在一个项目中，基坐标系可以设置多个。图 2-22 所示的 A、B、C 为 3 个用户自定义的基坐标系。默认情况下，一个机器人系统最多可定义 32 个基坐标系。

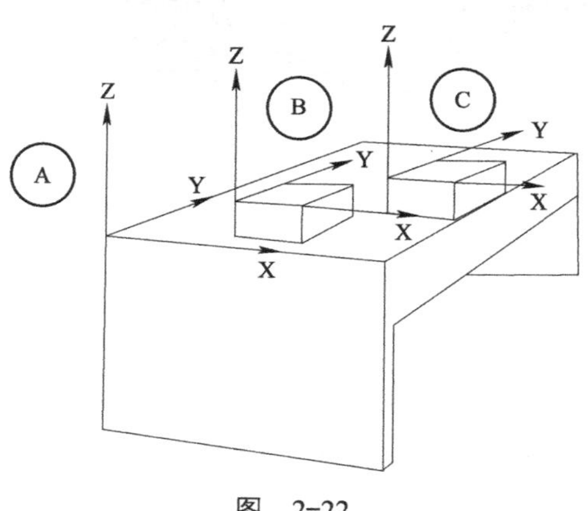

图 2-22

3. 工具坐标系

工具坐标系是一个笛卡儿坐标系，未经测量的工具坐标系始终等于法兰坐标系。

测量工具坐标系意味着生成一个以工具参照点为原点的坐标系，该参照点被称为 TCP（Tool Center Point，即工具中心点），该坐标系即为工具坐标系，如图 2–23 所示。工具测量包括 TCP（坐标系原点）的测量和坐标系姿态 / 朝向的测量。测量时，工具坐标系的原点到法兰坐标系的距离（用 X、Y 和 Z 表示）以及之间的转角（用角度 A、B 和 C 表示）数据被保存。默认情况下，一个机器人系统最多可定义 16 个工具坐标系。

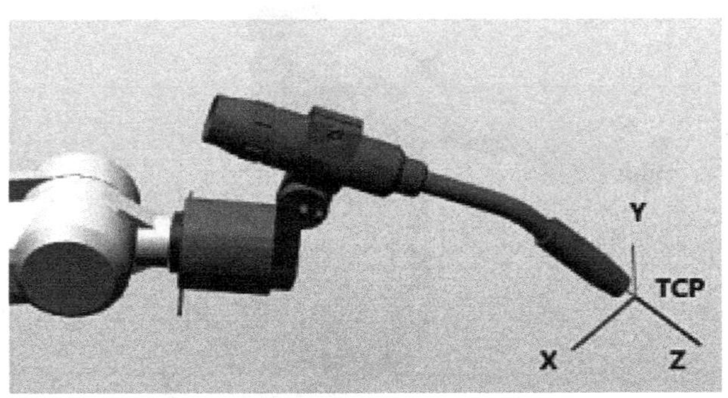

图 2–23

4. 法兰坐标系

法兰坐标系的原点位于机器人法兰的中心，手动移动时，未经过定义的工具坐标系始终等于法兰坐标系，如图 2–24 所示。

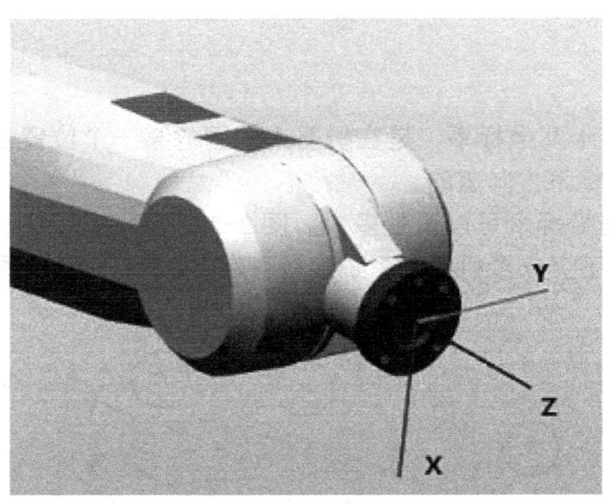

图 2–24

5. ROBROOT 坐标系

ROBROOT 坐标系是一个笛卡儿坐标系，原点位于机器人足部，它可以说明机器人在世界坐标系中的位置。在默认配置中，ROBROOT 坐标系与世界坐标系是相同的，如图 2–25 所示。

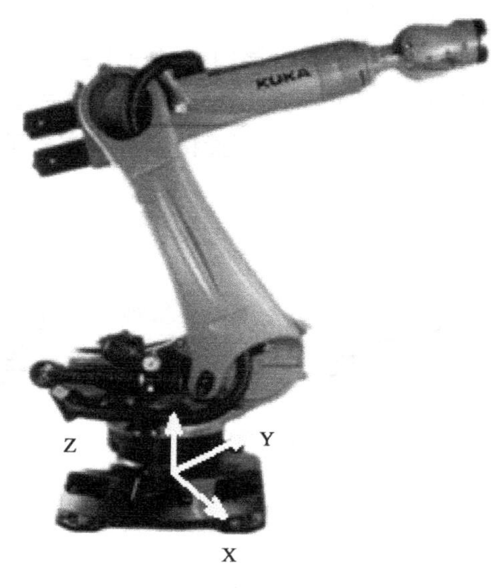

图 2-25

2.6.3 建立工具坐标系

工具测量分为两步：

1）确定工具坐标系原点（TCP），可以选择 XYZ 4 点法和 XYZ 参照法。

2）确定工具坐标系的姿态，可以选择 ABC 世界坐标系法和 ABC 2 点法，其中 ABC 世界坐标系法又分为 5D 法和 6D 法。

还可以根据工具设计参数，直接录入工具 TCP 至法兰中心点的距离值（X，Y，Z）和转角（A，B，C）数据。

1. XYZ 4 点法确定工具 TCP

将待测量的 TCP 从 4 个不同方向移向一个参照尖点，机器人控制系统从不同的法兰位置值计算出工具的 TCP。移至参照点的 4 个法兰位置，彼此必须间隔足够远，并不得处于同一平面内。

1）前提条件：待测量的工具已经安装在连接法兰上，机器人处于 T1 方式。

2）图 2-26 显示了机器人采用 XYZ 4 点法进行工具 TCP 测量时的 4 个姿态，XYZ 4 点法的操作步骤如下：

① 按“主菜单”键，在菜单中选择“投入运行”→“测量”→“工具”→“XYZ 4 点法”。

② 为待测定的工具选择一个“工具编号”，输入一个名称，如编号选为 1、名称为 GUN1，单击“继续”键确认。

③ 将 TCP 移至任意一个参照点，使待测工具的 TCP 点与参照尖点对准，单击“测量”，弹出“是否应用当前位置？继续测量”窗口，单击“是”键确认。

④ 将 TCP 从一个其他方向朝参照点移动，使待测工具的 TCP 点与参照尖点对准，单击

“测量”，单击“是”键，回答窗口提问。

⑤ 将步骤④重复两次，共测量 4 个点，第四点测量工具可垂直对准参照尖点。

⑥ 负载数据输入窗口自动打开，正确输入负载数据，然后按“继续”键。

⑦ 包含测得 TCP 数据的窗口自动弹出，测量精度可在误差项中读取，单击“保存”键，结束过程。

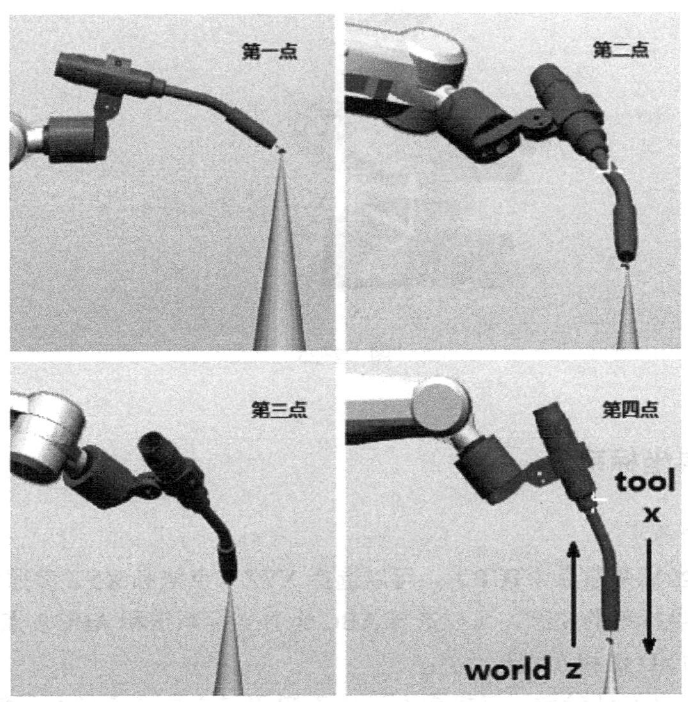

图 2-26

2. XYZ 参照法确定工具 TCP

XYZ 参照法将对一个新工具和一个已经测量过的工具进行比较，控制系统比较法兰的位置，计算出新工具的 TCP。

1）前提条件：机器人法兰上装有一个已经测量的工具，且该工具 TCP 数据是已知的，机器人处于 T1 方式。

2）使用 XYZ 参照法进行工具 TCP 测量的操作步骤如下：

① 机器人安装已经测量过的工具，按“主菜单”键，在菜单中选择“投入运行”→“测量”→“工具”→“XYZ 参照法”。

② 为待测定的工具选择一个“工具编号”，输入一个名称，如编号选为 2、名称为 GUN2，单击“继续”键确认。输入已经测量工具的 TCP 数据，单击“继续”键确认。

③ 将已经测量过的工具的 TCP 移至一个参照点，如图 2-27a 所示，使工具的 TCP 点与参照尖点对准，单击“测量”，单击“继续”键确认。

④ 拆下已经测量过的工具，将待测的新工具安装在机器人上，将新工具的 TCP 移至前

一步骤中同一个参照点，如图 2-27b 所示，使待测工具的 TCP 点与参照尖点对准，单击“测量”，单击“继续”键确认。

⑤ 在负载数据输入窗口中正确输入负载数据，单击“继续”键确认，单击“保存”键，结束过程。

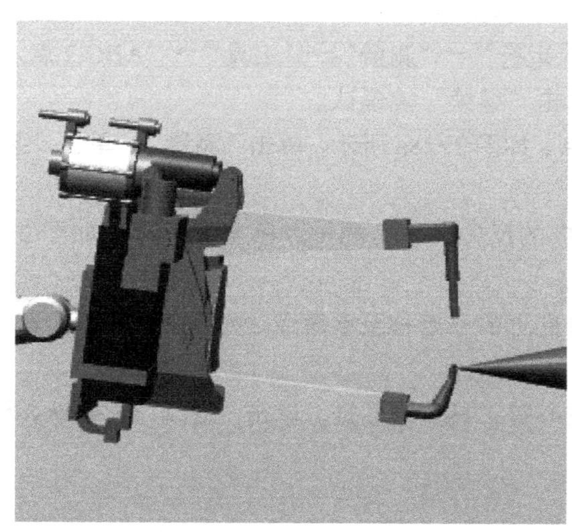

a）

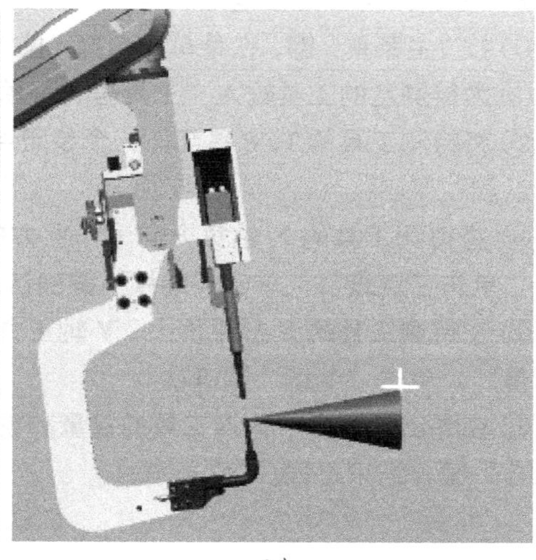

b）

图 2-27

3. ABC 世界坐标系法确定工具坐标系姿态

将工具坐标系的轴平行于世界坐标系的关节轴进行校准，机器人控制系统从而得知工具坐标系的姿态。

5D 法：只将工具的作业方向告知机器人控制器，该作业方向默认为 X 轴，其他轴的方向由系统确定。

6D 法：将 X、Y、Z 的方向都告知机器人控制器。

1）前提条件：待测量的工具已安装在法兰上，工具的 TCP 已测量，机器人处于 T1 方式。

2）使用 ABC 世界坐标系法确定工具坐标系姿态的操作步骤如下：

① 按“主菜单”键，在菜单中选择“投入运行”→“测量”→“工具”→“ABC 世界坐标系”。

② 为待测定的工具输入“工具号”，单击“继续”键确认。

③ 如果选择“5D”法，单击“继续”键确认，将工具坐标 +X 调整至平行于世界坐标 −Z 的方向（工具坐标 +X= 作业方向），单击“测量”。

④ 如果选择“6D”法，单击“继续”键确认，将工具坐标 +X 调整至平行于世界坐标 −Z 的方向（工具坐标 +X= 作业方向）；将工具坐标的 +Y 平行于世界坐标的 +Y 的方向；将工具坐标的 +Z 平行于世界坐标的 +X 方向，单击“测量”。

⑤ 对信息提示“要采用当前位置么”，单击“是”确认。

⑥ 在弹出的窗口中输入工具的重量和重心等数据，单击“继续”键确认，单击“保存”键，结束过程。

4. ABC 2 点法确定工具坐标系姿态

通过 TCP 趋近 X 轴上一点和 X-Y 平面一点的方法，机器人控制系统从而得知工具坐标系的姿态。

1）前提条件：待测量的工具已安装在法兰上，工具的 TCP 已测量，机器人处于 T1 方式。

2）使用 ABC 2 点法确定工具姿态的操作步骤如下：

① 按“主菜单”键，在菜单中选择“投入运行”→“测量”→“工具”→“ABC 2 点法”。

② 为待测定的工具输入“工具号”，单击“继续”键确认。

③ 将待测工具的 TCP 移至任一个参照点，如图 2-28a 所示，单击“测量”，单击“继续”键确认。

④ 将待测工具的 X 轴负方向（作业方向的反方向）上的一点移至参考点，如图 2-28b 所示，单击“测量”，单击“继续”键确认。

⑤ 在待测工具的 X-Y 平面上，Y 轴正方向上的一点移至参考点，如图 2-28c 所示，单击“测量”，单击“继续”键确认。

⑥ 在弹出的窗口中输入工具的重量和重心等工具负载数据，单击“继续”键确认，单击“保存”键，结束过程。

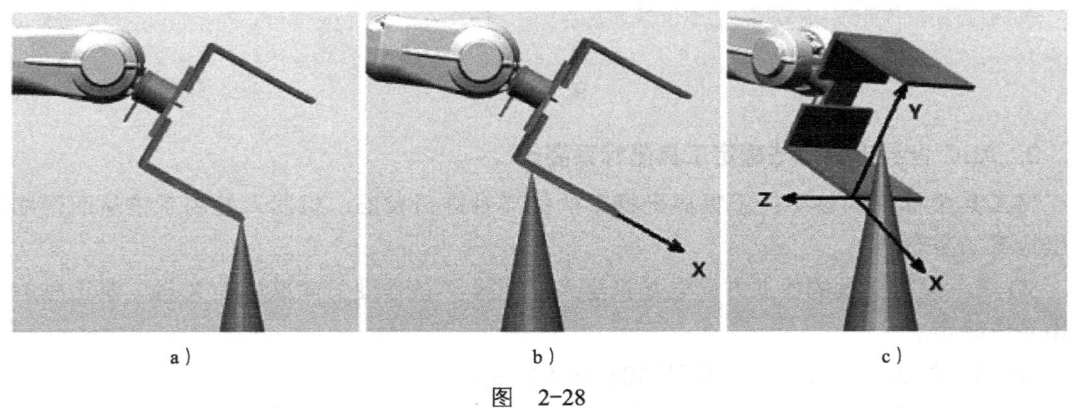

a） b） c）

图 2-28

5. 工具负载数据的获取

工具负载数据一般可从以下几个方式获得：

1）生产厂商提供的数据。

2）CAD 软件。

3）人工计算。

4）KUKA.LoadDataDetermination（仅用于负载）。它是 KUKA 推出的机器人工艺包，其作用是帮助无机械制图经验或需要频繁更换物料的客户测量法兰负载数据。

6. 建立工具坐标系的意义

1）机器人坐标系选择工具坐标系，TCP 可以沿着工具坐标系运动。

2）机器人在运动中，TCP 可以按着预定的速度进行移动。

3）可围绕 TCP 做改变姿态的运动。

2.6.4 建立基坐标系

1. 建立基坐标系的目的及步骤

建立基坐标系的目的是使机器人的运动以及编程设定的位置均以该坐标系为参照。因此，一般工件支座和抽屉的边缘、栈板或机器的外缘均可作为基准坐标系中合理的参照点。基坐标系的测量包括两个步骤，分别为确定坐标系的原点和定义坐标系的方向。

1）前提条件：基坐标测量需要用一个事先已经定义的工具（TCP 已知），机器人处于 T1 方式。

2）使用 3 点法建立基坐标系的步骤如下：

① 按“主菜单”键，在菜单中选择“投入运行”→“测量”→“基坐标系”→“3 点”。

② 分配一个编号和一个名称给基坐标系，如编号选为 1、名称为 BASECART，单击“继续”键确认。

③ 输入工具编号，利用该工具的 TCP 进行基坐标的测量，单击“继续”键确认。

④ 用 TCP 移到待测基坐标系的原点，如图 2-29a 所示，单击“测量”并用“是”键确认位置。

⑤ 将 TCP 移至待测基坐标系正向 X 轴上的一点，如图 2-29b 所示，单击“测量”并用“是”键确认位置。

⑥ 将 TCP 移至待测基坐标系 XY 平面正向 Y 轴上的一点，如图 2-29c 所示，单击“测量”并用“是”键确认位置。

⑦ 单击“保存”键，基坐标系建立，如图 2-29d 所示。

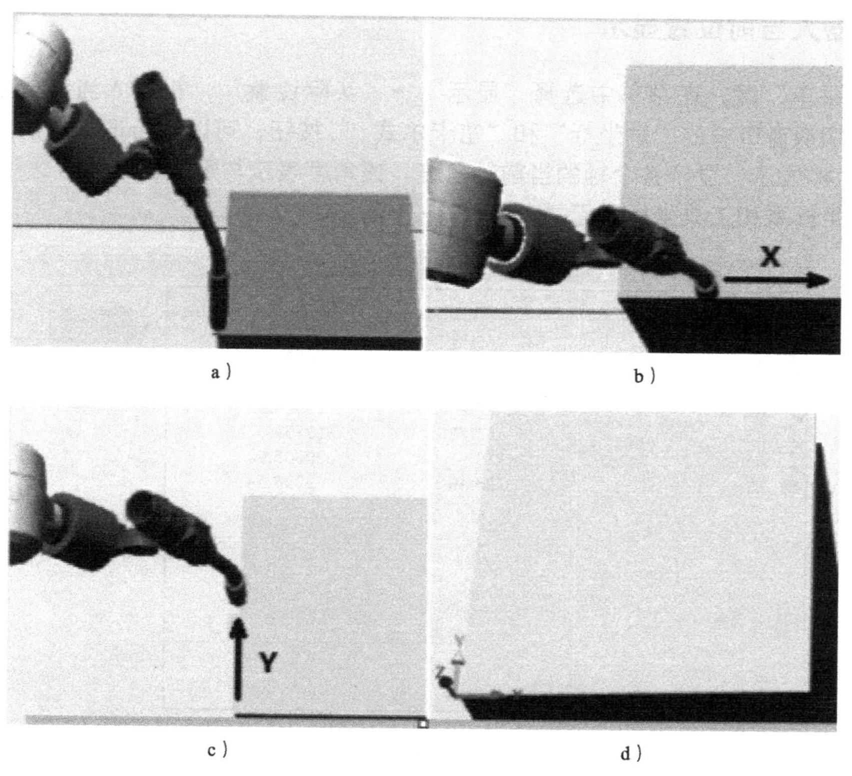

a）　b）　c）　d）

图 2-29

2. 建立基坐标系的意义

可以在工作台边沿建立基坐标，TCP沿着工作台边沿移动，如图2-30a所示。如图2-30b所示，沿工作台边沿建立坐标系Base1，原点为工作台边沿交点O点，工作台内的一点A在Base1坐标中的位置为（X0，Y0，Z0），如工作台移动，工作台原点在世界坐标系位置发生变化，新定义一个基坐标Base2，Base2的原点仍选取O点，坐标系方向仍遵循Base1方向，那么工作台上的A点，在Base2坐标系中的坐标仍为（X0，Y0，Z0），这为运动编程提供了很大的便利。

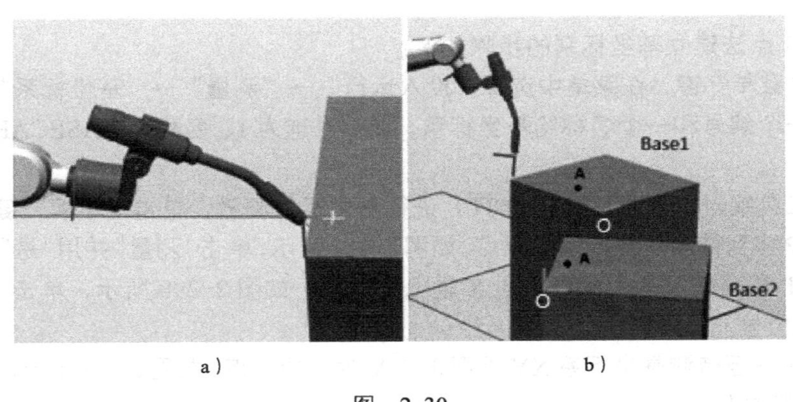

a）　　b）

图　2-30

2.6.5　机器人当前位置显示

按“主菜单”键，在菜单中选择“显示”→“实际位置”，机器人当前位置值有两种表示方法，切换窗口中的“轴坐标”和“笛卡尔式㊀”按钮，可以进行形式切换。

1）轴坐标显示：显示各个轴的当前轴角度，该角度表示与零点标定位置之间的角度值，与所选的基坐标系和工具坐标系无关，如图2-31所示。

机器人位置（与轴相关的）

轴	位置[度，mm]	电机[deg]
A1	72.11	-18522.95
A2	-115.07	30773.07
A3	113.65	-28678.30
A4	67.96	-15020.19
A5	56.72	-13758.67
A6	-130.91	20205.90
E1	-125.40	-9028.54

笛卡尔式

图　2-31

㊀ 应为“笛卡儿式”。——编辑注

2）笛卡儿坐标显示：所选择工具坐标系的 TCP 在当前选择基坐标系中的位置值。默认情况下，工具坐标系为法兰坐标系，基坐标系为世界坐标系，如果要显示笛卡儿坐标，则必须选择所需的工具坐标系及基坐标系，如图 2-32 所示。

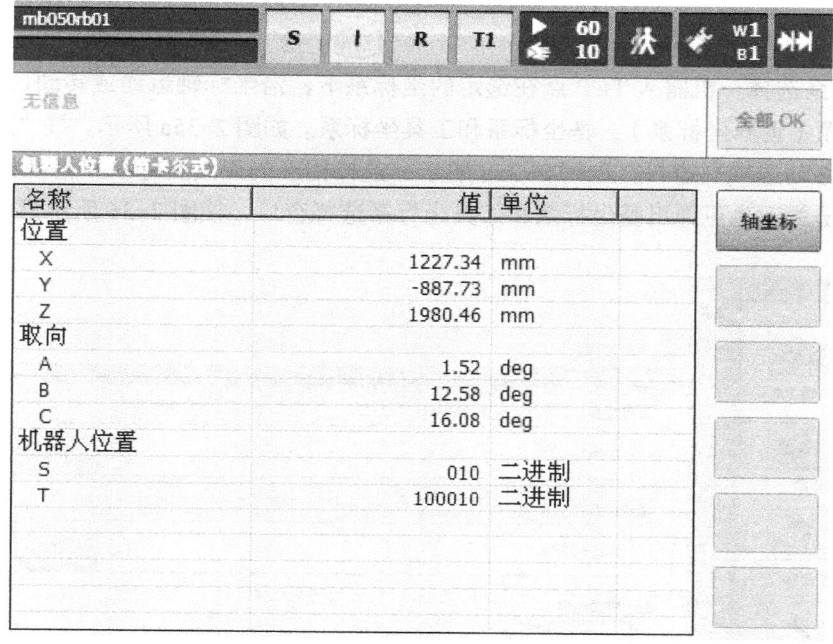

图 2-32

2.6.6 坐标系中移动机器人

1）坐标系中的移动机器人有两种方式，如图 2-33 所示。

① 沿着所选择坐标轴方向平移，沿直线运动，用 X、Y、Z 数据表示。

② 环绕着坐标轴方向转动：用 A、B、C 数据表示。

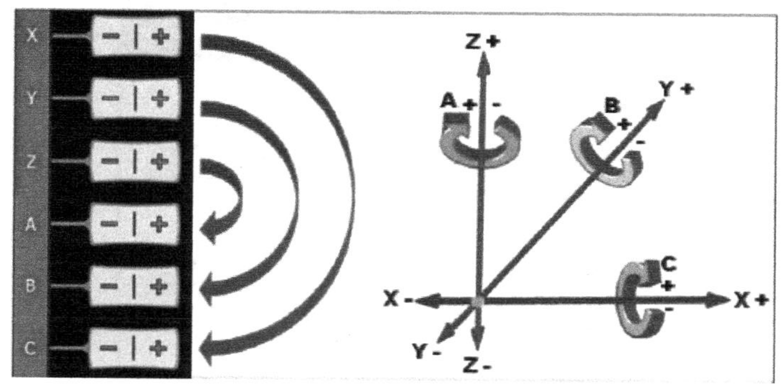

图 2-33

2）机器人在选定坐标系下运动的操作步骤如下：

① 机器人选择 T1 运动模式，如图 2-34 所示。

图 2-34

② 坐标系选择。机器人 TCP 点在选定的坐标系下，沿坐标轴运动或转动，坐标系可选择全局坐标系（世界坐标系）、基坐标系和工具坐标系。如图 2-35a 所示，按“选项”按钮，弹出“手动移动选项”窗口，如图 2-35b 所示，选择相应的工具坐标系和基坐标系。Ipo 模式默认选择法兰。也可弹出基坐标系和工具坐标系选择窗口，按图 2-36 所示操作。

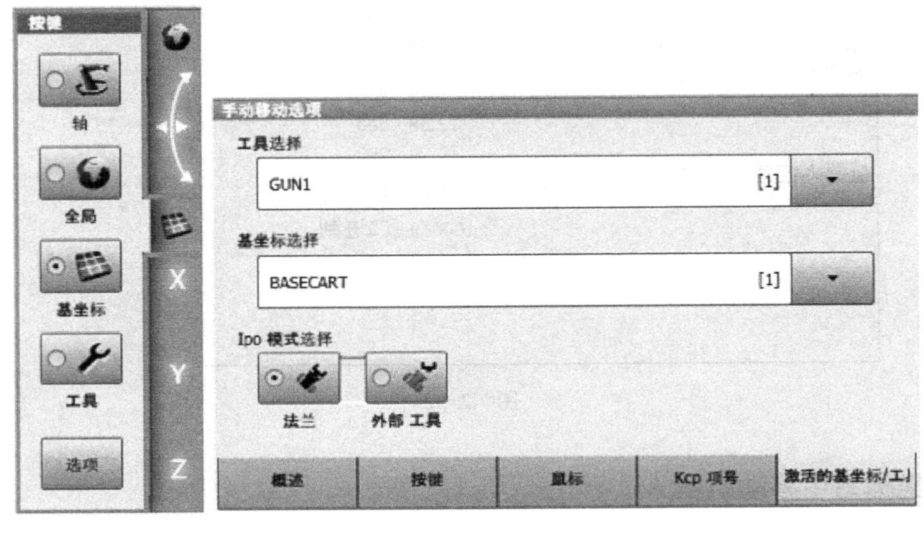

a）　　b）

图 2-35

图 2-36

③ 设置手动速度倍率，如图 2-37 所示，在 SmartPad 的速度倍率调节量窗口中，调节“手动调节量”来设置机器人处于 T1 方式时的手动速度倍率，机器人在 T1 方式的运动速度小于等于 250mm/s。

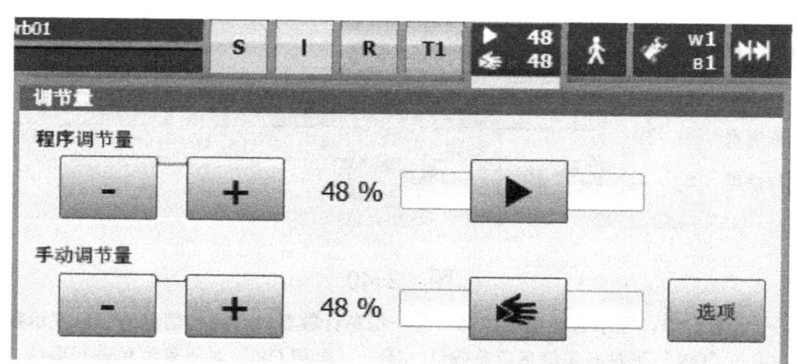

图 2-37

④ 将 SmartPad 上的任何一个使能开关按至中间档，并且在手动运行机器人期间，一定要一直按住才可以移动机器人，如图 2-38 所示。

⑤ 使能开关被按下后，SmartPad 上的 X、Y、Z、A、B、C 点亮指示，表示现在可进行在相应的坐标系下的手动操作。图 2-39a 表示坐标系选择的是工具坐标系，图 2-39b 表示坐标系选择的是基坐标系，图 2-39c 表示坐标系选择的是全局坐标系（世界坐标系）。

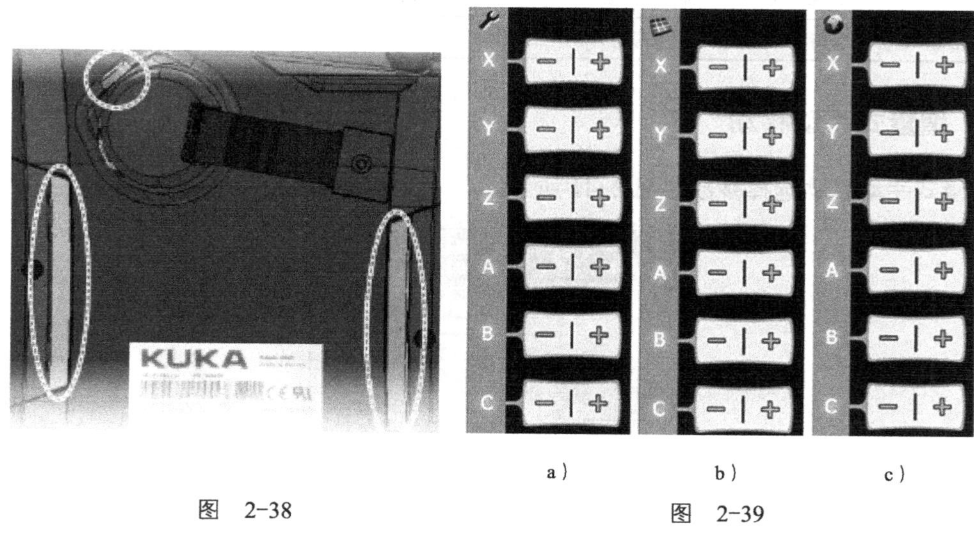

a） b） c）

图 2-38 图 2-39

⑥ 操作 SmartPad 上的移动键，使选定工具 TCP 在选择的坐标系中运动。

2.6.7 机器人系统信息提示

在机器人执行程序或运动的过程中，如果出现故障、报警、提示信息和等待信息，SmartPad 的信息窗口会显示相应的信息，如图 2-40 所示。信息类型说明见表 2-11。

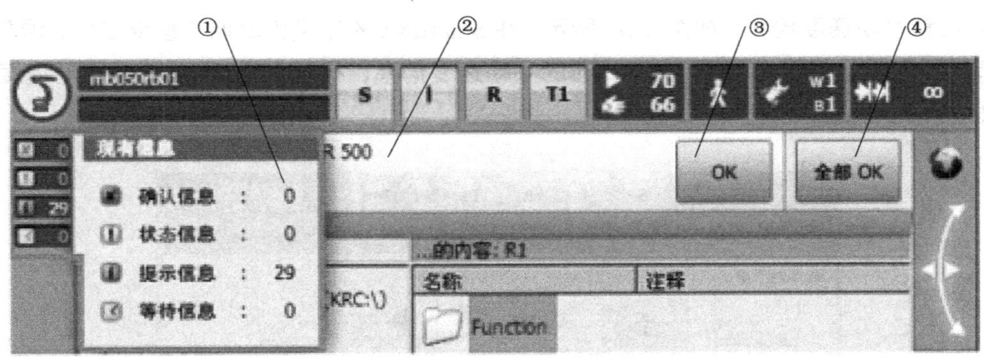

图 2-40

①—信息窗口，显示当前提示信息 ②—信息计数窗口，每种信息的信息提示数
③— “OK” 可对各条信息逐条确认 ④— “全部 OK” 对所有信息进行确认

表 2-11

名 称	说 明
确认信息	1）用于显示需操作员解决问题并确认才能继续处理机器人程序的信息，如确认紧急停止 2）确认信息提示始终引发机器人停止或抑制其启动（用“OK”或“全部 OK”确认）
状态信息	1）状态信息报告控制器的当前状态（如紧急停止） 2）只要这种状态存在，状态信息便无法被确认
提示信息	1）提示信息提供有关正确操作机器人的信息，如需要启动键 2）提示信息可被确认，只要它们不使控制器停止，则无须确认
等待信息	等待信息说明控制器在等待哪一事件（状态、信号或时间）

2.6.8 增量式手动移动

增量式手动移动选择参数如图 2-41 所示。

图 2-41

增量式手动移动说明：

1）连续模式，即 T1 方式下，只要按住移运键，机器人就连续运动。

2）增量式手动运行可按要求的距离和角度移动机器人，如选中“100 mm/10°”，则每次按下移动键，机器人运动就只执行 100mm 或 10°，然后机器人自行停止。

3）增量单位为 mm，适用于在 X、Y、Z 方向的笛卡儿运动。

4）增量单位为°，适用于 A、B、C 方向的笛卡儿坐标系运动或与轴关节相关的运动。

5）如果机器人的运动被中断，当放开使能开关，则在下一个动作中被中断的增量不会继续，而会开始一个新的增量。

6）用移动键时可以用增量式手动运行模式，用 6D 鼠标运动时不能用增量式手动运行模式。

2.7 机器人零点标定

2.7.1 零点标定的必要性

机器人只有进行正确零点标定后使用效果才会最好，即达到它的相对高精度，并可以完全按照编程设定的动作运动。零点标定时，会给每个机器人轴分配一个基准值；完整的零点标定过程包括为每一个轴标定。

不同型号的机器人各关节轴的零点标定位置不尽相同，如 KR16 系列机器人各关节轴的基准值（机械零点对应的角度值）为：

A1：0°，A2：−90°，A3：+90°，A4：0°，A5：0°，A6：0°

原则上，机器人必须时刻处于已标定零点的状态。在以下情况下必须进行零点标定：

1）在机器人首次投入运行时。

2）参与定位的部件（如带分解器或 RDC 的电动机）采取了维护措施之后。

3）当未用控制器移动了机器人轴（如借助于自由旋转装置移动机器人）时。

4）进行了机械修理、更换齿轮箱、机器人以高达 250mm/s 的速度与轴硬机械限位发生碰撞。

对于有零点但需要重新标定的情况，必须先删除机器人零点（在主菜单中选择“投入运行”→“调整”→“去调节”，选择要删除零点的轴），然后才可重新标定零点。

如果机器人轴未经零点标定，则会严重限制机器人的功能：

1）无法编程运行。

2）不能沿编程设定的点运行。

3）不能在笛卡儿坐标系中移动。

4）软限位开关关闭。对于删除零点的机器人，软限位开关是关闭的。机器人可能会驶向硬机械限位，由此可能使缓冲器受损，导致必须更换缓冲器。应尽可能不运行删除零点的机器人，或尽量减小手动倍率。

2.7.2 电子校准装置

通过电子校准装置（Electronic Mastering Device，EMD）可为任何一个在机械零点位置的轴指定一个基准值，可以使各个关节轴的机械零点和电气零点保持一致，如图 2-42 所示。

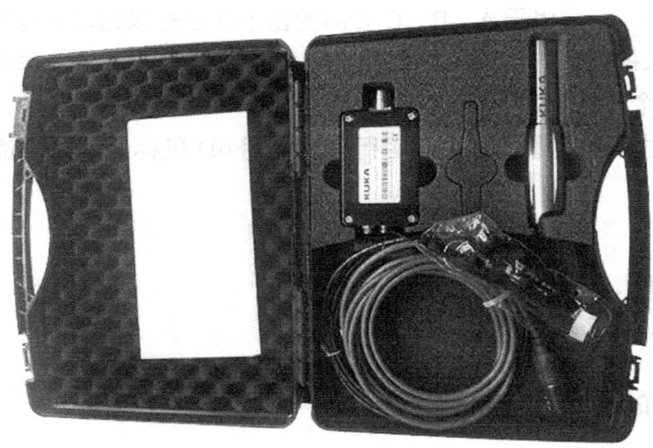

图 2-42

2.7.3 首次零点标定

只有当机器人没有负载时才可以执行首次零点标定。不得安装工具、附加负载和工件负载。首次零点标定具体步骤如下：

1）将机器人各关节轴移到预零点标定位置，如图 2-43a 所示。

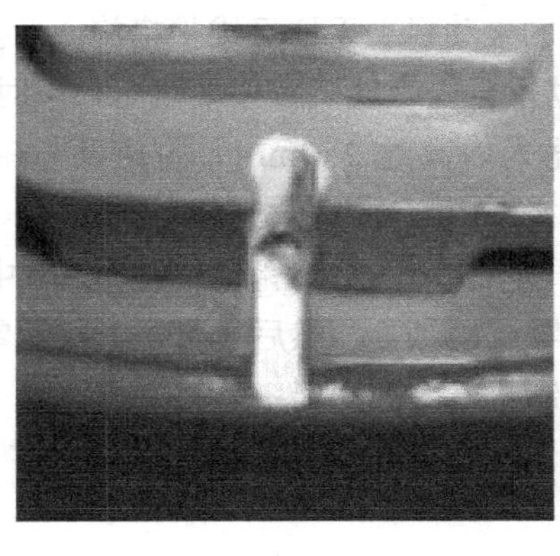

a）

b）

图 2-43

2）按“主菜单”键，在菜单中选择“投入运行”→“调整”→“EMD”→“带负载校正”→“首次调整”，在自动弹出窗口中所有待标定轴都会显示，且编号最小的轴被选定。

3）在选定的轴上，取下测量筒的防护盖。将 EMD 拧到测量筒上，如图 2-43b 所示。

4）将 EMD 测量导线一端连接到 EMD 上，另一端连接到机器人接线盒的 X32 接口上，如图 2-44 所示。注意先将 EMD 不带线拧到测量筒上，之后再连接线缆；拆除 EMD 时，也是先将线缆拧下，再拆除 EMD，否则易造成线缆损坏。

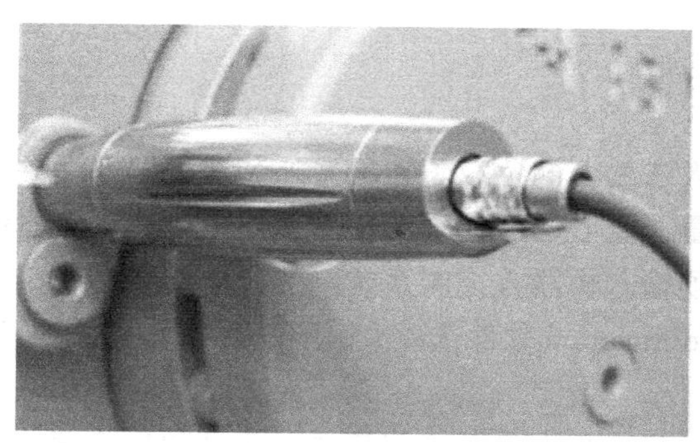

图 2-44

5）单击 SmartPad 上的零点标定键，使能开关按至中间档并保持该位置，按下启动键并按住，如果 EMD 到达标定位置，机器人自动停止运行，数值被储存，该关节轴在窗口中消失。

6）将测量导线从 EMD 上取下，然后从测量筒上取下 EMD，并将防护盖重新装好，对所有需零点标定的轴重复步骤 2）至 5），全部完成后，关闭窗口。标定后要将测量线从机器人 X32 接口取下，否则会出现干扰或损坏。

2.7.4 偏量学习

机器人法兰处的工具有重量，由于部件和齿轮箱上材料固有的弹性，使未承载的机器人与承载的机器人相比其位置上会有所区别。这些将影响机器人的精确度。

偏量学习需要带负载进行，与首次需点标定（无负载）的差值被储存。只有经过偏量学习的机器人，才具有较高精度。偏量学习的具体步骤如下：

1）将机器人置于预零点标定位置。

2）按“主菜单”键，在菜单中选择“投入运行”→“调整”→“EMD”→“带负载校正”→“偏量学习”。

3）输入工具编号并按“OK”键确认，随即打开一个窗口，所有工具尚未学习的轴都显示出来，编号最小的轴默认被选定。

4）从窗口中选定的轴上取下测量筒的防护盖，将 EMD 拧到测量筒上，然后将测量导线连到 EMD 上，并连接到底座接线盒的 X32 接口上。

5）单击 SmartPad 上的“学习”键，使能开关按至中间档并保持该位置，按下启动键并按住，如果 EMD 到达标定位置，机器人自动停止运行，随即打开一个窗口，该轴上与首次零点标定的偏差以增量和度的形式显示出来。

6）单击“OK”键确认，该关节轴在窗口中消失。

7）将测量导线从 EMD 上取下，然后从测量筒上取下 EMD，并将防护盖重新装好。对所有需零点标定的轴重复步骤 2）至 6）。完成后关闭窗口，将测量导线从接口 X32 上取下。

2.7.5 工具负载数据

工具负载数据是指所有装在机器人法兰上的负载。它是另外装在机器人上并由机器人一起移动的质量。需要输入的值有质量、重心位置（质量受重力作用的点）、质量转动惯量以及所属的主惯性轴。负载数据必须输入机器人控制系统，并分配给正确的工具，工具负载数据可来源于 KUKA.LoadDataDetermination 软件选项（仅用于负载）、生产厂商数据、人工计算和 CAD 程序。

输入的负载数据会影响许多控制过程，其中包括控制算法、速度和加速度监控、碰撞监控等，所以正确输入负载数据是非常重要的。如果机器人以正确输入的负载数据执行其运动，可保证机器人具有更优的精度，具有最佳的节拍时间，增加机器人使用寿命（磨损小）。工具负载数据录入的具体操作步骤如下：

1）按“主菜单”键，在菜单中选择“投入运行”→“测量”→“工具”→“工具负载数据”。

2）在工具编号栏中输入工具的编号，单击“继续”键确认。

3）输入负载数据，如图 2-45 所示。

① M 栏：质量。

② X、Y、Z 栏：相对于法兰的重心位置。

③ A、B、C 栏：主惯性轴相对于法兰的取向。

④ JX、JY、JZ 栏：转动惯量。（JX 是坐标系绕 X 轴的转动惯量，以此类推，JY 和 JZ 是指绕 Y 轴和 Z 轴的转动惯量。）

4）单击“继续”键确认，单击“保存”键。

图 2-45 所示在线负载数据检查（OLDC）配置说明如下：

1）机器人控制系统在运行时监控是否存在过载或欠载。

① 过载：实际的负载大于配置的负载。

② 欠载：实际的负载小于配置的负载。

2）负载数据检查：

① 选择检查：对于在同一窗口中显示的工具，OLDC 激活，在过载或欠载时出现规定的反应。

② 不选择检查：对于在同一窗口中显示的工具，OLDC 未激活，在过载或欠载时不出现反应。

3）过载时的反应：

① 无：无反应。

② 警告：系统显示状态信息，在检查机器人负载时测得过载。

③ 停止机器人：系统显示一条与警告时相同的信息，但这条信息需要确认，机器人以安全停止 STOP2 停止。

4）欠载时的反应：在此可以规定欠载时应出现何种反应，可能的反应与过载时类似。

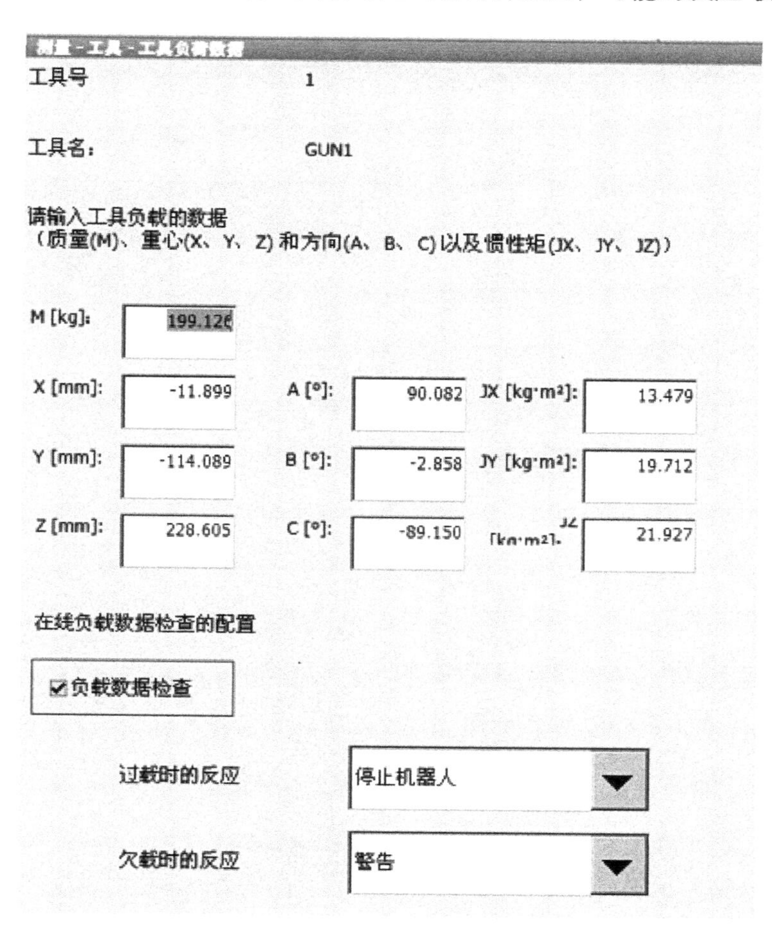

测量 - 工具 - 工具负荷数据

工具号 1

工具名： GUN1

请输入工具负载的数据
（质量(M)、重心(X、Y、Z) 和方向(A、B、C) 以及惯性矩(JX、JY、JZ)）

M [kg]: 199.126

X [mm]:	-11.899	A [°]:	90.082	JX [kg·m²]:	13.479
Y [mm]:	-114.089	B [°]:	-2.858	JY [kg·m²]:	19.712
Z [mm]:	228.605	C [°]:	-89.150	JZ [kg·m²]:	21.927

在线负载数据检查的配置

☑ 负载数据检查

过载时的反应 停止机器人

欠载时的反应 警告

图 2-45

第 3 章

KUKA 机器人编程基础

- 程序文件的使用
- 联机表单方式创建运动指令
- 变量的应用
- 联机表单创建逻辑功能
- KRL 流程控制功能
- 结构化编程
- 程序文件执行

3.1 程序文件的使用

3.1.1 创建程序模块

在 SmartPad 上，程序模块尽量保存在文件夹“R1\Program”中，读者可建立新的文件夹并将程序模块存放在该目录下。一个模块中可以加入注释，此类注释中可含有程序的简短功能说明；为了便于管理和维护，模块命名尽量规范，KUKA 机器人程序模块命名示例见表 3-1。

表 3-1

程序模块命名	程序模块说明
Main	主程序模块
InitSystem	初始化程序模块
VerifyAtHome	判断机器人是否在 HOME 位程序模块
InitSignal	初始化信号程序模块
ChangeTool	更换工具程序模块
GotPgNo	获取工作编号程序模块
R_work	机器人工作程序模块
RcheckCycle	循环检查程序模块

程序模块建立过程：

1）单击“R1”→“Program”文件夹，在按键栏单击“新”键新建一个程序文件夹，此时可以给该文件夹进行命名，如 MyTest，如图 3-1 所示。

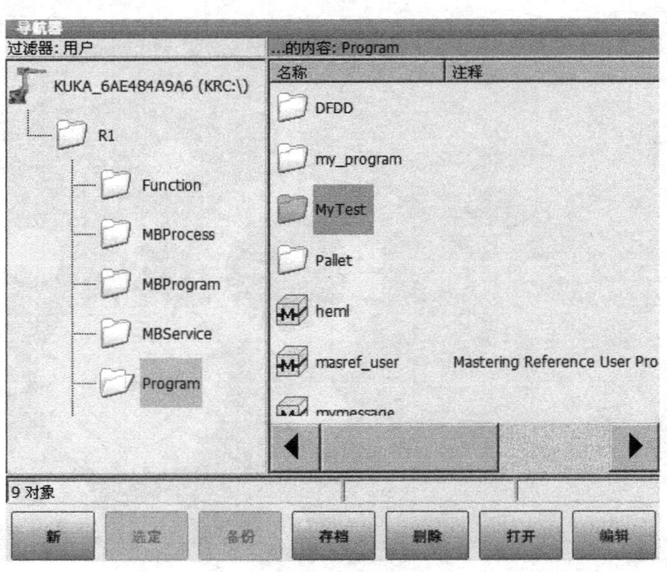

图 3-1

2）登录 Expert 用户组，如图 3-2 所示。

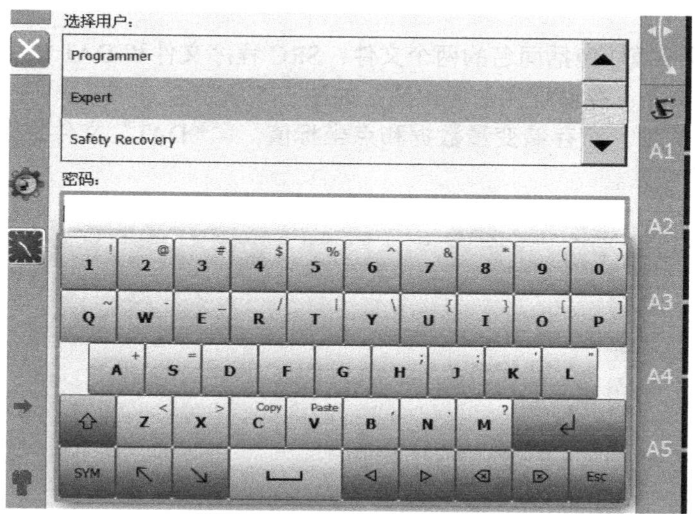

图 3-2

3）打开文件夹 MyTest，单击右侧空白处，单击按键栏“新”键，弹出程序模板选择窗口。有关各模板所代表的意义，在第 5 章的 5.1 节 OrangeEdit 软件编程中介绍。此处选择常用的 Modul 模板，如图 3-3 所示，单击“OK”键。

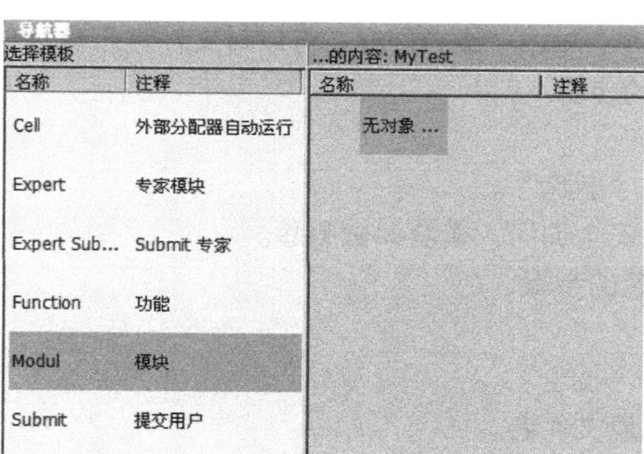

图 3-3

4）在 MyTest 文件夹里，弹出程序模块命名窗口，给程序模块命名，如 WORK，单击“OK”键。程序模块创建后，系统自动生成两个同名文件：一个为 WORK.src 程序文件；另一个为 WORK.dat 数据文件，如图 3-4 所示。

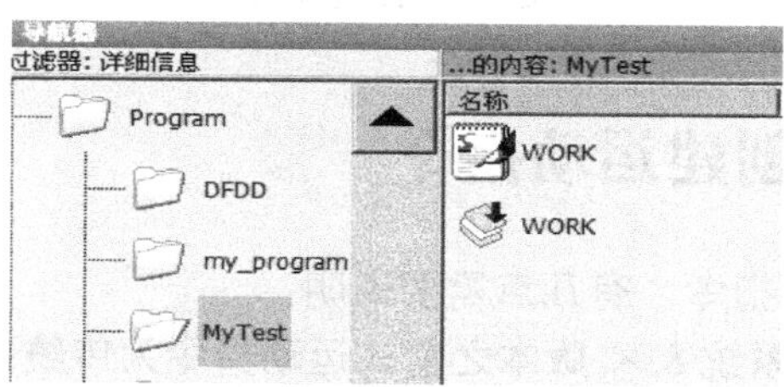

图 3-4

3.1.2 程序模块构成

一个完整的程序模块包括同名的两个文件：SRC 程序文件和 DAT 数据文件。

1）SRC 程序文件：存储程序的源代码。如图 3-5 所示。

2）DAT 数据文件：可存储变量数据和点坐标值，“*.DAT”文件在专家或者更高权限用户组登录状态下可见。

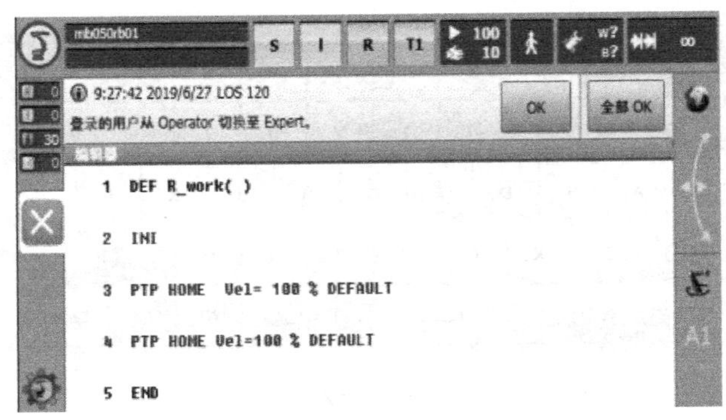

图 3-5

3.1.3 程序文件编辑

在 SmartPad 按键栏中，单击“编辑”键，可以对文件进行剪切、删除、重命名等操作。

（1）程序文件删除的步骤

1）选中文件。

2）选择“编辑”→“删除”。

3）单击“是”确认安全询问，模块即被删除。

（2）程序文件重命名的步骤

1）选中文件。

2）选择“编辑”→“改名”。

3）用新的名称覆盖原文件名。

（3）程序文件剪切的步骤

1）登录专家用户组。

2）选中文件。

3）选择“编辑”→“剪切”。

4）选择“编辑”→“添加”，将文件剪切到相应位置。

3.2 联机表单方式创建运动指令

关于联机表单创建运动指令，有几点需要说明：

1）KUKA 机器人控制系统 8.× 版本之前，运动指令为传统运动指令，联机表单的运动指令包括：

① 点到点运动：PTP（Point To Point）。

② 连续轨迹运动：LIN（线性运动）和 CIRC（圆周运动）。

2）KUKA 机器人控制系统 8.× 版本之后，除了传统运动指令，还推出了 S 型运动指令，联机表单的运动指令包括：

① 点到点运动：PTP（Point To Point）。

② 连续轨迹运动：LIN（线性运动）和 CIRC（圆周运动）。

③ 点到点运动（S 型运动指令）：SPTP。

④ 连续轨迹运动（S 型运动指令）：SLIN（线性运动）和 SCIRC（圆周运动）。

3）S 型指令在内部的算法设计上进行了优化，可以使运动更加快速和高效；对于使用者来说，传统运动指令和 S 型运动指令在联机表单的参数设置上差异不大。为了兼顾不同读者的需求，本书介绍的运动指令主要围绕 KUKA 机器人传统运动指令 PTP/LIN/CIRC 展开。

3.2.1 程序模块的打开

程序模块的打开有两种方式，如图 3-6 所示。

图 3-6

1）选择程序模块，按“打开”键打开程序模块：可编辑程序，但程序无法运行。在编辑程序模块时可选择打开方式。

2）选择程序模块，按“选定”键打开程序模块：可运行程序，也可以对目标点速度等部分参数在线编辑。

3.2.2 程序模块结构

在创建程序模块时，选择 Modul 作为程序模板，程序模块由 SRC 程序文件和 DAT 数据文件构成，其中 SRC 程序文件所包含的内容如图 3-7 所示。

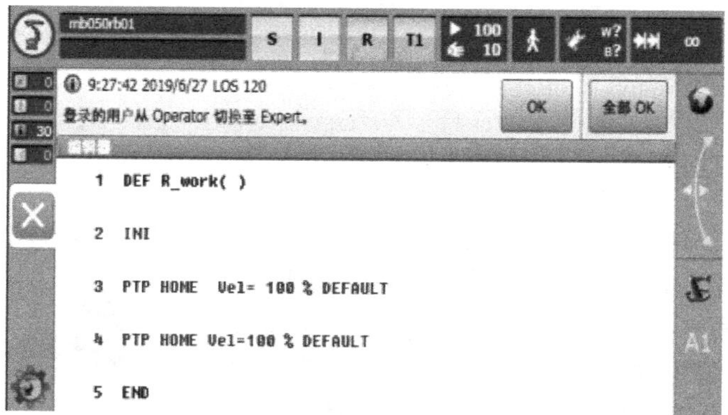

图 3-7

其中，INI 行包括内部变量和参数初始化的内容；HOME 点一般作为一个程序运动的起始和结束位置，机器人 HOME 点是机器人准备运行时所处的安全位置。HOME 点可以设置为机器人运行范围中的任意一点，但要注意所设置的 HOME 点最好要保证机器人在这一点时会远离工件和周边设备，且便于维修和保养。

建立程序文件时，默认程序定义的开头标志 DEF 和程序结束标志 END 是不可见的。设置为可见的步骤如下：

1）登录专家组模式。

2）以“打开”的形式打开程序文件，在按键栏中选择“编辑”→“视图”→“DEF 行”，如图 3-8 所示。

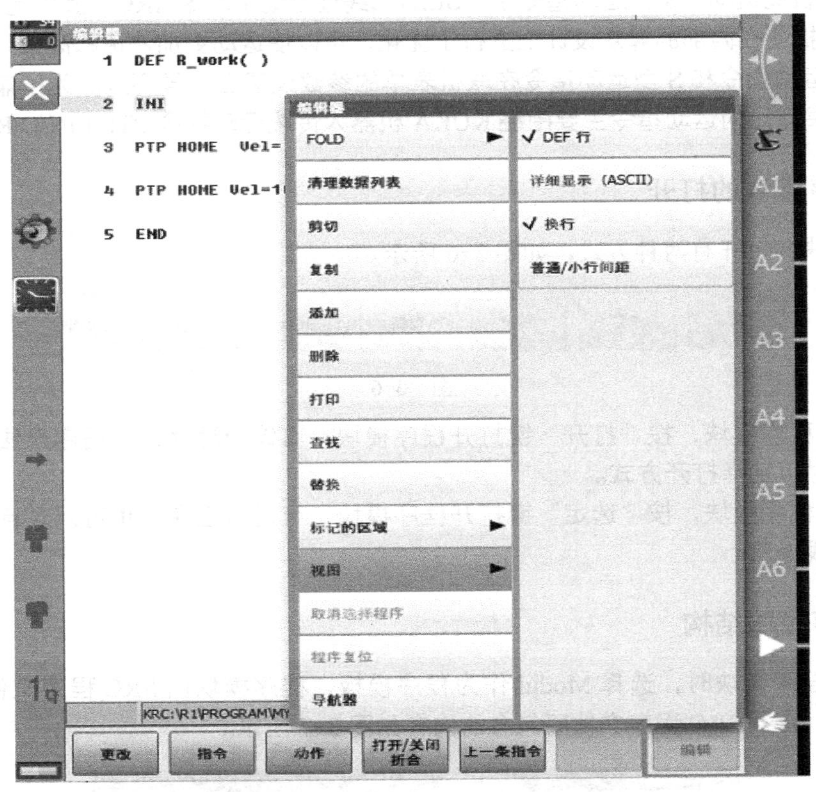

图 3-8

3.2.3 PTP 运动功能

机器人的 TCP 以最快的速度运动到目标点，这种运动叫作机器人的 PTP 运动。因为机器人的轴是旋转运动的，所以弧形轨迹比直线轨迹更快。如图 3-9 所示，机器人如果执行 PTP 运动指令，机器人的 TCP 从 P1 到 P2 是沿曲线运动。这里要特别注意，因为 PTP 运动的轨迹是不可预测的，所以在使用时，一定要做轨迹的测试，避免与周边设备发生碰撞。PTP 适合轨迹中间点和空间自由点，另外在程序中的第一个运动必须是 PTP 运动。

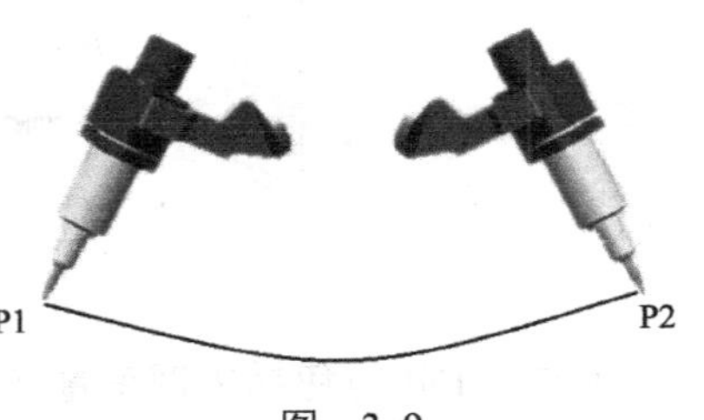

图 3-9

1. PTP 运动指令选择

1）在 T1 方式下，打开 SRC 程序文件，光标移至第一个 PTP HOME 行，在 SmartPad 按键栏中选择“指令”→“运动”→“PTP”，添加机器人运动指令 PTP，指令添加后如图 3-10 所示。

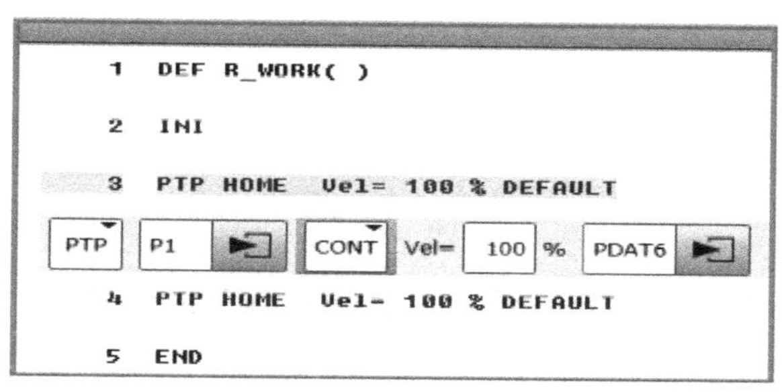

图 3-10

2）PTP 联机表单[㊀] 添加参数如图 3-11 所示，具体参数说明见表 3-2。

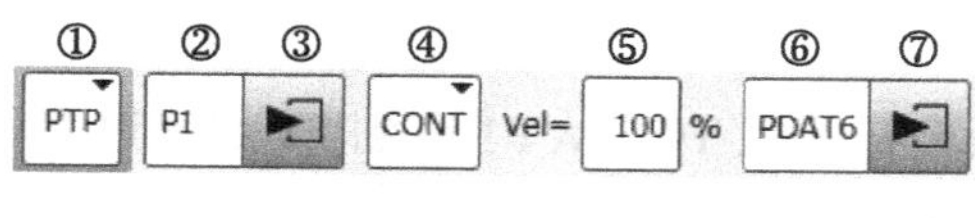

图 3-11

表 3-2

参数编号	说明
①	运动方式选择 PTP 运动
②	目标点名称为 P1
③	目标点参数选择
④	CONT：目标点被轨迹逼近；空白：将精确地移至目标点
⑤	速度范围，PTP 运动速度范围为 1% ～ 100%
⑥	运动数据组变量名称
⑦	运动数据选择

2. PTP 联机表单参数设置

1）PTP 指令中目标点的参数选择如图 3-12 所示，有以下几组参数需要设置。

①对于目标点 P1 来说，要告知系统 P1 点所对应的工具和基坐标。默认情况下，机器人系统有 1 ～ 16 个工具可选，基坐标有 1 ～ 32 个可选。

②外部 TCP 选为 FALSE，表示工具安装在机器人法兰处；外部 TCP 选为 TRUE，表示工具位置固定，安装在机器人外部。

③碰撞识别选为 FALSE，表示机器人系统为此运动不计算轴扭矩；碰撞识别选为 TRUE，表示机器人系统为此运动计算轴扭矩，轴扭矩的作用主要是在机器人进行此运动过

㊀ 为了方便用户编程，KUKA 预设了一些由 KRL 语句组成的功能，包括运动功能（PTP、LINE、CIRC），切换功能（OUT、PLUSE），等待功能（WAIT SEC、WAIT FOR）等，我们称之为联机表单，用户只需选择相应的功能并填写参数即可。

程中，如果扭矩超出范围值，则报警停止运动。

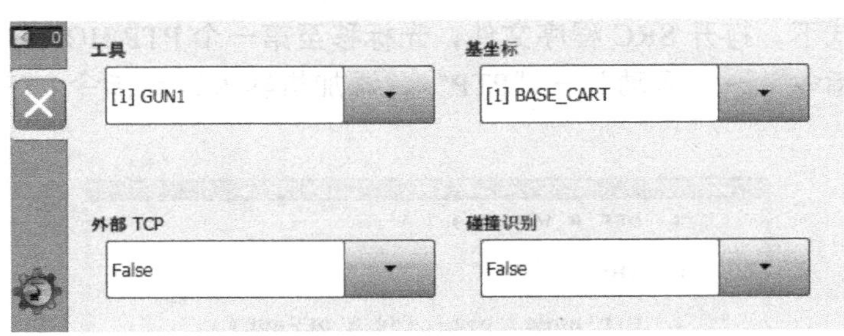

图　3-12

2）轨迹逼近的概念：如图 3-13 所示，机器人 TCP 经过的目标点是否设置轨迹逼近，会有两条不同的运动轨迹。

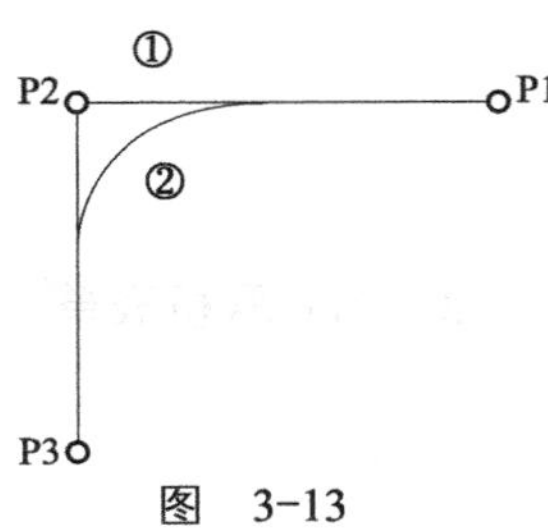

图　3-13

① P2 点没有设置轨迹逼近：机器人 TCP 经过路径①，从 P1 点先加速到达设定速度并按此速度运动，接近 P2 点时开始减速并精确到达 P2 点，之后从 P2 点再加速到达设定速度后，向 P3 点运动。

② P2 点设置轨迹逼近：机器人 TCP 从 P1 点到 P3 点经过路径②，TCP 没有精确到达 P2 点，整个运动过程无须频繁地加减速。

对于运动曲线的空间过渡点，一般采用轨迹逼近的方式，对于要到达的精准目标点，比如机器人抓手到达拾取工件位置，此类目标点采用无轨迹逼近的方式，保证 TCP 准确到达该点。

轨迹逼近的优点是可加快运动节拍和减少机器人的磨损。

3）运动数据选择如图 3-14 所示，有以下几组参数需要设置。

① 加速：表示以机器数据中给出的最大值为基准。此最大值与机器人类型和所设定的运行方式有关。加速适用于该运动语句的主要轴，取值范围为 1% ～ 100%。

② 圆滑过渡距离：只有在联机表单中选择了 CONT 后，此栏才显示。此距离为最早开始轨迹逼近的距离。最大值：从起点到目标点之间的一半距离，以无轨迹逼近 PTP 运动的运动轨迹为基准，取值范围为 1 ～ 1000mm。

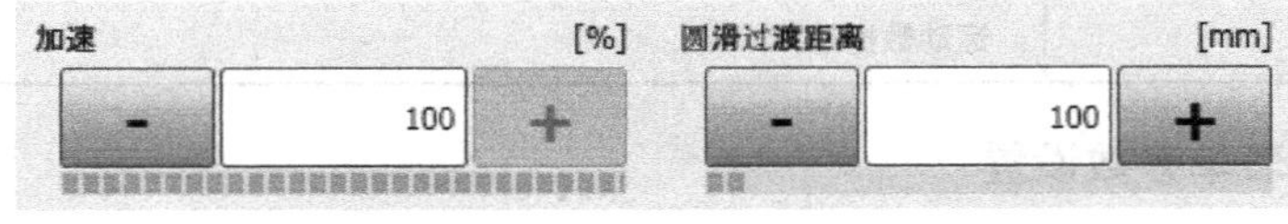

图　3-14

3. 目标点示教

如图 3-15 所示，选择相应的工具号和基坐标号，通过手动模式移动机器人，将 TCP 到达 P1 点位置并保持正确的姿态；在图 3-11 中，选中 P1 点，单击按键栏上的“确定参数”键，弹出确认窗口，单击“是”，最后单击按键栏上的“指令 OK”键，PTP 指令添加结束。

TCP 到达 P1 点位置并保持正确的姿态的操作称为目标点的示教，目标点的示教是工业机器人应用中非常重要的一个环节，经示教的 P1 点位置数据保存在数据文件中，以后调用 P1 点，实际就是对 P1 点位置数据的调用。

图 3-15

4. PTP 运动应用示例

机器人 TCP 轨迹运动要求：机器人从 HOME 位以 PTP 运动和轨迹逼近形式经过 P1 点，继续以 PTP 运动形式精确到达 P2 点，之后从 P2 点以 PTP 运动形式精准返回 HOME 点。

图 3-16 为机器人 TCP 实际运动轨迹，满足上述轨迹要求：

1）HOME 点到 P1 点为曲线，符合 PTP 运动轨迹为非直线的特点。

2）运动轨迹未精准到达 P1 点，满足轨迹逼近的要求。

3）运动轨迹沿曲线精确到达 P2 点和 HOME 点，满足到达 P2 点和 HOME 点的轨迹要求。

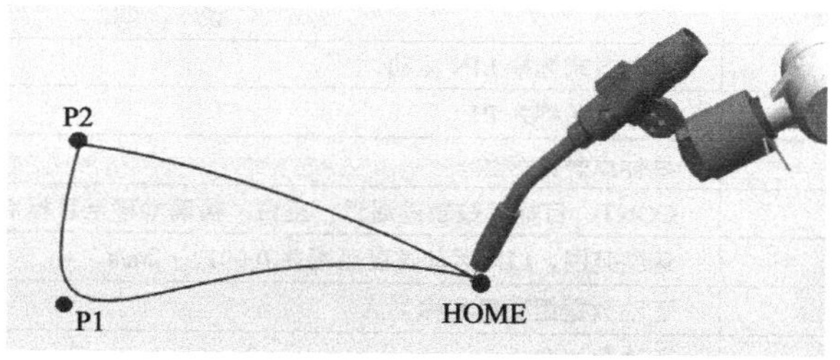

图 3-16

3.2.4 LIN 运动功能

机器人的 TCP 按设定的姿态从起点以定义的速度直线移动到目标点，这种运动叫做机器人的 LIN 运动。如图 3-17 所示，机器人如果执行 LIN 运动指令，机器人的 TCP 从 P1 点到 P2 点是沿直线运动。

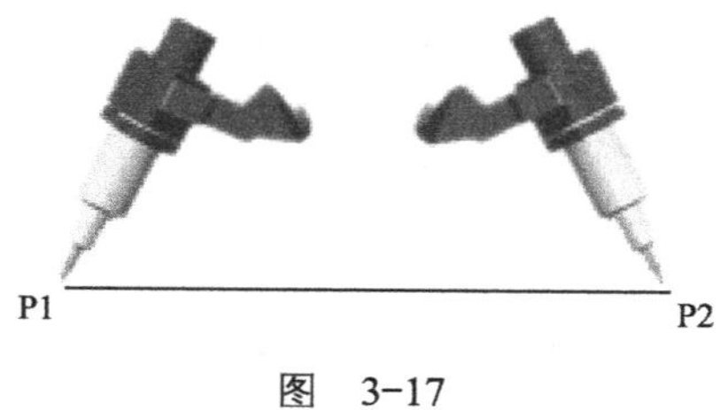

图 3-17

1. LIN 运动指令选择

1）在 T1 方式下，打开 SRC 程序文件，光标移至第一个 PTP HOME 行，在 SmartPad 按键栏中选择“指令”→“运动”→“LIN”，添加机器人运动指令 LIN，指令添加后如图 3-18 所示。

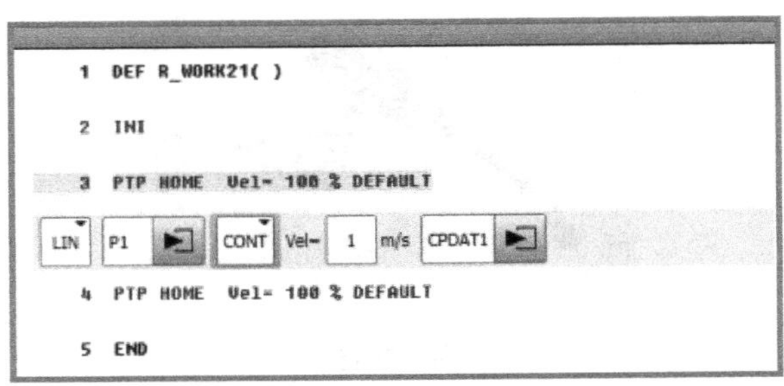

图 3-18

2）LIN 联机表单添加参数如图 3-19 所示，具体参数说明见表 3-3。

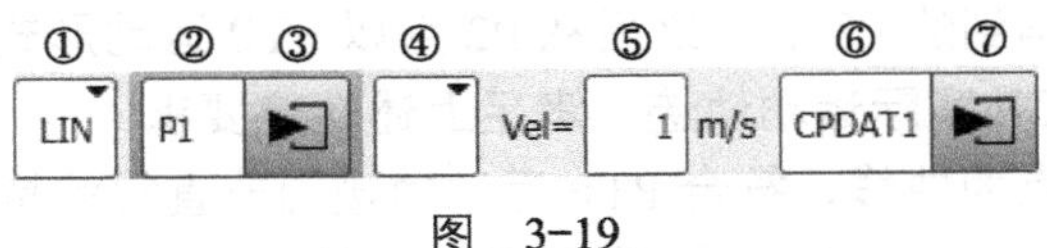

图 3-19

表 3-3

参数编号	说　明
①	运动方式选择 LIN 运动
②	目标点名称为 P1
③	目标点参数选择
④	CONT：目标点被轨迹逼近；空白：精确地移至目标点
⑤	速度范围，LIN 运动速度范围为 0.001 ～ 2m/s
⑥	运动数据组变量名称
⑦	运动数据选择

2. LIN 联机表单参数设置

1）LIN 指令中目标点的参数选择如图 3-20 所示，有以下几组参数需要设置。

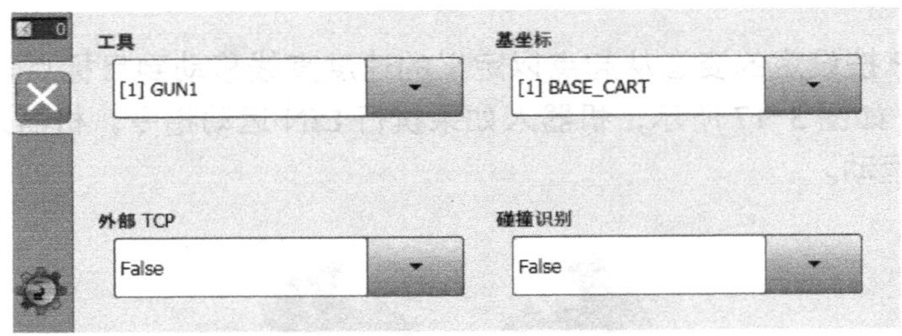

图 3-20

① 对于目标点 P1 来说，系统要知道 P1 点所对应的工具号和基坐标号，默认情况下，机器人系统有 1 ～ 16 个工具可选，基坐标有 1 ～ 32 个可选。

② 外部 TCP 选为 FALSE，表示工具安装在机器人法兰处；外部 TCP 选为 TRUE，表示工具位置固定并安装于机器人外部。

③ 碰撞识别选为 FALSE，表示机器人系统为此运动不计算轴扭矩；碰撞识别选为 TRUE，表示机器人系统为此系统计算轴扭矩，轴扭矩的作用主要是在机器人进行此运动过程中，如果扭矩超出范围值，则报警停止运动。

2）运动数据选择如图 3-21 所示，有以下几组参数需要设置。

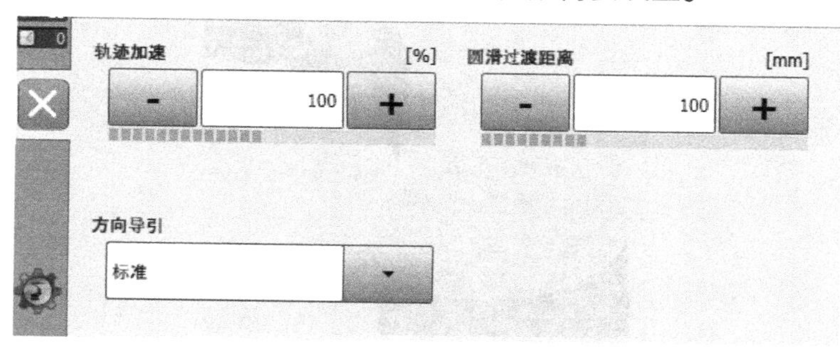

图 3-21

① 轨迹加速：表示以机器数据中给出的最大值为基准。该最大值与机器人类型和所设定的运行方式有关，取值范围为 1% ～ 100%。

② 圆滑过渡距离：只有在联机表单中选择了 CONT 后，此栏才显示。此距离为最早开始轨迹逼近的距离。最大值：从起点到目标点之间的一半距离。如此处输入了更大的数值，则此值被忽略而采用最大值。

③ 方向引导的类型和说明如下：

a. 标准或手动 PTP：工具的姿态在运动过程中不断变化，在机器人以标准方式到达腕部轴奇点时就可以使用手动 PTP，因为是通过腕部轴角度的线性轨迹逼近进行姿态变化。

b. 恒定的方向：工具的姿态在运动过程中不变化。在终点示教的姿态被忽略。

3. 目标点示教

通过手动模式选择相应的工具号和基坐标号，并移动机器人，将 TCP 到达 P1 点位置并保持正确的姿态，在如图 3-19 中，选中 P1 点，单击按键栏上的“确定参数”键，弹出确认窗口，单击“是”键，最后单击按键栏上的“指令 OK”键，LIN 指令添加结束。

4. LIN 运动应用示例

机器人 TCP 轨迹运动要求：机器人从 HOME 点以 LIN 运动和轨迹逼近形式经过 P1 点，继续以 LIN 运动形式精确到达 P2 点，之后从 P2 点以 PTP 运动形式精准返回 HOME 点。

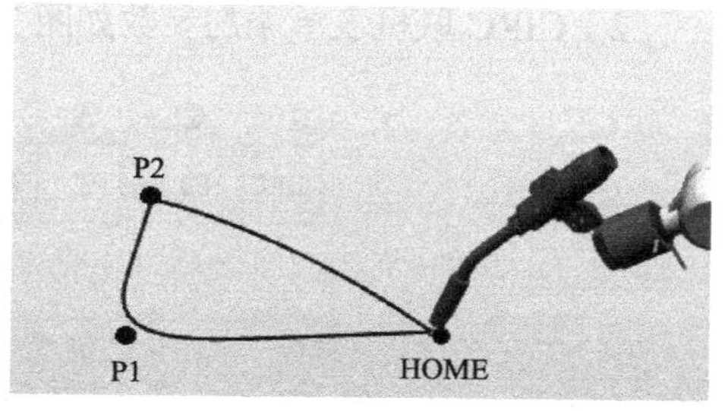

图 3-22

图 3-22 为机器人 TCP 实际运动轨迹，满足上述轨迹要求：

1）HOME 点到 P1 点为直线，符合 LIN 运动轨迹为直线的特点。

2）运动轨迹未精准到达 P1 点，满足轨迹逼近的要求。

3）运动轨迹沿直线精确到达 P2 点，并从 P2 点沿曲线精准返回 HOME 点，满足到达 P2 点和 HOME 点的轨迹要求。

3.2.5 CIRC 运动功能

圆弧运动轨迹是由起始点 P1、辅助点 P2、目标点 P3 定义的，工具的 TCP 按照设定的姿态以定义的速度沿圆弧轨道从起点运动到终点，如图 3-23 所示。

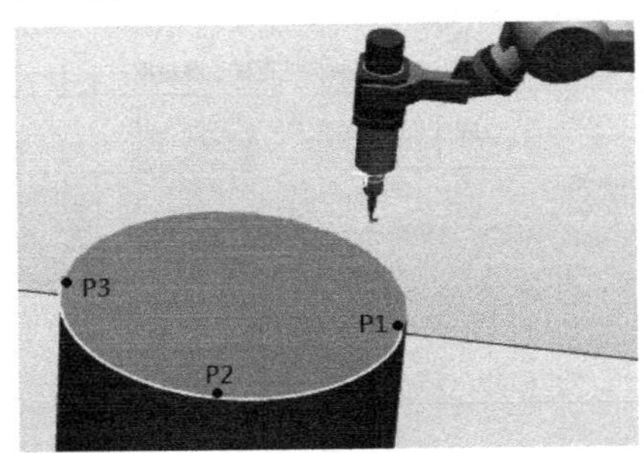
P3
P1
P2

图 3-23

1. CIRC 运动指令选择

1）在 T1 方式下，打开 SRC 程序文件，光标移至 PTP P1 行，P1 作为圆弧的起始点，并已示教。在 SmartPad 按键栏中选择“指令”→“运动”→“CIRC”，添加机器人运动指令 CIRC，指令添加后如图 3-24 所示。

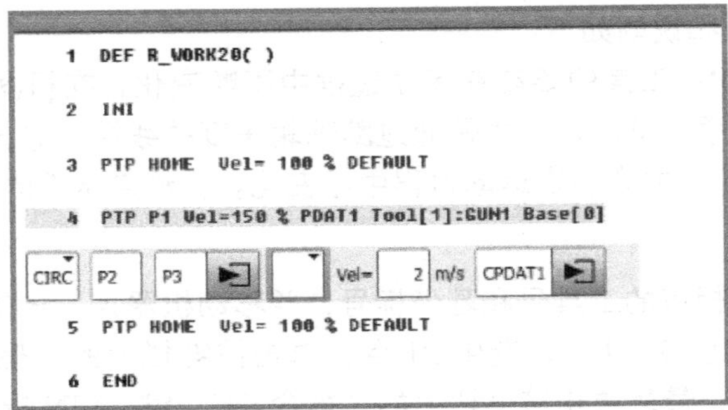
1 DEF R_WORK20( )
2 INI
3 PTP HOME Vel= 100 % DEFAULT
4 PTP P1 Vel=150 % PDAT1 Tool[1]:GUN1 Base[0]
CIRC P2 P3 Vel= 2 m/s CPDAT1
5 PTP HOME Vel= 100 % DEFAULT
6 END

图 3-24

2）CIRC 联机表单添加参数如图 3-25 所示，具体参数说明见表 3-4。

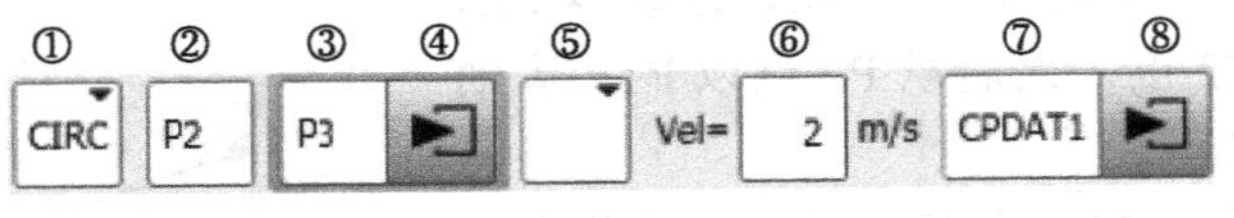
① ② ③ ④ ⑤ ⑥ ⑦ ⑧
CIRC
P2
P3
Vel=
2
m/s
CPDAT1

图 3-25

表 3-4

参数编号	说明
①	运动方式选择 CIRC 运动
②	过渡点名称为 P2
③	终点名称为 P3
④	目标点参数选择
⑤	CONT：目标点被轨迹逼近；空白：精确地移至目标点
⑥	速度范围，沿轨迹运动速度范围为 0.001 ～ 2m/s
⑦	运动数据组变量名称
⑧	运动数据选择

2. 目标点示教

通过手动模式选择相应的工具号和基坐标号并移动机器人，将 TCP 到达 P2 点并保持正确的姿态，在如图 3-25 中，选中 P2 点，单击按键栏上的“辅助点坐标”键，弹出确认窗口，单击“是”键；将 TCP 到达 P3 点并保持正确的姿态，在如图 3-25 中，选中 P3 点，单击按键栏上的“目标点坐标”键，弹出确认窗口，单击“是”键。最后单击按键栏上的“指令 OK”键，CIRC 指令添加结束。

3.3 变量的应用

3.3.1 变量概述

KRL 是 KUKA 的编程语言，在对机器人进行编程时，变量是在机器人程序运行中出现的各种计算值的存储器。每个变量都属于一个专门的数据类型，在应用前必须声明数据类型；变量按照存储位置可划分为局部变量和全局变量。一个全局变量适用于所有程序。一个局部变量建立在某程序模块中，因此仅适用于此程序模块。

（1）KRL 变量的命名规则

1）变量名称长度最多允许 24 个字符。

2）变量名称允许含有字母（A ～ Z）、数字（0 ～ 9）以及特殊字符 "_" 和 "$"。

3）变量名称不允许以数字开头。

4）变量名称不允许使用系统关键词。

5）变量名称不区分大小写（但还是建议使用驼峰规则来定义变量）。

（2）KRL 预定义的标准数据类型　共有 4 种：

1）INT：整型数据，数值范围为 $-2^{31} \sim 2^{31}-1$。

2）REAL：实数型数据，数值范围为 $\pm1.110^{-38} \sim \pm3.410^{+38}$。

3）BOOL：布尔型数据，数值为 TRUE 或 FALSE。

4）CHAR：字符型数据，数值范围为 ASCII 字符集。

3.3.2 变量声明

变量在使用前必须进行声明和指定变量的类型，变量声明的关键词为 DECL，对于 KRL 预定义的标准数据类型，DECL 声明关键字可以省略。

根据变量的存储位置不同，同名的变量有时也是允许存在的，比如在不同程序模块中，在各自的 SRC 程序文件中都定义了一个 INT 类型变量 COUNT，这又称为变量的双重声明。为了养成良好的编程习惯，除特殊用途外，不建议使用变量的双重声明。但在同一程序模块中，无论在 SRC 程序文件中还是 DAT 数据文件中，都不允许相同名称的变量存在。

变量声明的位置有三种选择，分别如下：

（1）在 SRC 程序文件中进行声明　如图 3-26 所示的程序片段。关于 SRC 程序文件中的变量声明，有以下几点需要了解：

1）变量声明的位置：在 DEF（ ）和 INI 之间进行变量声明，同时声明多个同类型的变量，变量可在同一行声明，并用“，”分开。

2）要登录专家组才可以进行变量声明。

3）变量的使用范围：仅在 DEF R_WORK（ ）与 END 之间可用，即只在这个程序可用。

4）变量的生存周期：是指变量预留存储空间的时间段，在程序达到本程序的 END 行时，释放变量的存储位置，即只有在此程序运行期间变量才有效。

（2）在 DAT 数据文件中进行声明　如图 3-27 所示的程序片段。关于 DAT 数据文件中的变量声明，有以下几点需要了解：

```
DEF R_WORK( )
DECL INT COUNT
DECL REAL XPOINT
DECL BOOL ERROR
DECL CHAR  MESSAGE1
INI
```

图　3-26

```
DEFDAT  R_WORK
EXTERNAL DECLARATIONS
DECL INT class
DECL REAL price
DECL BOOL arrive
DECL CHAR symbol
```

图　3-27

1）在同一个程序模块的 DAT 数据文件和 SRC 程序文件中，不能重复声明同名变量。

2）要登录专家组才可以进行变量声明。

3）变量的使用范围：在一个 SRC 程序文件中可以有多个局部子程序，且可以相互调用，如图 3-28 所示的 R_WORK_SUB1（ ）就是一个局部子程序。局部子程序位于主程序之后并以 DEF（ ）和 END 进行定义；一个 SRC 程序文件中最多可由 255 个局部子程序组成。子程序的使用我们会在后面 3.6.2、3.6.3 节做详细介绍，这里主要介绍变量的使用范围。

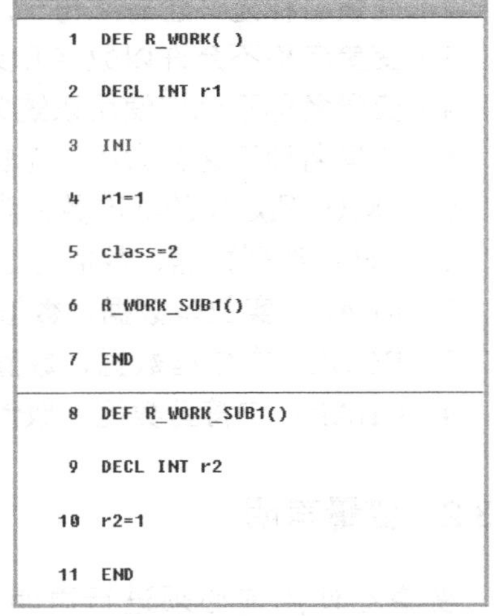

```
DEF R_WORK( )
DECL INT r1
INI
r1=1
class=2
R_WORK_SUB1()
END
DEF R_WORK_SUB1()
DECL INT r2
r2=1
END
```

图　3-28

本程序模块的 DAT 数据文件定义了一个 INT 类型变量 class，这个变量在 SRC 程序文件中的程序 R_WORK（ ）和局部子程序 R_WORK_SUB1（ ）中均可以使用。即在程序模块的 DAT 数据文件中声明的变量，在 SRC 程序文件的主程序和局部子程序中都有效。

程序 R_WORK（ ）定义的 INT 类型变量 r1 只能在本程序内使用，但 R_WORK_SUB1（ ）中不可以使用。

程序 R_WORK_SUB1（ ）定义的 INT 类型变量 r2 只能在本程序内使用，但 R_WORK（ ）中不可以使用。

4）变量的生存周期：DAT 数据文件中定义的变量，在程序运行结束后，变量的值不会被清空还会保持着直至下一个生命周期被改写。

5）局部变量：一个程序模块 DAT 数据文件和 SRC 程序文件中定义的变量，不能被其他程序模块中的 SRC 程序文件使用，因此又称在 SRC 程序文件和 DAT 数据文件中定义的变量为局部变量。如图 3-29 所示，在 R_WORK 程序模块的 SRC 程序文件和 DAT 数据文件中定义的变量不能被 R_WORK2 程序模块中的 SRC 程序文件使用。

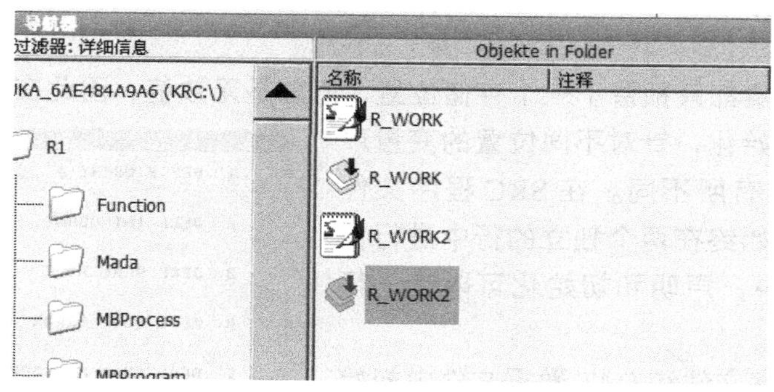

图 3-29

（3）在 $config 数据文件中进行声明 登录专家用户组权限，如图 3-30 所示，可以看到 $config 文件所在的位置（R1\System）。在 $config 数据文件中定义变量，如图 3-31 所示。关于 $config 数据文件中的变量声明，有以下几点需要了解：

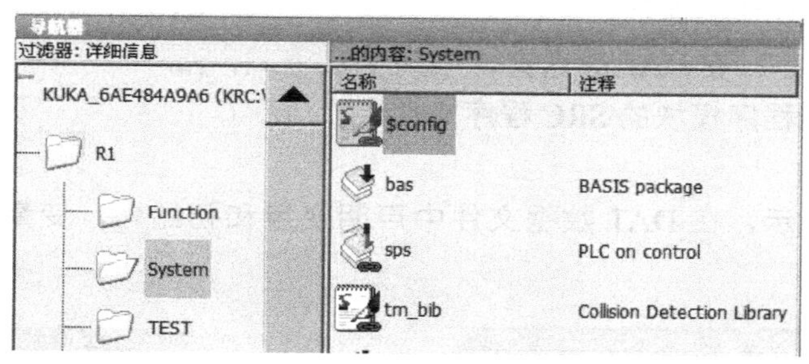

图 3-30

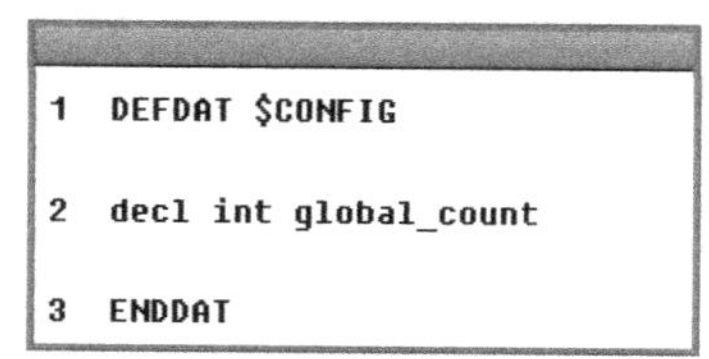
```
1  DEFDAT $CONFIG
2  decl int global_count
3  ENDDAT
```

图 3-31

1）变量的使用范围：在 $config 数据文件中定义的变量为全局变量，所有的程序文件都可以使用。

2）机器人结构化编程涉及多程序模块间的调用和变量的互访，为了加强程序的可读性和维护性，使用 $config 数据文件进行公用变量声明是一个好的编程习惯。

3）要登录专家组才可以进行变量声明。

4）变量的生存周期：变量一直保持有效。

（4）在程序模块的 DAT 数据文件中也可以声明的全局变量 但要为 DAT 数据文件指定关键词“PUBLIC”并在声明变量时再另外使用关键词“GOLBAL”使其成为全局变量，这样所有程序中可对该变量进行读写。这个方式在实际应用中，除了特殊的需要外，不建议使用，容易造成混淆，如果使用全局变量还是推荐在 $config 数据文件中进行定义。

3.3.3 变量初始化

每次声明后变量都只预留了一个存储位置，值总是无效值，因此在进行变量声明后，还要对变量进行初始化，针对不同位置的变量声明，初始化形式也有所不同。在 SRC 程序文件中，声明和初始化始终在两个独立的行中进行；在 DAT 数据文件中，声明和初始化可以在一行中进行。

1）在 SRC 程序文件和 DAT 数据文件中初始化变量，有以下几点需要了解：

① 如图 3-32 所示，在 SRC 程序文件的 INI 行里或行后执行变量的初始化。在变量初始化过程中，若 SRC 程序文件对本文件中不可用的变量进行初始化时，会出现错误提示。

```
DEF R_WORK( )
DECL INT COUNT
DECL REAL R1
DECL BOOL ERROR
DECL CHAR MESSAGE1
INI
COUNT=1
R1=1.0
ERROR=TRUE
MESSAGE1="K"
END
```

图 3-32

② 如图 3-33 所示，在 DAT 数据文件中声明的变量，也可以在同程序模块的 SRC 程序文件中进行初始化。

③ 如图 3-34 所示，在 DAT 数据文件中声明变量和初始化，变量声明和初始化在同一行。

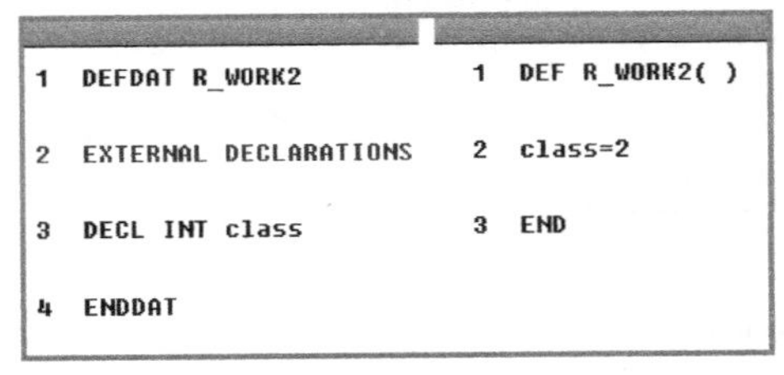

```
DEFDAT R_WORK2
EXTERNAL DECLARATIONS
DECL INT class
ENDDAT
```

```
DEF R_WORK2( )
class=2
END
```

图 3-33

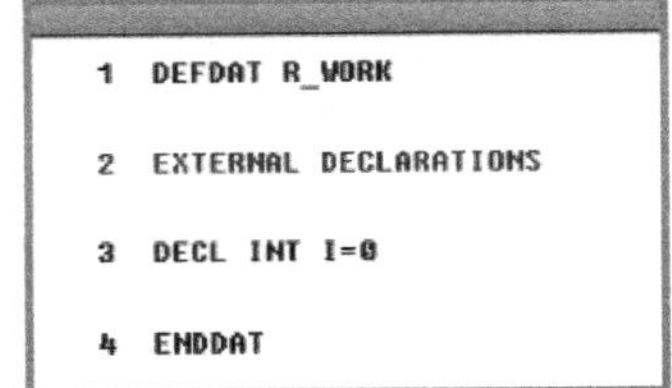

```
DEFDAT R_WORK
EXTERNAL DECLARATIONS
DECL INT I=0
ENDDAT
```

图 3-34

2）在 $config 数据文件中进行声明和初始化，有以下几点需要了解：

① 如图 3-35 所示，在 $config 数据文件中声明变量和初始化，变量声明和初始化在同一行。

② 如图 3-36 所示，在 $config 文件中声明的 INT 类型变量 global_count 为全局变量，所以可以在任何 SRC 程序文件中初始化。

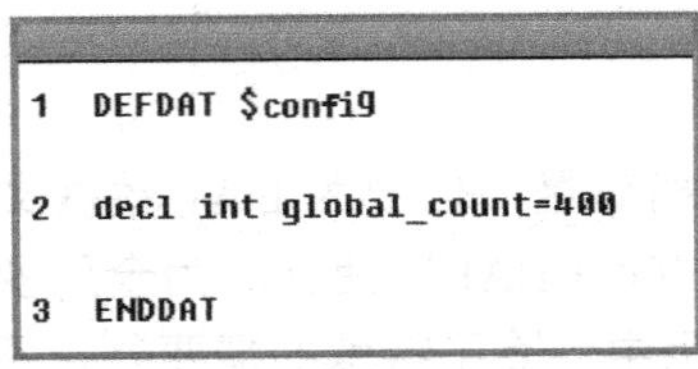

```
DEFDAT $config
decl int global_count=400
ENDDAT
```

图 3-35

```
DEF R_WORK( )
global_count=100
END
```

```
DEF R_WORK2( )
global_count=200
END
```

图 3-36

3.3.4 变量运算

变量一旦被声明和初始化，则确定了变量的有效性和生存周期。在程序运行时，可在 SRC 程序文件中对变量进行运算。

1. 算术运算

（1）变量加、减、乘的运算规则　见表 3-5。

表　3-5

加 +、减 −、乘 ×	INT	REAL
INT	运算结果：INT	运算结果：REAL
REAL	运算结果：REAL	运算结果：REAL

（2）使用整数参与除法运算时的特点

1）如果是纯整数之间的除法，结果直接去掉小数点（结果可以理解为求商）。

2）运算结果为实数，并给整数变量赋值时将根据一般计算规则对结果进行四舍五入。

使用整数参与除法运算的例子如图 3-37 所示。

```
DEF test( )
DECL INT A
DECL REAL W
A=0
W=10.0
; INT/INT-->INT
A=10/4  ;A=2
;REAL/INT-->REAL
A=W/4 ;A=3
W=W/4 ;W=2.5
END
```

图　3-37

2. 比较运算

通过比较运算可以构成逻辑表达式，针对的是基本数据类型。比较运算的结果为 BOOL 型数据，比较运算符号见表 3-6。

表　3-6

符　　号	说　　明	允许数据类型
==	等于	整型 / 实数 / 字符 / 布尔型数据
>	大于	整型 / 实数 / 字符型数据
<	小于	整型 / 实数 / 字符型数据
>=	大于等于	整型 / 实数 / 字符型数据
<=	小于等于	整型 / 实数 / 字符型数据
<>	不等于	整型 / 实数 / 字符 / 布尔型数据

3. 逻辑运算

逻辑运算也可以构成逻辑表达式，运算的结果为布尔型数据。逻辑运算符号见表 3-7。

表 3-7

符　号	运　算	结　果
AND（与运算）	A=TRUE,B=FALSE, X=A AND B	X=FALSE
OR（或运算）	A=TRUE,B=FALSE, X=A OR B	X=TRUE
NOT（取反运算）	A=TRUE,X=NOT A	X=FALSE
EXOR（异或运算）	A=TRUE,B=FALSE, X=A EXOR B	X=TRUE

4. 运算符优先级

运算根据优先级顺序进行，具体见表 3-8。

表 3-8

运 算 符	优 先 级
NOT	1
乘（×），除（/）	2
加（+），减（-）	3
AND	4
EXOR	5
OR	6
比较	7

3.3.5 数组变量

数组是具有相同类型数据的集合，在 KRL 中，数组的起始下标从 1 开始。数组声明时，数组的数据类型和大小必须已知；KRL 中的数组可以定义为 1 ～ 3 维。关于数组的声明和初始化，有以下几点需要了解：

1）在 SRC 程序文件中进行声明和初始化，如图 3-38a 所示。

2）在 DAT 或 $config 数据文件中进行变量声明和初始化，如图 3-38b 所示。在数据文件中进行数组的声明和初始化时，声明和初始化命令行中间不能插入其他命令行，否则会出现错误。

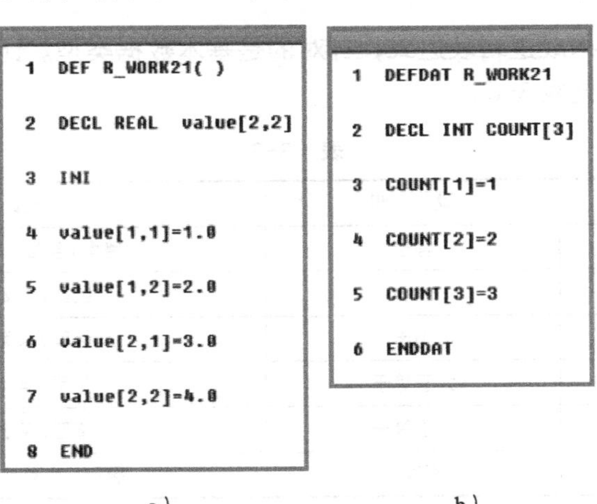

图 3-38

3）在 DAT 数据文件中进行声明时，可在本程序模块的 SRC 程序文件中初始化，如

图 3-39 所示。

```
1 DEFDAT R_WORK
2 DECL bool error[3]
3 ENDDAT
```

```
1 DEF R_WORK( )
2 DECL INT aa
3 INI
4 error[1]=true
5 error[2]=false
6 error[3]=true
7 END
```

图 3-39

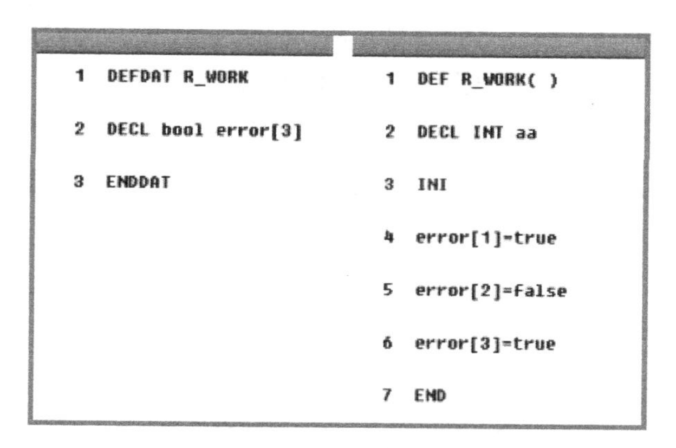

4）在 $config 数据文件中进行声明，可以在任何模块的 SRC 程序文件中初始化。

3.3.6 程序错误处理

程序在编写过程中难免出现错误，其中包括语法错误、变量在定义和赋值过程中出现错误等。双击出现错误的“.SRC”程序文件，出现错误提示信息，如图 3-40 所示。选中故障显示列表中的某一行内容，单击故障显示列表右侧的“显示”键，自动跳转到出错行。通过以上方式，可及时发现引起错误的原因并处理错误。

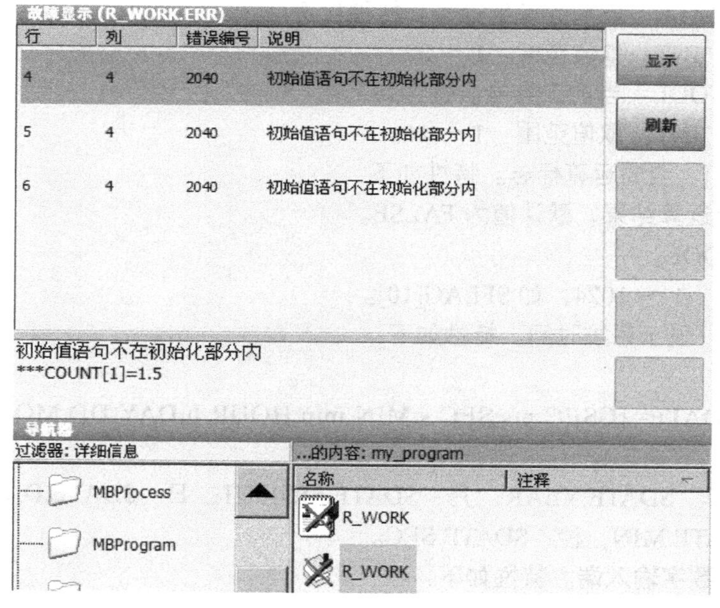

图 3-40

3.3.7 常用系统变量

（1）$ADVANCE 在 KRL 的机器人解释器中，有一种预读处理机制，又称预进机制

（Advance Run）。程序执行时，解释器会根据 $ADVANCE 的数值将对应的运动指令语句预读，预读运动语句之前的其他指令也会被执行。如图 3-41 所示的程序片段，如预读值为 3，主运行指针在第 5 行时，机器人预先读取到第 8 行。特性如下：

类型：INT；取值范围：1 ～ 5；默认值：3；用法：$ADVANCE=Number。

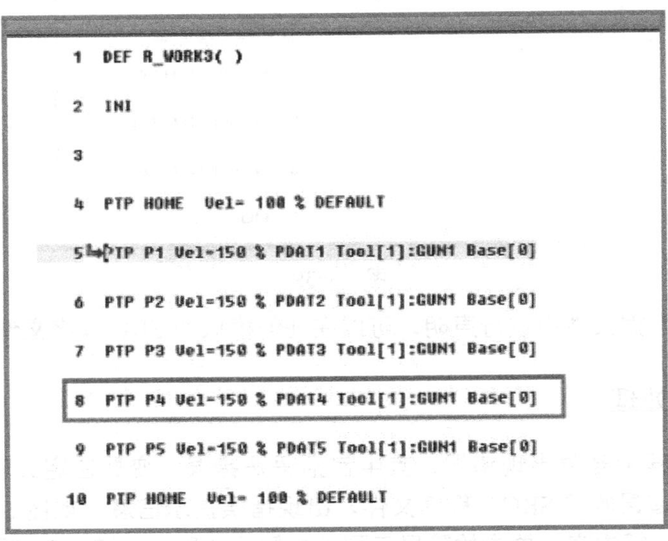
1 DEF R_WORK3( )
2 INI
3
4 PTP HOME Vel= 100 % DEFAULT
5 PTP P1 Vel=150 % PDAT1 Tool[1]:GUN1 Base[0]
6 PTP P2 Vel=150 % PDAT2 Tool[1]:GUN1 Base[0]
7 PTP P3 Vel=150 % PDAT3 Tool[1]:GUN1 Base[0]
8 PTP P4 Vel=150 % PDAT4 Tool[1]:GUN1 Base[0]
9 PTP P5 Vel=150 % PDAT5 Tool[1]:GUN1 Base[0]
10 PTP HOME Vel= 100 % DEFAULT

图 3-41

（2）$ACT_BASE　当前的基坐标号。特性如下：

只读；类型：INT；取值范围：1 ～ 32。

（3）$ACT_TOOL　当前工具号。特性如下：

只读；类型：INT；取值范围：1 ～ 16。

（4）$FLAG[]　全局运算标志。特性如下：

1）用于逻辑运算结果，默认值为 FALSE。

2）类型：BOOL。

3）取值范围：1 ～ 1024，如 $FLAG[10]。

（5）$DATE　显示系统时间。特性如下：

1）只读。

2）结构：$DATE={CSEC ms,SEC s,MIN min,HOUR h,DAY DD,MONTH MM,YEAR YYYY}。

3）用法：年：$DATE.YEAR；月：$DATE.MONTH；日：$DATE.DAY；时：$DATE.HOUR；分：$DATE.MIN；秒：$DATE.SEC。

（6）$IN[]　数字输入端。特性如下：

1）只读，默认值为 FALSE。

2）类型：BOOL。

3）通道默认取值范围为 1 ～ 4096，如 $IN[10]。

（7）$MODE_OP　当前运行方式显示。特性如下：

1）只读。

2）用法：根据系统当前状态，显示不同的值：

#T1（T1 手动）	#T2（T2 手动）	#AUT（自动）	#EX（外部自动）

（8）$OUT[]　数字输出端。特性如下：

1）类型：BOOL。

2）通道默认取值范围：1 ～ 4096，如 $OUT[10]。

（9）$POS_ACT　当前机器人 TCP 的位置。特性如下：

1）只读。

2）用法：X 方向的坐标（mm）为 $POS_ACT.X；Y 方向的坐标（mm）为 $POS_ACT.Y；Z 方向的坐标（mm）为 $POS_ACT.Z。

（10）$TIMER　定时器。特性如下：

1）类型：INT。

2）取值范围：1 ～ 64，默认值为 0。

3）用法：$TIMER[10]=20，时间单位为 ms。

（11）$TIMER_STOP　定时器启动停止。特性如下：

1）类型：BOOL。

2）取值范围：1 ～ 64。

3）用法：$TIMER_STOP[10]=FALSE，打开定时器。

（12）$OV_PRO　等同于 SmartPad 上的自动倍率，如图 3-42 所示。可通过程序调节量来改变程序在自动运行期间的速度倍率。特性如下：

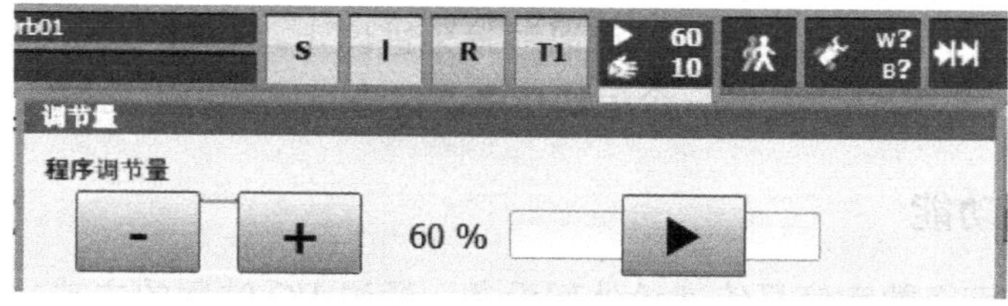

图　3-42

1）类型：INT。

2）取值范围：0 ～ 100%。

3）用法：$OV_PRO=60。

3.3.8　变量监视

按“主菜单”键，在菜单中选择“显示”→“变量”→“单个”，如图 3-43 所示。图中，“名称”可以是系统变量，也可以自定义的变量。如果对变量赋值，则在“新值”处输入数值，单击“设定值”键。如果已经选定了一个程序，则在“模块”栏中将自动填写该程序名称；如果要显示一个其他程序中的局部变量，则输入相应的程序文件名：/R1/ 程序名称；对于系统变量或者全局变量来说，“模块”栏并不重要。图标 表示显示数值将自动更新， 表示显示数值不自动更新。

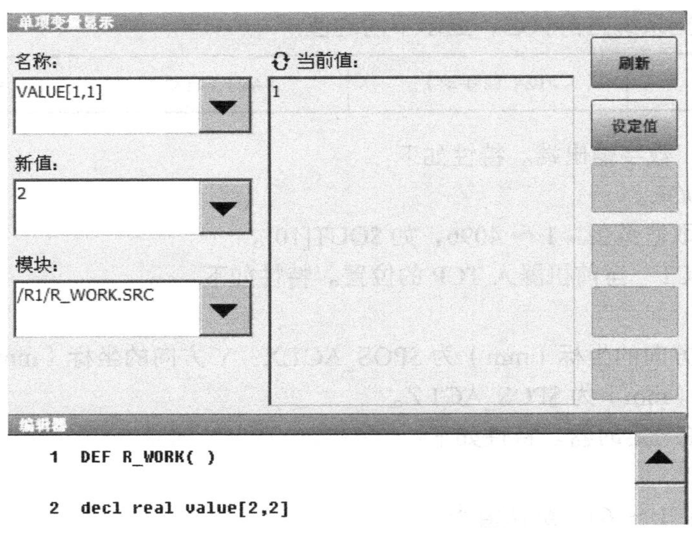

图 3-43

3.4 联机表单创建逻辑功能

3.4.1 预进功能

机器人控制器在预进时，预先读入运动语句（如 PTP、LINE、CIRC 等运动类语句），以便控制系统能够在有轨迹逼近指令时进行轨迹设计；$ADVANCE 决定了预读运动语句的行数，取值范围为 1 ～ 5 行。某些指令可以触发预进停止，如 OUT 指令。如果某条指令触发了预进停止，那么该指令之前的一个运动指令不能进行轨迹逼近。

3.4.2 简单切换功能

简单切换功能可将数字信号传递给外部设备。通过 I/O 映射的方式，使机器人输入 / 输出端与外部 I/O 通道对应起来，如图 3-44 所示。

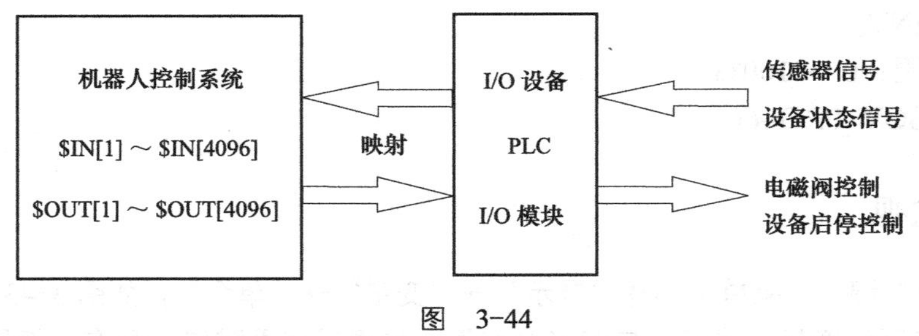

图 3-44

1. 联机表单创建简单切换功能

1）将光标放到要插入逻辑指令行的前一行上。

2）在 SmartPad 按键栏中选择“指令”→“逻辑”→“OUT”。

3）在联机表单中设置参数。

4）单击"OK"键保存指令。

2. 简单切换功能联机表单参数设置

简单切换功能联机表单的参数如图 3-45 所示，参数说明见表 3-9。

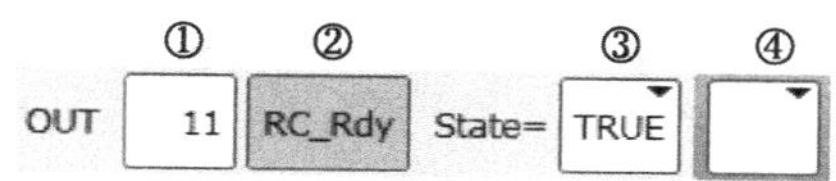

图　3-45

表　3-9

编　号	说　明
①	输出端信号，为 1 ～ 4096，通过切换函数可将数字信号传送给外围设备，此处的输出端信号与 $OUT[] 输出端指的是同一通道，$OUT[] 输出端配置参见 4.9 节
②	如果信号已有名称则会显示出来
③	输出端被切换成的状态：TRUE 或 FALSE
④	1）CONT：见本节 4. 简单切换功能有 CONT 参数解析 2）空白：见本节 3. 简单切换功能无 CONT 参数解析

3. 简单切换功能无 CONT 参数解析

如果在 OUT 联机表单中去掉条目 CONT，则在切换过程时执行预进停止，TCP 在切换指令前一条运动指令的目标点上精确暂停，给输出端赋值后继续运动。如图 3-46 所示，主运行指针在第 7 行执行期间（仍未到达 P4 点），在变量监视窗口中，监视变量 $OUT[10] 的值为 FALSE，第 8 行的切换函数并没有被预进执行。之所以没有预进的原因是因为"OUT 10 state= TRUE"触发了预进停止。整个程序的逻辑运行示例如图 3-47 所示。第 7 行的"LIN P4 CONT"指令中虽然有 CONT，但没有进行轨迹逼近，因为第 8 行 OUT 切换指令触发了预进停止。

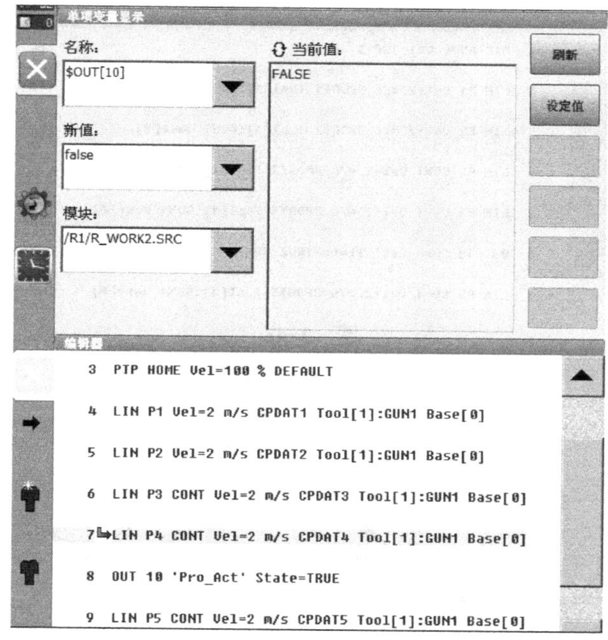

图　3-46

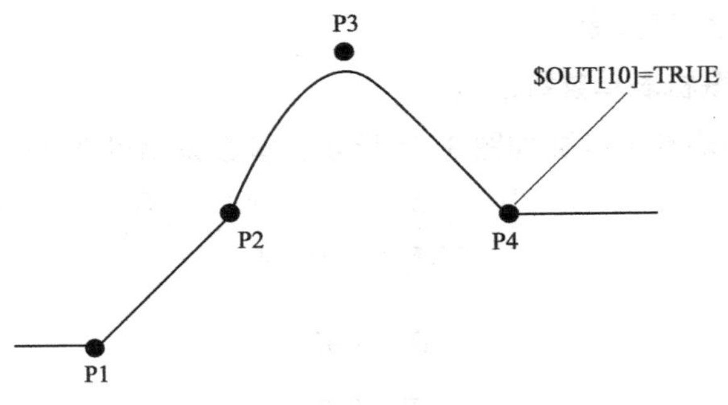

图 3-47

4. 简单切换功能有 CONT 参数解析

如果在 OUT 联机表单中插入条目 CONT，将不再触发预进停止，因此在切换指令前一条运动指令可以轨迹逼近。设 $ADVANCE=3，如图 3-48 所示，当主运行指针到达第 5 行时，由于预进功能，机器人读取下数 3 行运动指令，在第 8 行切换指令被执行，在变量监视窗口中，$OUT[10] 的值为 TRUE。整个程序的逻辑运行示例如图 3-49 所示。

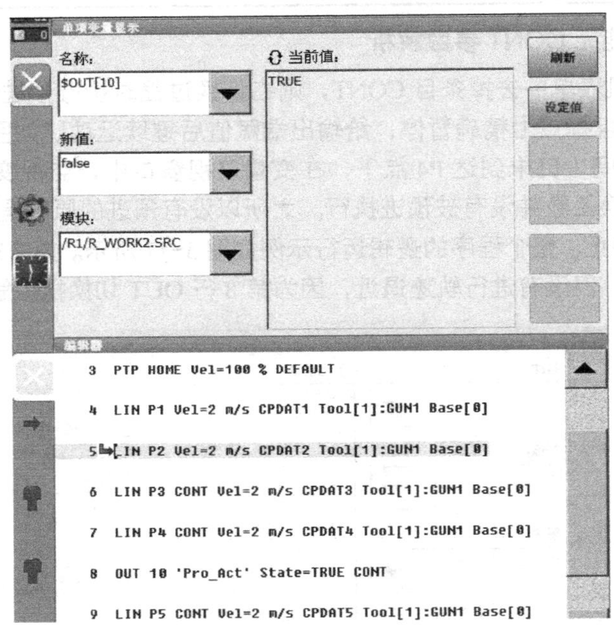

图 3-48

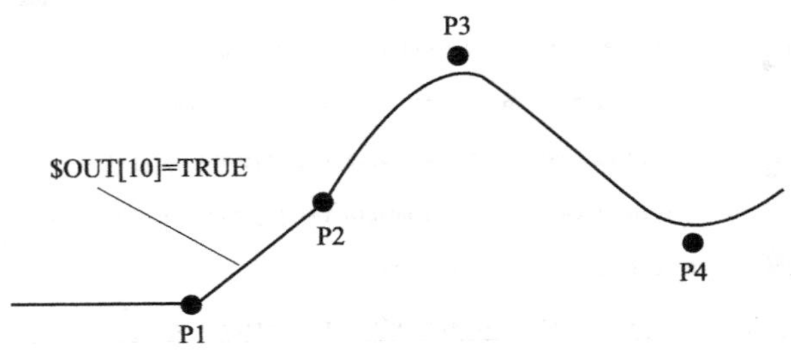

图 3-49

3.4.3 时间等待功能

1. 时间等待功能介绍

1）在过程可以继续运行前，程序需要等待指定的时间。

2）只为触发预进停止，可以将等待时间设置为 0。

2. 联机表单创建时间等待功能

1）将光标放到要插入逻辑指令行的前一行上。

2）在 SmartPad 按键栏中选择“指令”→“逻辑”→“WAIT”。

3）在联机表单中设置参数。

4）单击“OK”键保存指令。

3. 时间等待功能联机表单参数设置

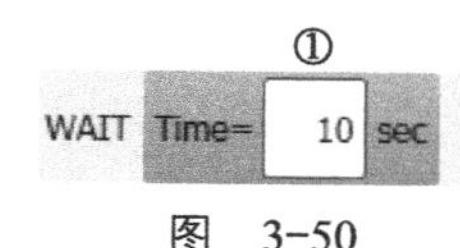

图 3-50

1）时间等待功能联机表单的参数如图 3-50 ①所示，为等待时间，单位是 s，联机表单时间范围为 0 ～ 30。

2）如图 3-51 所示，时间等待功能 WAIT 必定触发预进停止，前一条的运动语句无法进行轨迹逼近。程序的逻辑运行示例如图 3-52 所示。

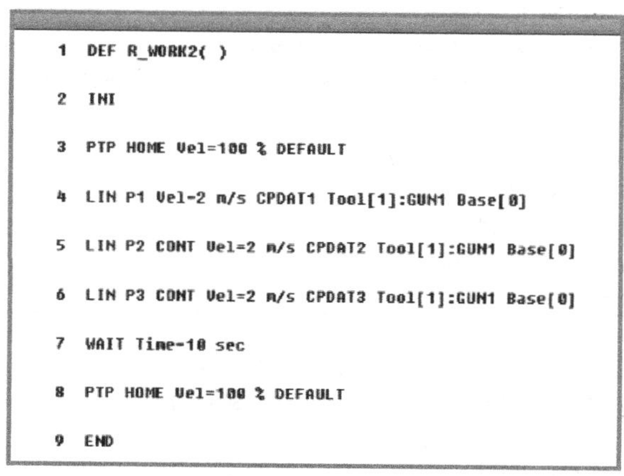

```
DEF R_WORK2( )
INI
PTP HOME Vel=100 % DEFAULT
LIN P1 Vel-2 m/s CPDAT1 Tool[1]:GUN1 Base[0]
LIN P2 CONT Vel=2 m/s CPDAT2 Tool[1]:GUN1 Base[0]
LIN P3 CONT Vel=2 m/s CPDAT3 Tool[1]:GUN1 Base[0]
WAIT Time-10 sec
PTP HOME Vel=100 % DEFAULT
END
```

图 3-51

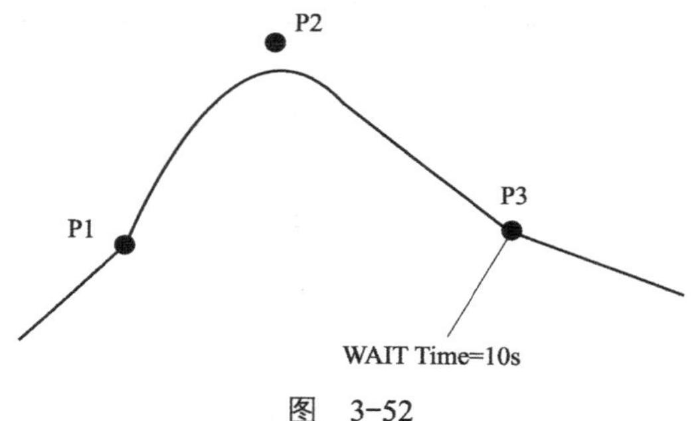

图 3-52

3.4.4 信号等待功能

设定一个与信号有关的等待功能，可将多个信号（最多 12 个）按逻辑连接。

1. 联机表单创建信号等待功能

1）将光标放到要插入逻辑指令行的前一行上。
2）在 SmartPad 按键栏中选择“指令”→“逻辑”→“WAIT FOR”。
3）在联机表单中设置参数。
4）单击“OK”键保存指令。

2. 信号等待功能参数设置

信号等待功能联机表单的参数如图 3-53 所示，参数说明见表 3-10。

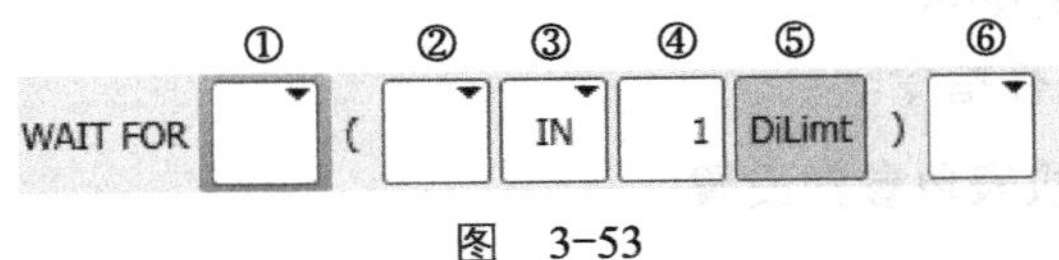

图 3-53

表 3-10

编　号	说　明
①	添加外部连接，运算符位于加括号的表达式之间 1）添加 AND、OR、EXOR，在图 3-54 ③、④、⑤中进行操作 2）添加 NOT、空白
②	添加内部连接，运算符位于加括号的表达式内部 1）添加 AND、OR、EXOR，在图 3-54 ③、④、⑤中进行操作 2）添加 NOT、空白
③	等待信号类型，包括如下选择： 1）IN：输入端信号 2）OUT：输出端信号 3）CYCFLAG：循环标志位 4）FLAG：标志位
④	等待信号，包括如下选择： 1）IN：输入端信号，为 1 ～ 4096，与 $IN[] 数字输入端指的是同一通道 2）OUT：输出端信号，为 1 ～ 4096，与 $OUT[] 数字输出端指的是同一通道 3）CYCFLAG：循环标志位，为 1 ～ 256，逻辑运算结果 4）FLAG：标志位，为 1 ～ 1024，逻辑运算结果
⑤	信号已有名称则会显示出来
⑥	1）CONT：见本节 5. WAIT FOR 功能有 CONT 参数解析 2）空白：见本节 4. WAIT FOR 功能无 CONT 参数解析

图 3-54

3. 逻辑连接

1）NOT：取反运算符，用于表达式值取反。
2）AND：与运算符，当连接的两个表达式全部为真时，该表达式的结果为真。

3）OR：或运算符，当连接的两个表达式至少一个为真时，该表达式的结果为真。

4）EXOR：异或运算符，当连接的两个表达式具有不同的逻辑值时，该表达式的结果为真。

5）对图 3-55 所示逻辑结构进行分析如下：

①$IN[1]、$IN[2] 进行与操作，添加内部连接。

②对 $IN[1]、$IN[2] 进行与操作的结果取反，添加外部连接。

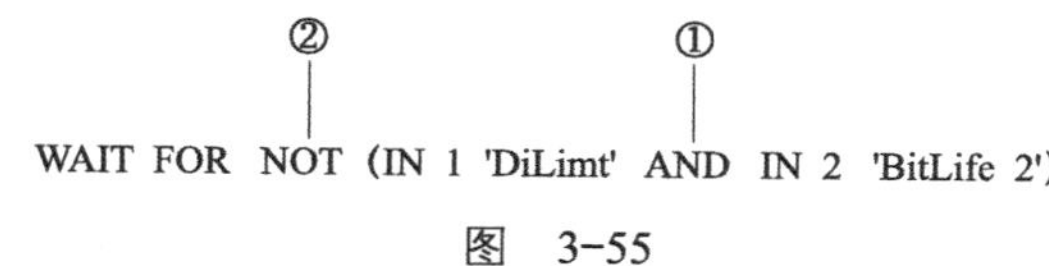

图 3-55

4. WAIT FOR 功能无 CONT 参数解析

如果在 WAIT FOR 联机表单中去掉条目 CONT，则该指令会触发预进停止，TCP 在 WAIT FOR 指令前一条运动指令的目标点上精确停止，并在该处检测信号，等到信号满足要求后继续运动。如图 3-56 所示，此时机器人 TCP 准确停止在 P3 点，P3 点不进行轨迹逼近。主运行指针在第 7 行，等待 $IN[10]（如信号名称为 DiDryRun）为 TRUE，此时信息窗口中显示“等待 DiDryRun”信息，可以按“模拟”键模拟 DiDryRun=TRUE，程序继续运行。程序的逻辑运行示例如图 3-57 所示。

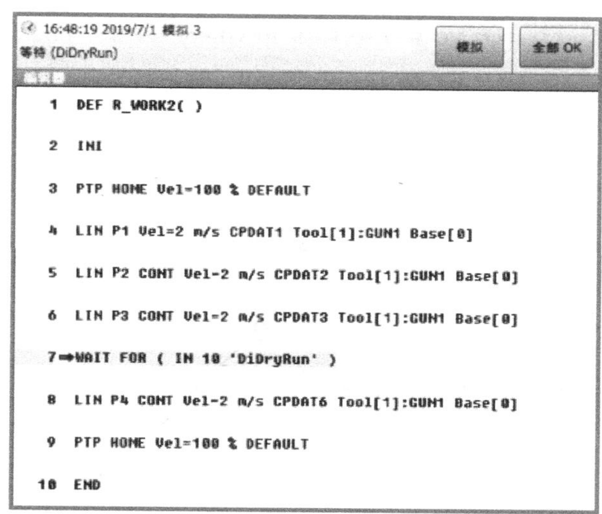

图 3-56

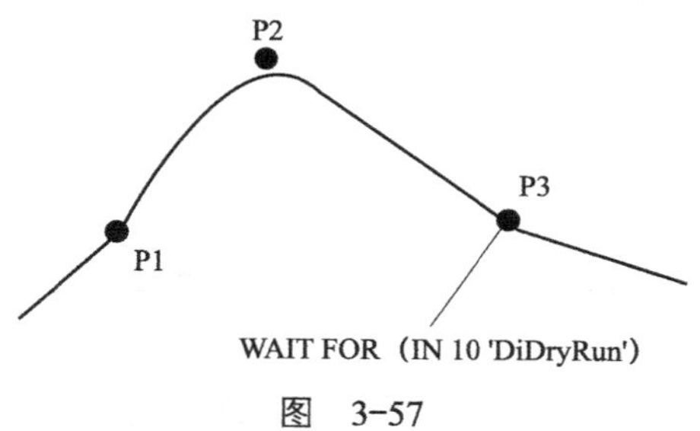

图 3-57

5. WAIT FOR 功能有 CONT 参数解析

如果在 WAIT FOR 联机表单中插入条目 CONT，设 $ADVANCE=3，如图 3-58 所示，主进指针在第 4 行时（TCP 未到达 P1 点），由于预进功能，机器人预读取 3 行运动指令，包含 WAIT FOR 行内容，此时如果 $FLAG[1]=TRUE（其他情况不在本书中讨论），机器人程序之后不再识别 $FLAG[1] 信号的变化，第 7 行的 WAIT FOR 指令将不再有影响（所以 WAIT FOR 功能应谨慎使用 CONT），到达 P3 点的运动轨迹可以轨迹逼近。程序的逻辑运行示例如图 3-59 所示。

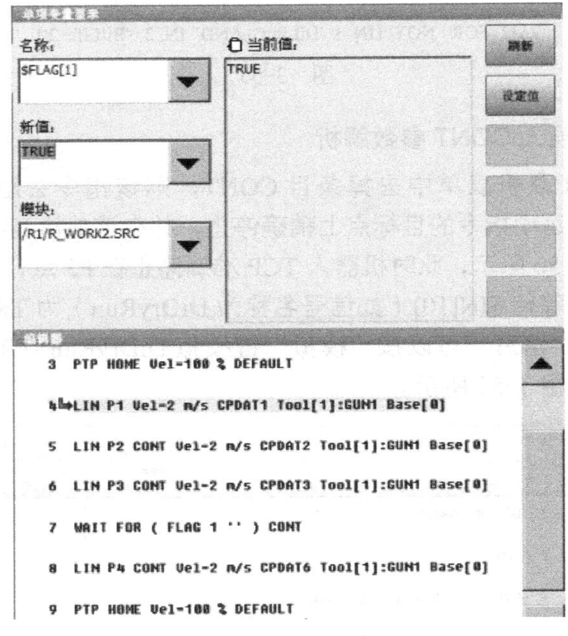

图 3-58

P2
WAIT FOR（$FLAG 1' '）
如检测到 $FLAG[1]=TRUE
P1
P3

图 3-59

3.4.5 脉冲切换功能

1. 脉冲切换功能介绍

1）设定一个输出脉冲。

2）在此过程中，输出端在特定时间内设置为定义的电平，一般为 TRUE 高电平，经过设定的时间后，输出端自动复位。

3）PULSE（脉冲）指令会触发一次预进停止，其预进停止的使用与简单切换功能相同。

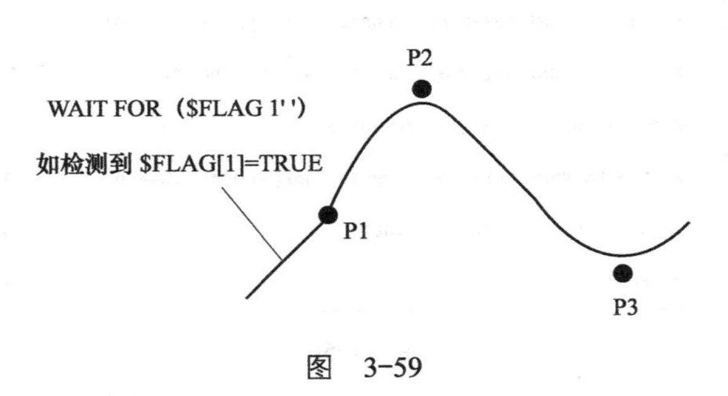

2. 联机表单创建脉冲切换功能

1）将光标放到要插入逻辑指令行的前一行上。

2）在 SmartPad 按键栏中选择“指令”→“逻辑”→“OUT”→“脉冲”。

3）在联机表单中设置参数。

4）单击“OK”键保存指令。

3. 脉冲切换联机表单参数设置

脉冲切换功能各参数如图 3-60 所示，参数说明见表 3-11。

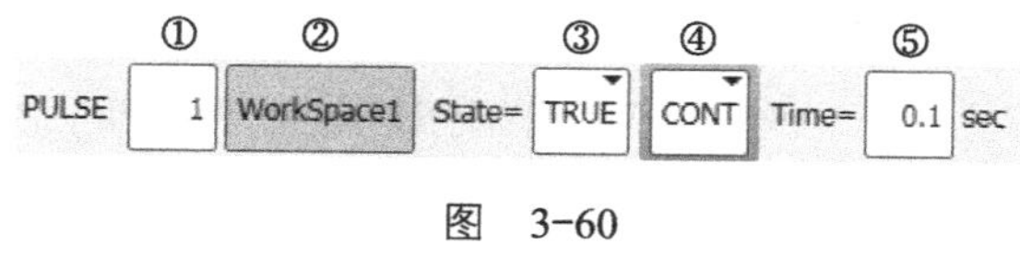

图 3-60

表 3-11

编　号	说　明
①	输出端信号，为 1 ～ 4096，通过脉冲切换函数可将数字信号传送给外围设备，此处的输出端信号与 $OUT[] 输出端指的是同一通道，$OUT[] 输出端配置参见 4.9 节
②	如果信号已有名称则会显示出来
③	输出端被切换成的状态： 1）TRUE：高电平 2）FALSE：低电平
④	1）CONT：同简单切换功能相关参数解析 2）空白：同简单切换功能相关参数解析
⑤	脉冲长度，为 0.10 ～ 3.00s

3.5 KRL 流程控制功能

在 KUKA 机器人程序中还有大量用于控制程序流程的程序，其中包括：

（1）循环　循环是控制结构，它不断重复执行指令块指令，直至出现终止条件。有无限循环、计数循环、当型和直到型循环。

（2）分支　使用分支后，便可以在特定的条件下执行程序段。有条件分支和多分支结构。

3.5.1 无限循环编程

1. 无限循环指令介绍

1）无限循环是在循环中不断执行程序段。

2）运行过程可通过外部控制而终止。

3）无限循环可直接用 EXIT 退出循环，但要注意机器人路径的规划。

4）无限循环的流程框图如图 3-61 所示。

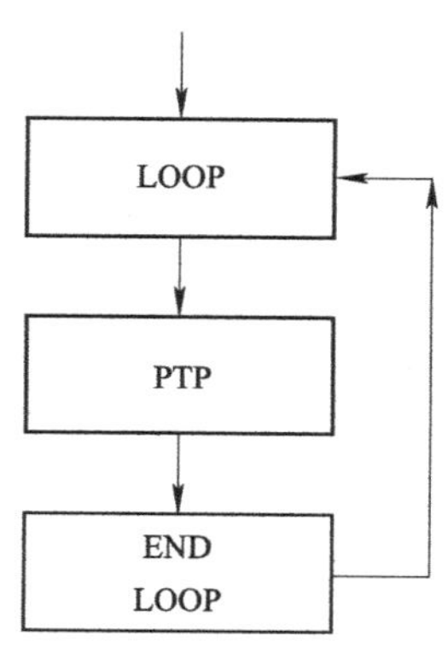

图 3-61

2. 循环中无 EXIT

如图 3-62 所示，机器人执行 P1 点和 P2 点间的往复运动。

```
DEF R_WORK( )
INI
PTP HOME Vel=100 % DEFAULT
LOOP
PTP P1 Vel=150 % PDAT5 Tool[1]:GUN1 Base[0]
PTP P2 Vel=150 % PDAT7 Tool[1]:GUN1 Base[0]
ENDLOOP
PTP P3 Vel=150 % PDAT6 Tool[1]:GUN1 Base[0]
PTP HOME Vel=100 % DEFAULT
END
```

图 3-62

3. 循环中有 EXIT

如图 3-63 所示，机器人执行 P1 点和 P2 点间的往复运动，如果 $IN[1] 为真，则跳出循环，执行后续动作。

```
DEF R_WORK( )
INI
PTP HOME Vel=100 % DEFAULT
LOOP
PTP P1 Vel=150 % PDAT5 Tool[1]:GUN1 Base[0]
PTP P2 Vel=150 % PDAT7 Tool[1]:GUN1 Base[0]
IF $IN[1]==TRUE THEN
EXIT
ENDIF
ENDLOOP
PTP P3 Vel=150 % PDAT6 Tool[1]:GUN1 Base[0]
PTP HOME Vel=100 % DEFAULT
END
```

图 3-63

3.5.2 计数循环编程

1. 计数循环指令介绍

计数循环的流程框图如图 3-64 所示，必须事先声明 INT 数据类型的循环计数器变量 K。循环计数器用初始值进行初始化，循环计数器遇到 ENDFOR 时会以步幅 increment 依次计数。检查进入循环的条件：循环计数器必须小于等于指定的终值 n，否则会结束循环。

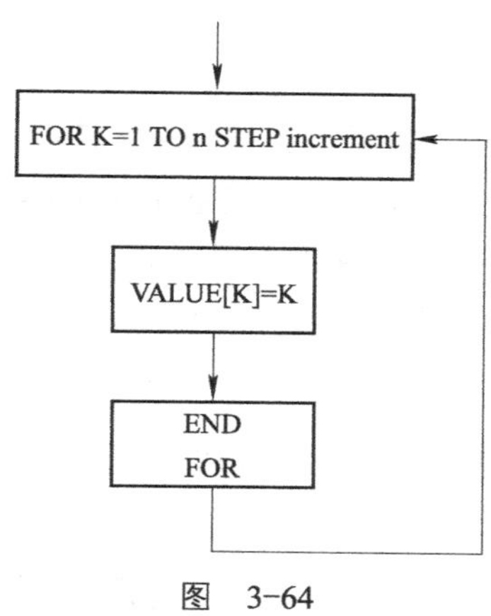

图 3-64

2. 计数循环指令示例

计数循环指令应用如图 3-65 所示程序，程序中用数字标记的各部分内容说明如下：

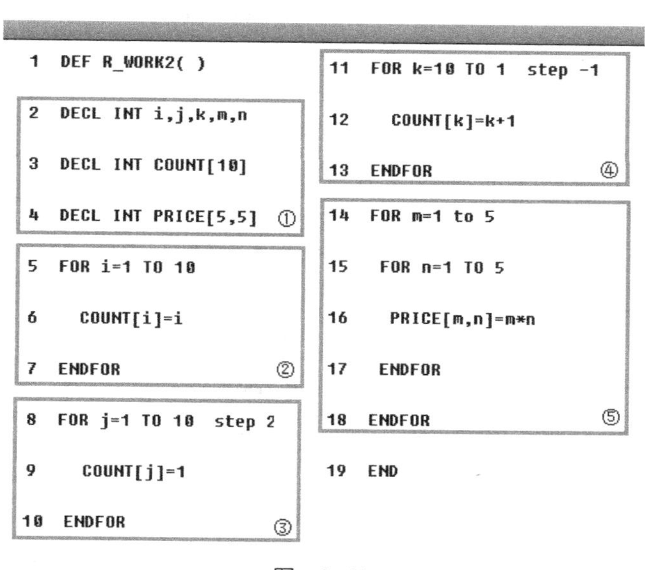

图 3-65

① 对变量进行声明，包括循环计数变量和数组变量。

② 循环计数变量从 1 到 10 循环，对数组 COUNT 进行初始化，没有指定步幅，默认为 1。

③ 循环计数变量从 1 到 10，步幅为 2，该循环只运行 5 次。初次指定起始数值 j=1，之后为 j=3,5,7,9。当计数值为 11 时，循环立即终止。

④ 循环计数变量从 10 到 1，步幅为 -1，执行循环，循环计数器初始值必须大于等于终值，以便循环能够多次运行。

⑤ 双层循环计数，如 m=1 时，n 分别赋值 1 ～ 5 执行 5 次；m=2 时，n 分别赋值 1 ～ 5 执行 5 次，依次类推。

3.5.3 当型循环编程

1. 当型循环指令介绍

当型循环的流程框图如图 3-66 所示，当型循环会先检测条件（Condition）是否满足循环条件。如果满足循环条件，执行循环内容，内容完成后再次检测循环条件，当循环条件还满足时，继续执行循环内容；当循环条件不满足时会立即结束循环，并执行 ENDWHILE 后的指令。在执行循环内容时，EXIT 可以强制退出循环，执行 ENDWHILE 后的指令。

2. 当型循环指令示例

当型循环指令应用如图 3-67 所示的程序片段，程序中部分内容说明如下：

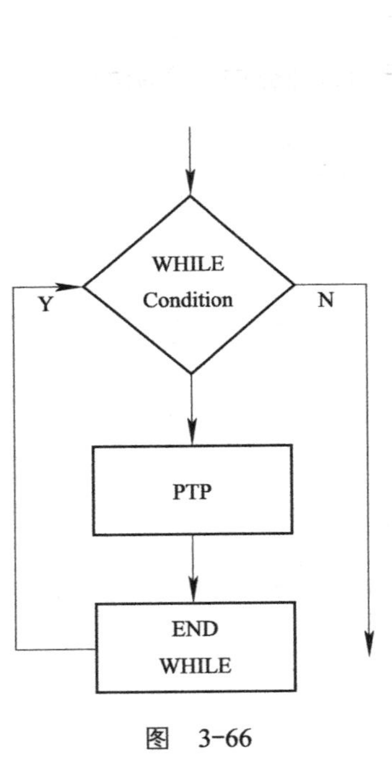

图 3-66

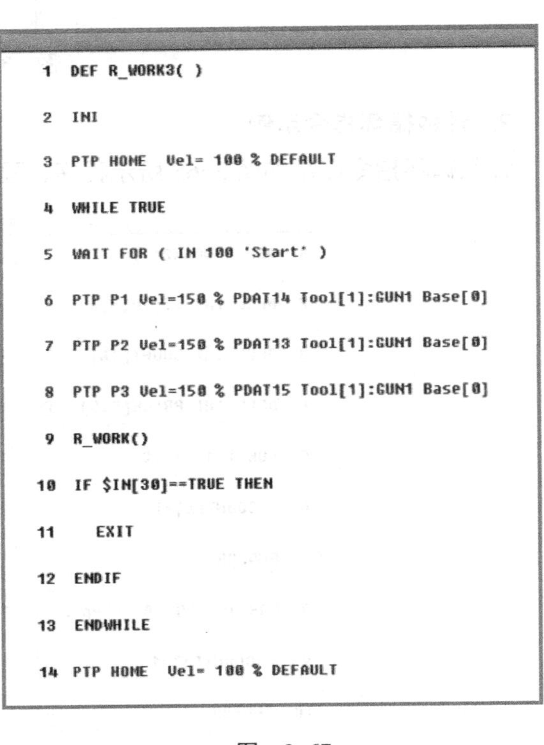

```
DEF R_WORK3( )
INI
PTP HOME  Vel= 100 % DEFAULT
WHILE TRUE
WAIT FOR ( IN 100 'Start' )
PTP P1 Vel=150 % PDAT14 Tool[1]:GUN1 Base[0]
PTP P2 Vel=150 % PDAT13 Tool[1]:GUN1 Base[0]
PTP P3 Vel=150 % PDAT15 Tool[1]:GUN1 Base[0]
R_WORK()
IF $IN[30]==TRUE THEN
  EXIT
ENDIF
ENDWHILE
PTP HOME  Vel= 100 % DEFAULT
```

图 3-67

1）“WHILE TRUE”形式在实际应用中经常出现，表示循环检测条件始终满足，一直在循环中执行（其效果与 LOOP…ENDLOOP 一致）；进入循环后，首先等待外部的启动信号，一旦收到启动信号，开始执行循环内容，完成一次循环后再次等待外部的启动信号；如果想跳出循环，可使 $IN[30] 为真，执行 EXIT 指令强制退出此 WHILE 循环，执行 ENDWHILE

后的指令。

2）当型循环检测条件满足，进入当型循环执行内容；循环检测条件也可以是复合型的执行条件。

3.5.4 直到型循环编程

1. 直到型循环指令介绍

直到型循环的流程框图如图 3-68 所示。直到型循环先执行循环内容，完成后检测循环条件（Condition）是否满足。如果条件不满足，继续执行循环内容；如果条件满足，则跳出循环，执行 UNTIL 条件行之后的指令。

2. 直到型循环指令示例

直到型循环指令应用的示例如图 3-69 所示。直到型循环先执行循环内容，完成一次循环后再判断循环检测条件 $IN[20] 是否为真。如果结果为真，则退出循环；如果结果不为真，则继续重新执行循环内容。如果想跳出循环，则需要使 $IN[30] 为真，从而执行 EXIT 指令强制退出此 REPEAT 循环，执行 UNTIL 后的指令。

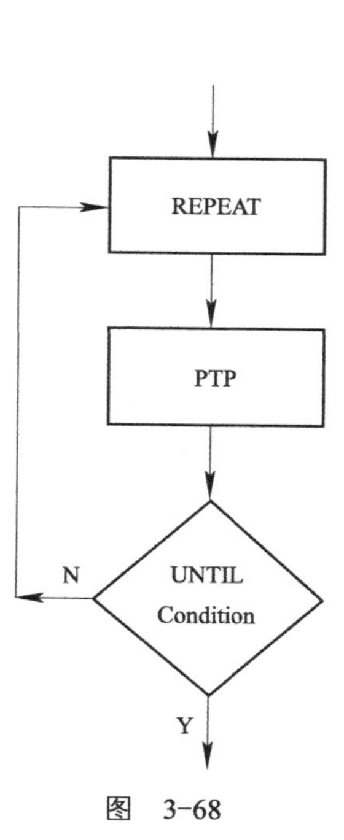
REPEAT
PTP
UNTIL
Condition
N
Y
图 3-68

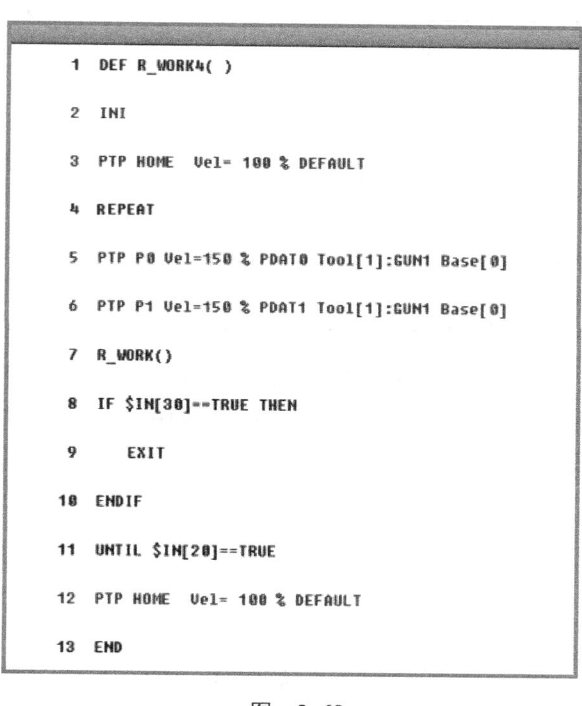
DEF R_WORK4( )
INI
PTP HOME Vel= 100 % DEFAULT
REPEAT
PTP P0 Vel=150 % PDAT0 Tool[1]:GUN1 Base[0]
PTP P1 Vel=150 % PDAT1 Tool[1]:GUN1 Base[0]
R_WORK()
IF $IN[30]==TRUE THEN
EXIT
ENDIF
UNTIL $IN[20]==TRUE
PTP HOME Vel= 100 % DEFAULT
END
图 3-69

3.5.5 IF 分支编程

1. IF 分支编程指令介绍

IF 分支的流程框图如图 3-70 所示，IF 分支编程指令会根据判断条件（Condition）的值来执行不同的工作内容。

2. IF 分支编程指令示例

IF 分支编程指令应用如图 3-71 所示的程序片段，程序中用数字标记的各部分内容说明如下：

① 如果条件 $IN[1] 为真，则执行 IF…ENDIF 内的程序内容。

② 根据不同的判断结果，选择不同的程序分支。

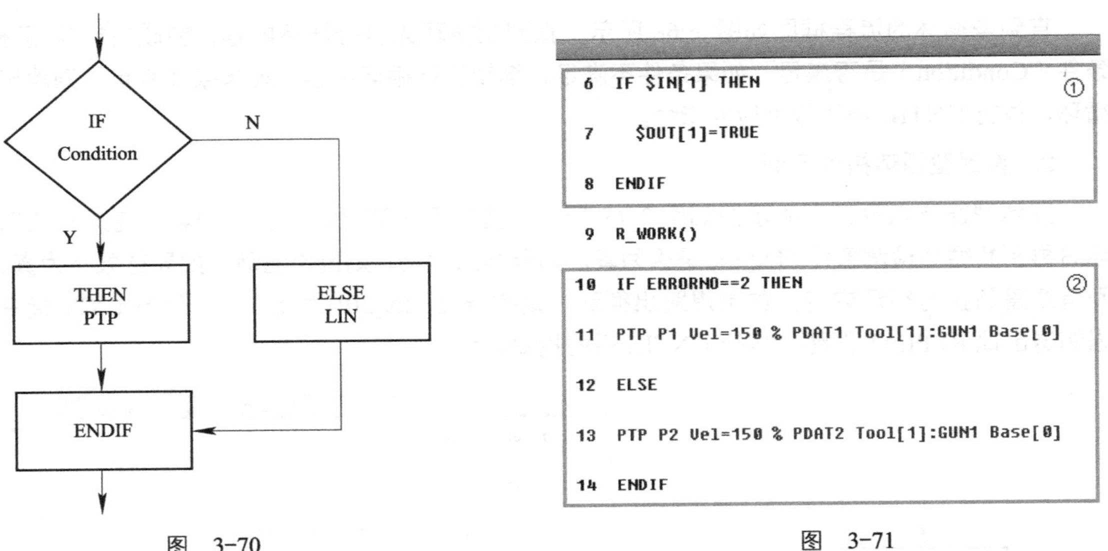

图 3-70　　　　图 3-71

3.5.6 SWITCH-CASE 分支编程

1. SWITCH-CASE 分支编程指令介绍

图 3-72 为 SWITCH-CASE 分支编程指令的流程框图，根据 SWITCH 指令中传递的变量值，跳到与 CASE 指令中的值相同的程序分支执行不同的工作内容；如果 SWITCH 指令中传递的变量值没有 CASE 指令中的值与之对应，则运行 DEFAULT 分支。

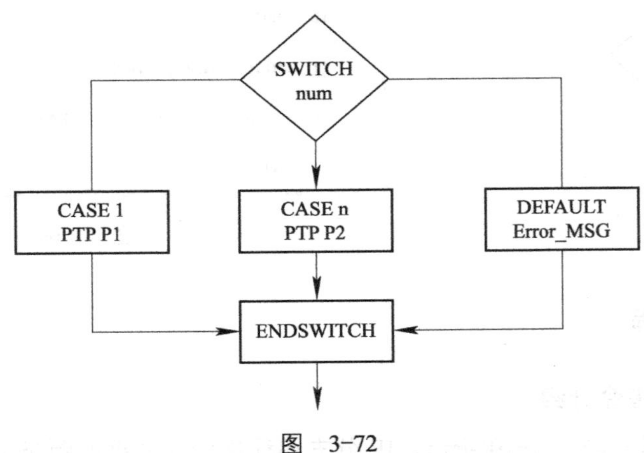

图 3-72

2. SWITCH-CASE 分支编程指令示例

SWITCH-CASE 分支编程指令应用如图 3-73 所示的程序片段，程序中用数字标记的各部分内容说明如下：

① SWITCH 指令中传递的变量为整数，根据 CASE 指令中的值，程序跳转到相应的分支。

② SWITCH 指令中传递的变量为字符，根据 CASE 指令中的值，程序跳转到相应的分支。

③ SWITCH 指令中传递的变量为系统变量 $MODE_OP，$MODE_OP 代表系统四种运行方式，#T1、#T2、#AUT（自动）、#EX（外部自动）；根据 CASE 指令中的值，程序跳转到相应的分支。

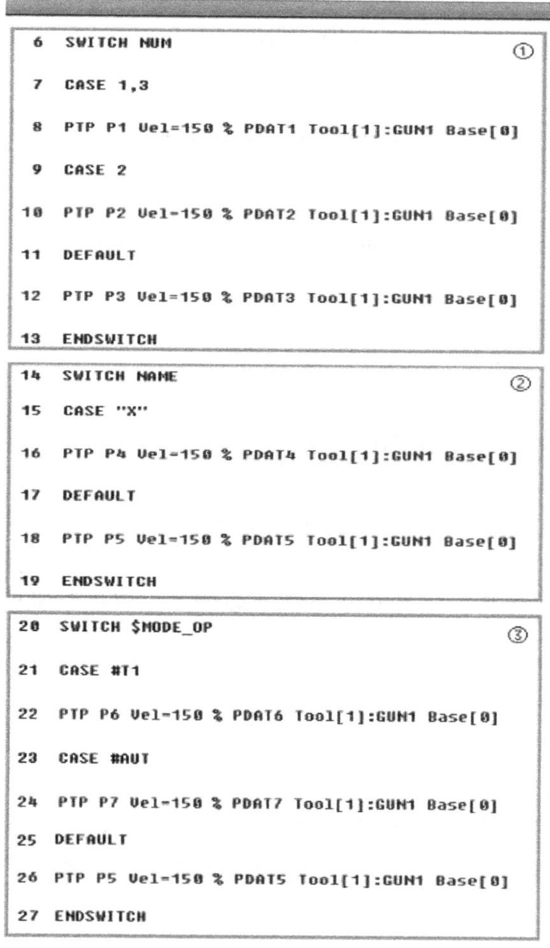

```
SWITCH NUM                                              ①
CASE 1,3
PTP P1 Vel=150 % PDAT1 Tool[1]:GUN1 Base[0]
CASE 2
PTP P2 Vel-150 % PDAT2 Tool[1]:GUN1 Base[0]
DEFAULT
PTP P3 Vel=150 % PDAT3 Tool[1]:GUN1 Base[0]
ENDSWITCH

SWITCH NAME                                             ②
CASE "X"
PTP P4 Vel=150 % PDAT4 Tool[1]:GUN1 Base[0]
DEFAULT
PTP P5 Vel=150 % PDAT5 Tool[1]:GUN1 Base[0]
ENDSWITCH

SWITCH $MODE_OP                                         ③
CASE #T1
PTP P6 Vel-150 % PDAT6 Tool[1]:GUN1 Base[0]
CASE #AUT
PTP P7 Vel-150 % PDAT7 Tool[1]:GUN1 Base[0]
DEFAULT
PTP P5 Vel=150 % PDAT5 Tool[1]:GUN1 Base[0]
ENDSWITCH
```

图 3-73

3.5.7 跳转指令编程

1. 跳转指令介绍

图 3-74 为跳转指令的流程框图，在执行跳转指令 GOTO LABEL 时，程序跳至 LABEL

位置处继续执行，跳转目标必须位于与 GOTO 指令相同的程序段或者功能中。以下情况跳转不执行：

1）从外部跳至 IF 指令。

2）从外部跳至循环语句。

3）从一个 CASE 指令跳至另一个 CASE 指令。

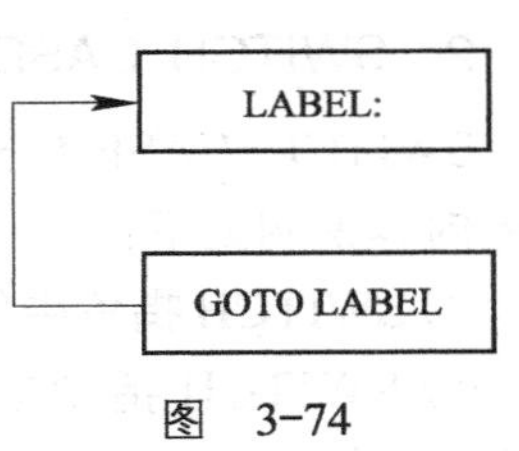

图 3-74

2. 跳转指令示例

跳转指令应用如图 3-75 所示的程序片段，程序说明如下：

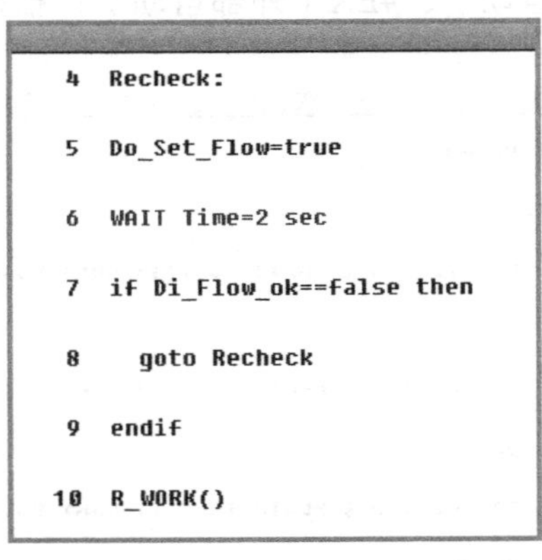

图 3-75

（1）变量说明

1）Do_Set_Flow 为打开循环水阀信号。

2）Di_Flow_Ok 为循环水正常信号。

（2）程序说明　此程序为跳转指令的一个简单应用，判断循环水是否正常。如果循环水不正常就跳转循环检测；如果循环水正常就执行后续的程序。在实际应用中，这段程序可以作为初始化检测程序的参考，当然在此基础上要增加报警提示等信息编程功能。

3.6 结构化编程

3.6.1 结构化编程方法

KUKA 工业机器人采用结构化编程方法，可以通过严密的分段结构方便地解决复杂的问题；用清晰易懂的方式展示程序的结构，从而提高维护、修改和扩展程序的效率。主要的结构化编程方法如下。

1. 注释

注释可以对程序的内容和功能进行必要的说明，改善程序的可读性，同时也可以对程序各部分进行分段，利于程序的结构化。在 KRL 语言中，“；”用于程序的注释，控制器不会将注释理解为句法而执行处理。

2. 缩进

为了便于说明程序段之间的关系，对于多嵌套的程序，建议不同嵌套深度的指令采用不同的缩进量，增加程序的可读性，如图 3-76 所示的程序片段。

3. 折合

KUKA 机器人使用折合（FOLD）的方法隐藏程序内容，折合里面的内容对用户是不可见的，比如我们使用的联机表单功能，其实就是 KUKA 采用了折合的方法，将 KRL 程序列表隐藏起来。对用户来讲，使用该功能只需设置相关参数即可，而不必用 KRL 语言直接编程，这样让程序使用起来更加简洁和方便；虽然被隐藏，但 FOLD 的内容会在程序执行中得到处理。如图 3-77 ①所示程序片段，在 SmartPad 中以专家用户组级别登录，选中“PTP P2”这条语句，在按键栏中选择“打开 / 关闭折合”，可看到这个 PTP 运动功能其实是由多条 KRL 语句组成。

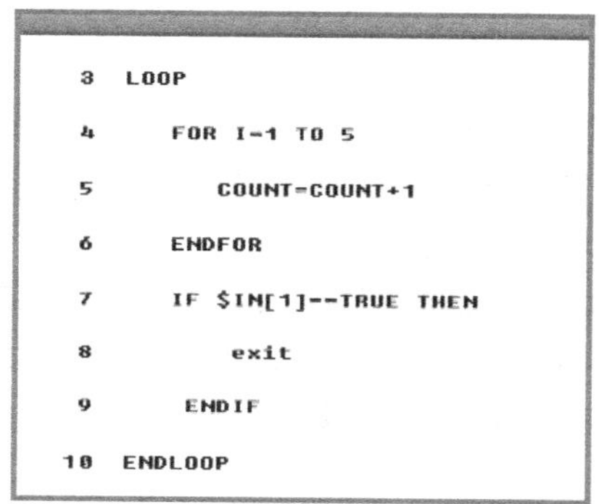

图 3-76

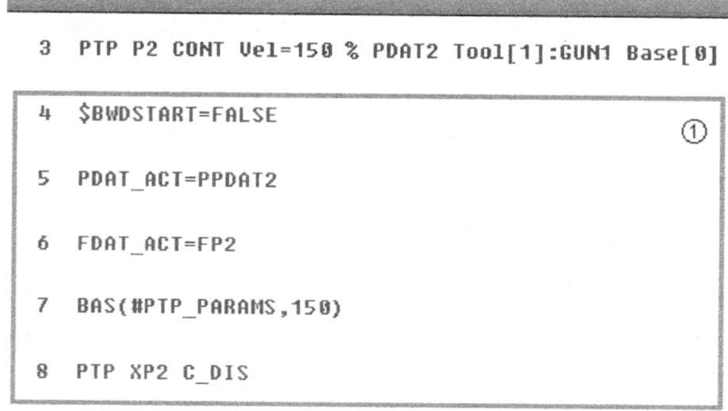

图 3-77

机器人工程师一定要熟练掌握 KRL 语言的编程方法，这样不管在 SmartPad、WorkVisual 软件或是 OrangeEdit 软件中进行编程，都会得心应手，且能更好地理解程序内容。

除了系统的联机表单采用折合的编程方法外，用户（专家用户组以上）还可以创建自己的 FOLD，创建指令格式为“; FOLD Name…; ENDFOLD”，图 3-78a 是创建名称为 SET 的折合，SET 折合关闭后如图 3-78b 所示；通过单击 SmartPad 按键栏的“打开 / 关闭折合”键可以打开和关闭折合，SET 折合打开后如图 3-78c 所示。

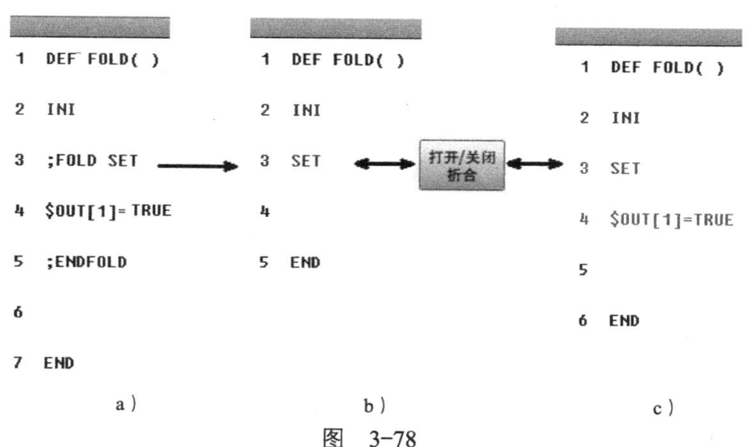

图 3-78

3.6.2　局部子程序

在 SRC 程序文件中，局部子程序位于主程序之后并以 DEF name（ ）和 END 标明，一个 SRC 程序文件中最多可由 255 个局部子程序组成。以图 3-79 为例介绍局部子程序建立过程：

1）使用专家用户组登录，使 DEF 行显示出来。

2）在编辑器中，打开名为 R_WORK 的 SRC 程序文件。

3）用光标跳到主程序 R_WORK（ ）的结束命令 END 下方。

4）录入 DEF Sub_Program1（ ），指定新的局部子程序头。

5）回车使光标调到下一行，通过 END 命令结束新的子程序。

6）同理，建立 Sub_Program2（ ）子程序。

对于局部子程序的调用，有以下几点需要了解：

1）局部子程序允许在同一程序模块中被多次调用，调用时局部子程序名称需要使用括号，运行局部子程序后，程序指针跳回到调用该子程序后面的第一个指令继续执行。可以用 RETURN 结束子程序，并由此跳回到调用该子程序后面的第一个指令继续执行。

2）变量可以建立在程序模块的 DAT 数据文件中，这样该程序模块的 SRC 程序文件里主程序和所有的局部子程序都可以使用这些变量。如图 3-80 所示，在 R_WORK.dat 数据文件中声明和初始化了一个 INT 类型变量 COUNT，R_WORK.src 程序段实现了对 COUNT 变量的调用。

```
DEF R_WORK( )
INI
PTP HOME  Vel= 100 % DEFAULT
PTP HOME  Vel= 100 % DEFAULT
END
-------------------------------
DEF Sub_Program1()
end
-------------------------------
DEF Sub_Program2()
end
```

图　3-79

```
DEF R_WORK( )
INI
PTP HOME Vel=150 % PDAT1
sub_program1()
COUNT=1
PTP HOME Vel=150 % PDAT2
END
-------------------------------
DEF Sub_Program1()
PTP P1 Vel=150 % PDAT3 Tool[1]:GUN1 Base[0]
sub_program2()
COUNT=2
END
-------------------------------
DEF sub_program2()
IF $IN[1]==TRUE THEN
   RETURN
ENDIF
PTP P1 Vel=150 % PDAT3 Tool[1]:GUN1 Base[0]
END
```

图　3-80

3.6.3 全局子程序

全局子程序特点如下：

1）全局子程序可以有单独的 SRC 程序文件和 DAT 数据文件，以图 3-81 为例说明全局子程序的建立过程：

① 使用专家用户组登录，新建两个程序模块，一个为主程序 Main，一个为全局子程序 PickUp。

② 打开名为 Main 的 SRC 程序文件，在程序中调用 PickUp（ ）。

2）全局子程序允许多次调用，运行完子程序后，跳回到调用该子程序后面的第一个指令继续执行。可以用 RETURN 结束子程序，并由此跳回到调用该子程序后面的第一个指令继续执行。

3）变量在子程序模块的 DAT 数据文件或 SRC 程序文件中定义和声明，仅供所属的 SRC 程序文件调用；在 $config 文件中定义的变量为全局变量，可以供所有的程序文件访问。

全局子程序调用和返回的使用如图 3-81 所示。

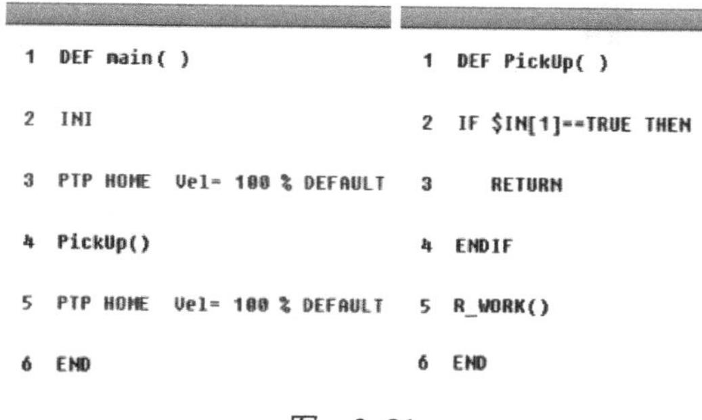

DEF main( )
INI
PTP HOME Vel= 100 % DEFAULT
PickUp()
PTP HOME Vel= 100 % DEFAULT
END
DEF PickUp( )
IF $IN[1]==TRUE THEN
RETURN
ENDIF
R_WORK()
END

图 3-81

3.7 程序文件执行

3.7.1 初始化运行

机器人的初始化运行叫 BCO 运行。为了使机器人的现在位置与机器人程序中的当前点位置保持一致，必须执行 BCO 运行。仅当机器人的现在位置与编程设定的位置相同时才可进行轨迹规划。因此，必须首先将 TCP 置于轨迹上。

如图 3-82 所示，机器人的运行轨迹是 HOME → P1 → P2 → P3，选定程序并执行 BCO 运行后，机器人的 TCP 运行至 HOME 点位置。以下情形需要 BCO 运行：

1）选定程序后。

2）程序复位后。

3）程序在执行时，手动移动了机器人的位置。

4）更改了程序行内容。

5）语句行进行了选择。

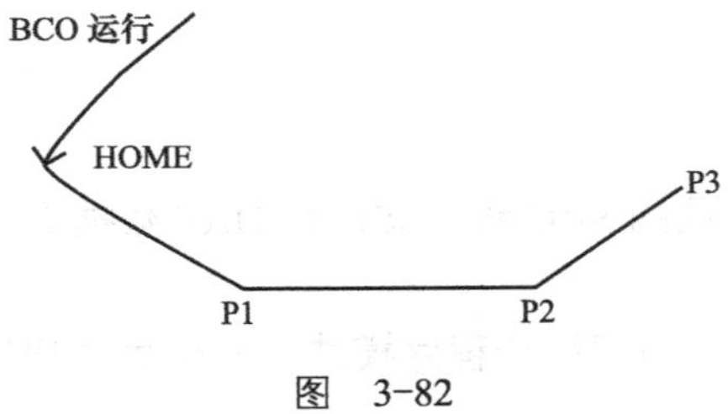

图 3-82

3.7.2 SUBMIT 解释器状态

KSS8.5 之前的机器人系统中，默认情况下有两套任务（解释器）同时运行，一个是机器人运动程序的机器人解释器，另一个就是 SUBMIT 控制的提交解释器。SUBMIT 解释器在机器人控制系统接通时自动启动，也可以在专家组级别通过解释器的状态栏直接进行操作，如图 3-83 所示，包括启动 / 选择、停止和取消选择。SUBMIT 解释器共有三种状态，如图 3-84 所示。

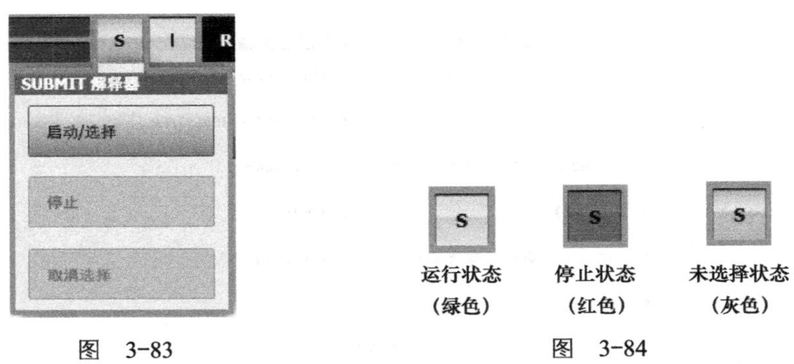

图 3-83　　图 3-84

3.7.3 驱动装置状态

如图 3-85 所示为移动条件，各部分说明见表 3-12。

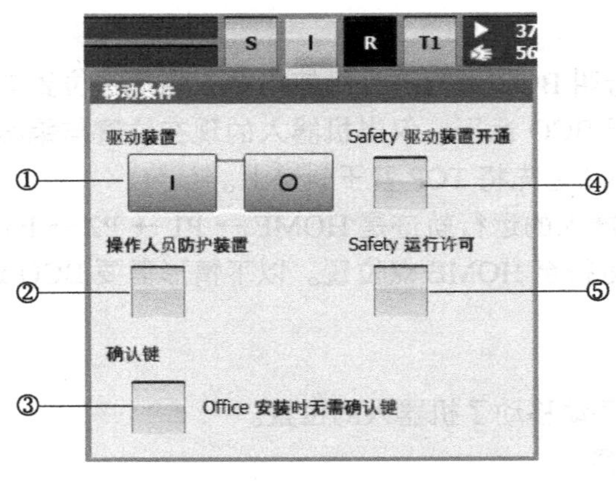

图 3-85

表 3-12

编　号	说　明
①	1）I：驱动装置已接通 2）O：驱动装置已关断
②	1）绿色：AUT\AUT EXT 运行方式，操作人员防护装置信号闭合；T1\T2 运行方式：使能开关在中间位置 2）灰色：AUT\AUT EXT 运行方式，操作人员防护装置信号断开；T1\T2 运行方式：使能开关未在中间位置
③	1）绿色：T1\T2 运行方式，使能开关被按下且在中间位置；AUT\AUT EXT 运行方式：无须确认键 2）灰色：T1\T2 运行方式，使能开关未按下或未在中间位置
④	1）绿色：安全控制系统允许驱动装置启动 2）灰色：安全控制系统触发了安全停止 0 或结束安全停止 1；驱动装置不允许启动，即 KSP 不在受控状态且不给电动机供电
⑤	1）绿色：安全控制系统发出允许运行 2）灰色：无运行许可，安全控制系统触发了安全停止 1 或安全停止 2

关于驱动装置接通的几点提示：

1）驱动装置已接通不表示 KSP 进入受控状态并且给电动机供电，是给系统变量 $PERI_RDY 置位，用于内部的逻辑运算。

2）驱动装置关断不表示 KSP 中断电动机的供电，是给系统变量 $PERI_RDY 复位，用于内部的逻辑运算。

3）KSP 是否给电动机供电取决于安全控制系统的驱动装置是否许可开通。

3.7.4　程序状态

程序状态如图 3-86 所示，程序用选定的方式打开，可以通过“取消选择程序”来关闭程序；可以在选定程序运行结束后进行程序复位，使语句指针位于所选程序的首行，从头开始程序的执行。程序状态器颜色对应的说明见表 3-13。

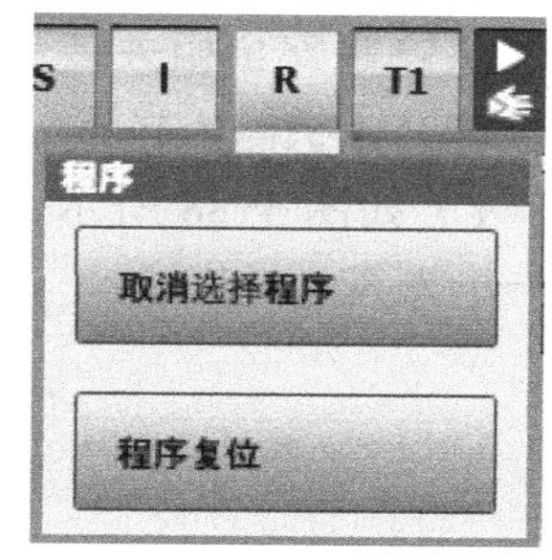

图 3-86

表 3-13

图　标	说　明
R	黄色：程序选定，且程序指针在首行
R	绿色：选定的程序正在运行
R	红色：选定的程序被暂停，按启动键可以继续运行
R	黑色：选定的程序指针运行到最后 END 语句
R	灰色：没有程序被选定

3.7.5 程序运行方式

程序运行方式选择如图 3-87 所示。程序运行方式说明见表 3-14。

图 3-87

表 3-14

图　标	说　明
	GO：程序连续运行，直到程序结尾；在测试运行中必须按住启动键
	动作：每个运动指令单独执行；在运行期间，每个运动指令结束后，需重新按启动键
	单个步骤：专家组用户权限下，打开折合，可见程序逐行执行；在每行程序结束后，需重新按启动键

3.7.6 程序在 T1 方式下运行

急停等安全相关装置正常，信息提示窗口无错误报警信息，如果机器人有错误报警且不被确认，机器人将不能运行。程序在 T1 方式下运行，具体操作步骤如下：

1）如图 3-88 所示，SmartPad 面板系统状态要求如下（下面说明序号和图 3-88 中序号一一对应）：

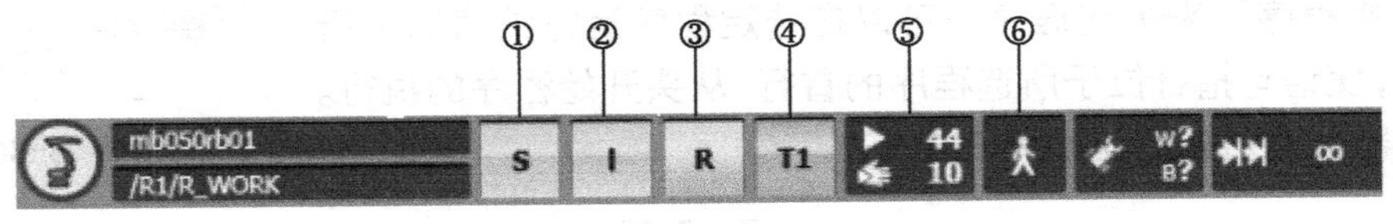

图 3-88

① 提交解释器处于运行状态。

② 移动条件满足运行要求。

③ SRC 程序文件用选定方式打开，并程序指针在首行。

④ 机器人处于 T1 运行方式。

⑤在 SmartPAD 的速度倍率调节量窗口中，调节“手动调节量”来设置程序处于 T1 方式时的手动速度倍率，机器人在 T1 方式的运动速度小于等于 250mm/s。

⑥ 设置了需要的程序运行方式。

2）任意使能开关被按到中间位置并保持住。

3）按下启动键并保持，机器人执行 BCO 运行，到达目标点后，运动停止，并提示“已达 BCO”信息，如图 3-89 所示。

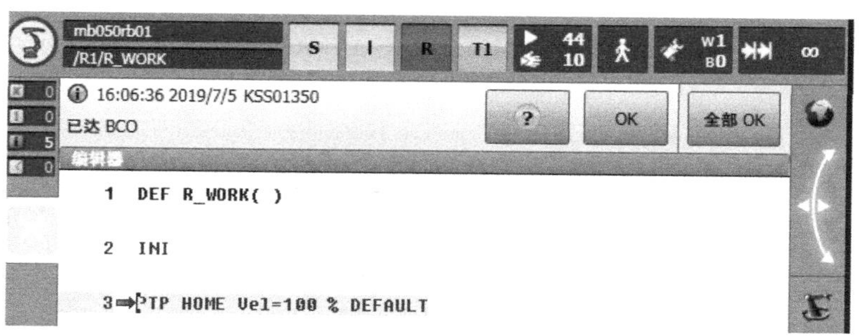

图 3-89

4）重新按住启动键，继续运行程序。

3.7.7 程序在 AUT 方式下运行

防护安全门关闭，急停等安全相关装置正常，信息提示窗口无错误报警信息，如果机器人有错误报警且不被确认，机器人将不能运行。以程序在 AUT 方式下运行为例，具体操作步骤如下：

1）如图 3-88 所示，SmartPad 面板系统状态要求如下：

① 提交解释器处于运行状态。

② 移动条件满足运行要求。

③ SRC 程序文件用选定方式打开，并程序指针在首行。

④ 机器人处于 T1 运行方式。

⑤ 在 SmartPAD 的速度倍率调节量窗口中，调节“手动调节量”来设置程序处于 T1 方式时的手动速度倍率，机器人在 T1 方式的运动速度小于等于 250mm/s。

2）任意使能开关被按到中间位置并保持住，按下启动键并保持，机器人执行 BCO 运行，到达目标点后，运动停止，并提示“已达 BCO”信息，如图 3-89 所示。

3）手动旋转 SmartPad 上面的运行方式切换开关，切换机器人为 AUT 自动运行方式。

4）在 SmartPAD 的速度倍率调节量窗口中，调节“程序调节量”来设置机器人处于自动方式时的程序速度倍率。

5）按下启动键，机器人自动运行。

程序在自动运行之前，应在 T1 方式下进行低速的程序测试。

第 4 章

WorkVisual 软件配置机器人

- WorkVisual 软件介绍
- WorkVisual 软件与控制系统连接
- 上传项目
- 设备管理
- 编目管理
- 控制系统组件
- 总线结构
- BECKHOFF I/O 模块配置
- 机器人输入 / 输出端配置
- 长文本编辑
- 下载项目

4.1 WorkVisual 软件介绍

本书使用的 WorkVisual 软件的版本为 4.0。WorkVisual 软件用于 KUKA 的 KR C4 机器人单元的配置和编程，常用的功能如下：

1）配置及修改现场总线及 I/O。

2）配置机器人运动系统，如外部轴。

3）配置机器人参数。

4）诊断功能。

5）安装备选软件包。

6）输入端和输出端的长文本编辑。

7）离线编程。

8）与机器人控制器进行连接，上传和下载项目。

4.2 WorkVisual 软件与控制系统连接

装有 WorkVisual 软件的计算机可以通过网口与机器人控制系统的 KLI 或 KSI（KUKA 服务接口）进行连接通信。

（1）与 KLI 通信　要求装有 WorkVisual 软件的计算机与控制系统必须在同一网段，并通过网线连接 KUKA 机器人控制系统的 KLI。所以要先查看控制系统的 IP 地址，具体步骤如下：

1）在 SmartPad 中登录专家用户组或更高权限的用户组。

2）按“主菜单”键，在菜单中选择“投入运行”→“网络配置”，如图 4-1 所示。

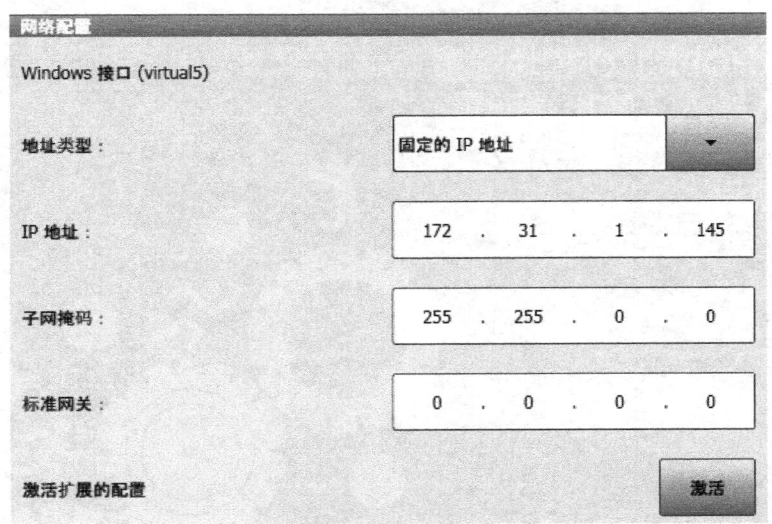

图　4-1

地址类型一般选择为固定的 IP 地址，可以把装有 WorkVisual 软件的计算机的 IP 和子网掩码修改成与机器人控制系统在同一网段，也可以对机器人控制器的 IP 地址和子网掩码进行修改并保存更改。但是注意，有的网络地址范围仅由机器人控制系统针对内部用途使用。因此在这范围内的 IP 地址不允许由用户进行分配，可通过单击图 4-1 中的“激活”键，在弹出窗口的按键栏中选择“内部子网”进行查看。如图 4-2 所示的 IP 地址范围为系统内部使用的网络地址，不允许占用；此网络地址也不可以更改，否则可能造成系统无法启动。

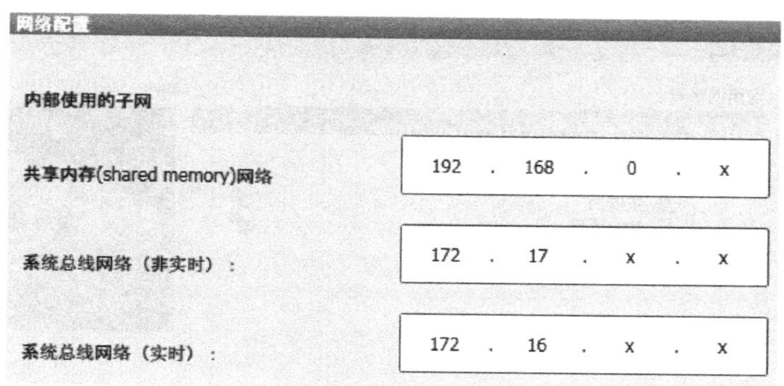

图 4-2

3）对机器人系统进行任何硬件或软件配置修改后（如修改 IP 地址），都需要进行冷启动才可以生效。如图 4-3 所示，登录“专家组”，在菜单中选择“关机”，在弹出窗口中选择“冷启动”和“重新读入文件”选项，之后选择“重新启动控制系统 PC”键，重启后修改生效。

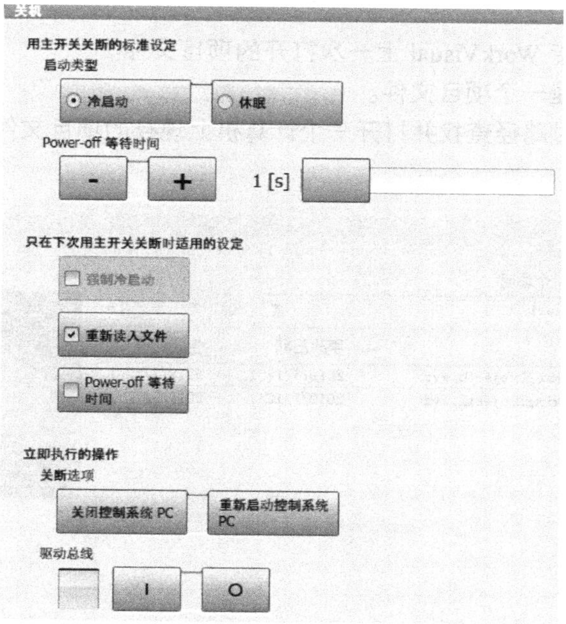

图 4-3

（2）与 KSI 通信　要求装有 WorkVisual 软件的计算机设置成自动获取 IP 地址模式，并通过网线连接 KUKA 机器人控制系统的 KSI。但要注意：不要把 KSI 连接到现有的 IT 网络中，否则可能导致网络地址冲突和故障。

4.3 上传项目

装有 WorkVisual 软件的计算机与机器人控制系统建立连接后，在 WorkVisual 软件菜单中选择“文件”→“打开项目”，弹出图 4-4 所示窗口。窗口各选项说明如下：

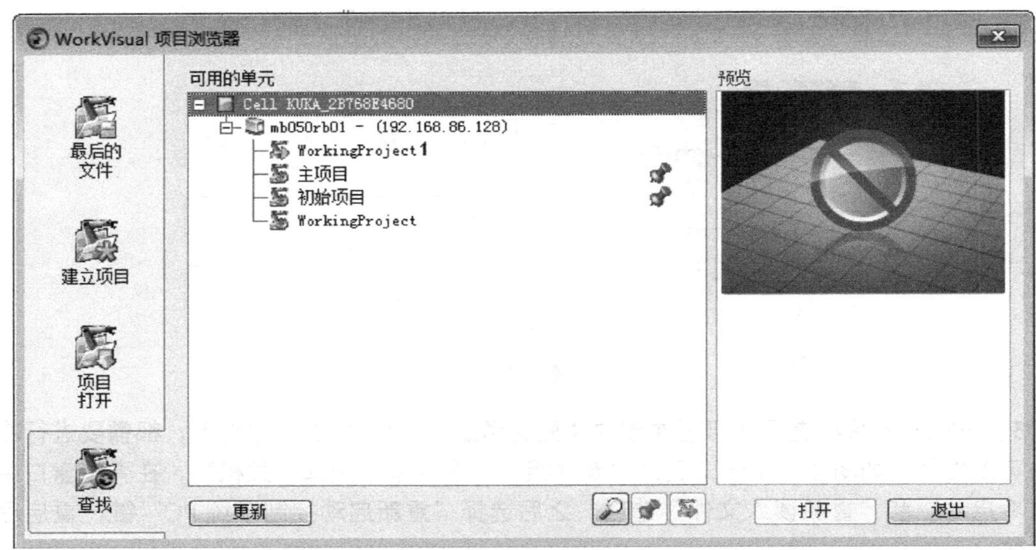

图 4-4

1）最后的文件：指 WorkVisual 上一次打开的项目文件。

2）建立项目：新建一个项目文件。

3）项目打开：通过路径查找并打开一个计算机上现存的项目文件，文件类型为 *.wvs，如图 4-5 所示。

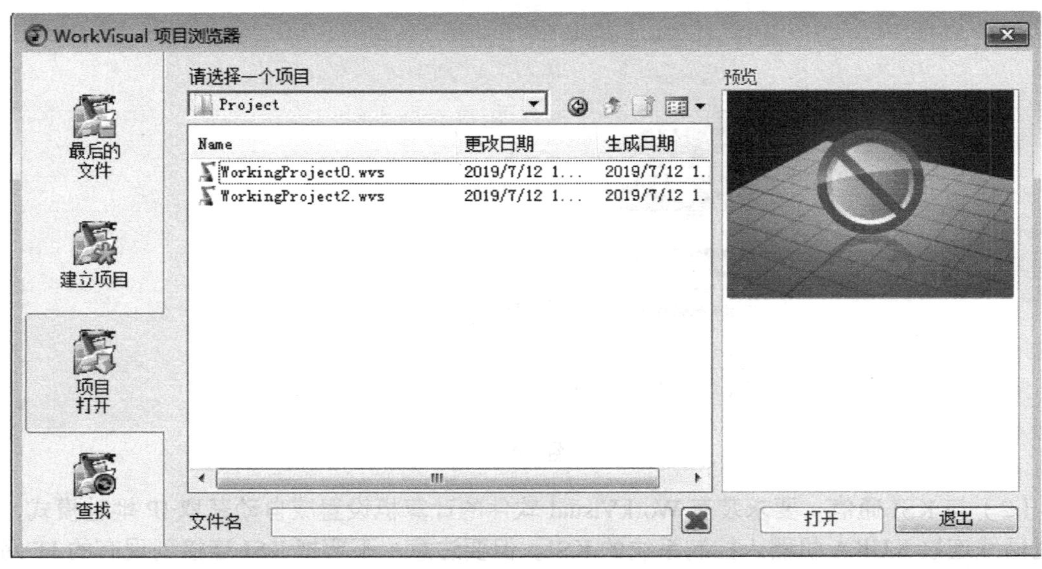

图 4-5

4）查找：如图 4-4 所示，单击“更新”键，在可用的单元区域中所有相连的机器人系统都被显示出来，展开所需机器人控制系统的节点，选中所需的项目，如 WorkingProject1，WorkingProject1 上的图标显示此项目为机器人系统正在激活的项目，单击“打开”键，在 WorkVisual 中将该项目打开。项目打开后最好进行备份，之后才再对项目进行编辑使用。

通过单击 SmartPad 上的 WorkVisual 图标可以查看此时机器人控制系统激活项目的相关信息，如图 4-6 所示。

图 4-6

4.4 设备管理

1. 导入设备说明文件

WorkVisual 需要导入设备说明文件来配置设备，说明文件一般从厂家获得，操作步骤如下：

1）在没有打开项目时，在菜单中选择“文件”→“Import/Export”，在弹出窗口选择“导入设备说明文件”，如图 4-7 所示。

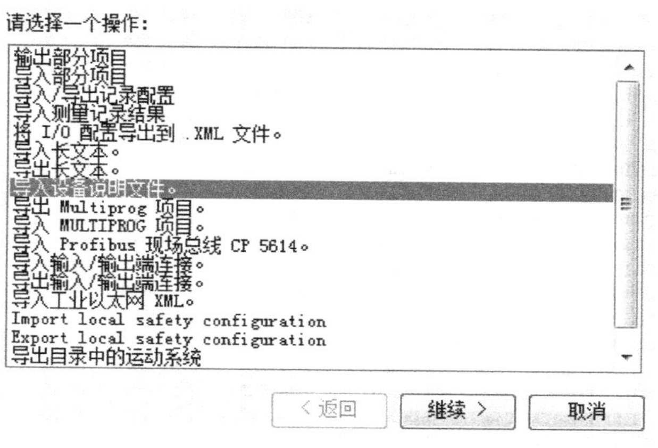

图 4-7

2）单击“继续”键，单击“查找”键，在文件类型中选择所需的类型，在计算机上选择要添加的设备说明文件。如 BECKHOFF 的设备说明文件类型为 EtherCAT ESI，如图 4-8 所示。

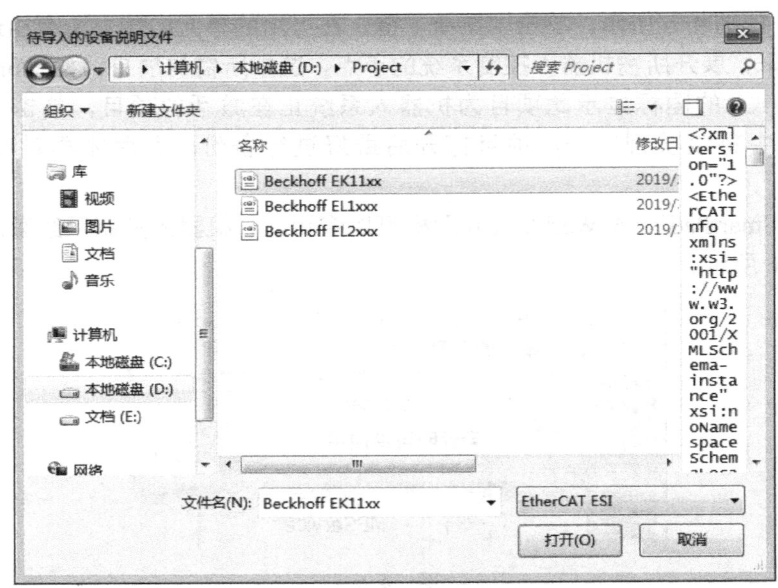

图　4-8

3）在 DtmCatalog 编目中，可以使用该设备文件。

2. 更新 DtmCatalog 编目

在没有打开项目时，在菜单中选择“工具”→“DTM 样本管理”，在弹出窗口中单击“查找安装的 DTM”，将在已知 DTM 的区域中显示已经安装的 DTM 文件，选中文件单击“>”键，添加到右侧的当前 DTM 样本区域；或单击“>>”键，将所有的文件都添加到右侧的当前 DTM 样本区域。如图 4-9 所示。

当前 DTM 样本：

Name	生产厂家	记录	类型	Version
Advanced Generic EDS	KUKA Rob...	EtherNet/IP	设备 DTM	1.1.2...
ArcLink XT	KUKA Rob...	ArcLinkXT	通讯 DTM	1.0.0
ArcLink XT Device	KUKA Rob...	ArcLinkXT	设备 DTM	1.0.0
Cabinet Interface Bo...	KUKA Rob...	EtherCAT	设备 DTM	V1.0
Cabinet Interface Bo...	KUKA Rob...	EtherCAT	设备 DTM	V0.0
CP 5614 A2	KUKA Rob...	Profibus...	通讯 DTM	2.2.0
EK1100 EtherCAT Coup...	Beckhoff...	EtherCAT...	网关 DTM	V0.0
EK1100 EtherCAT Coup...	Beckhoff...	EtherCAT...	网关 DTM	V0.1
EK1100 EtherCAT Coup...	Beckhoff...	EtherCAT...	网关 DTM	V0.16
EK1100 EtherCAT Coup...	Beckhoff...	EtherCAT...	网关 DTM	V0.17
EK1100 EtherCAT Coup...	Beckhoff...	EtherCAT...	网关 DTM	V0.18
EK1100-0008 EtherCAT...	Beckhoff...	EtherCAT...	网关 DTM	V8.16
EK1100-0030 EtherCAT...	Beckhoff...	EtherCAT...	网关 DTM	V30.16
EK1100-0030 EtherCAT...	Beckhoff...	EtherCAT...	网关 DTM	V30.17
EK1101 EtherCAT Coup...	Beckhoff...	EtherCAT...	网关 DTM	V0.16
EK1101 EtherCAT Coup...	Beckhoff...	EtherCAT...	网关 DTM	V0.17
EK1101 EtherCAT Coup...	Beckhoff...	EtherCAT...	网关 DTM	V0.18
EK1110 EtherCAT exte...	Beckhoff...	EtherCAT	设备 DTM	V0.0
EK1110 EtherCAT exte...	Beckhoff...	EtherCAT	设备 DTM	V0.16
EK1110 EtherCAT exte...	Beckhoff...	EtherCAT	设备 DTM	V0.17

OK　　取消

图　4-9

4.5 编目管理

编目包括生成一个机器人系统和为现有系统进行设备组态所需要的元素，为了使用编目，必须将它添加到项目中，具体操作如下：

在菜单中选择“文件”→“名录管理”，弹出窗口如图 4-10 所示。可在左侧选中编目单击“>”键，将所需的编目添加到右侧的项目编目区域；或单击“>>”键，将所有的编目都添加到右侧的项目编目区域。

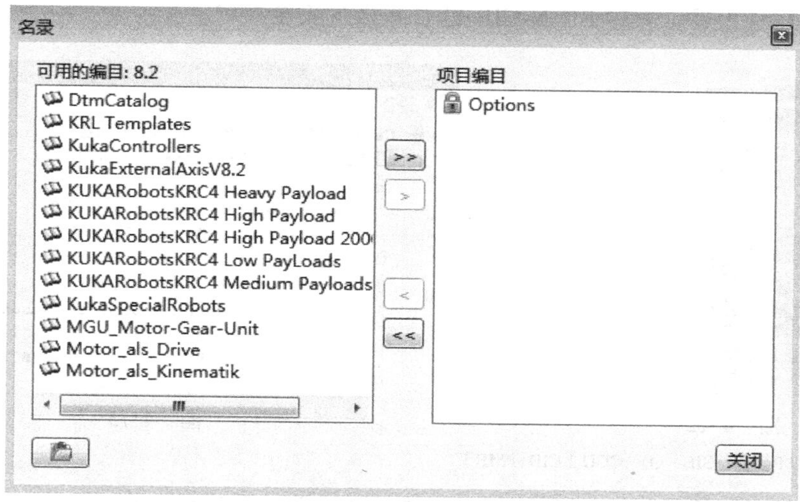

图 4-10

添加编目后的样本区域，如图 4-11 所示。哪些项目编目可用，取决于机器人控制系统的版本，常用的部分项目编目说明见表 4-1。

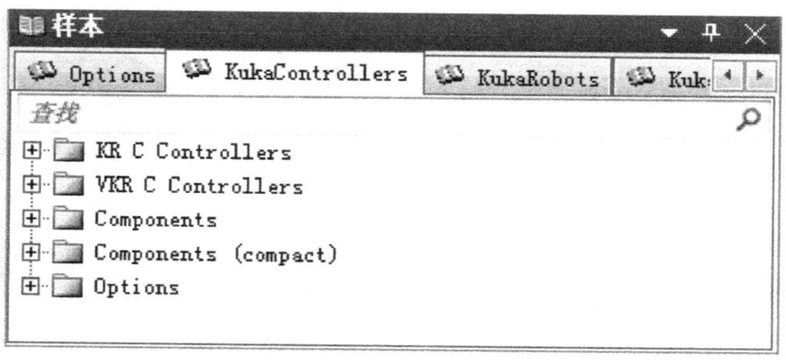

图 4-11

表 4-1

编目名称	含义
DtmCatalog	可使用的 DTM 设备说明文件，控制系统必须已经激活过一次，才可以使用该编目
KRL Templates	KRL 离线编辑用的程序模板
KukaRobots	KUKA 机器人
KukaExternalkinematics	KUKA 的线性轨道、定位器等
KukaControllers	机器人控制系统及硬件组件和安全选项
VW Templates	VW 程序模板

4.6 控制系统组件

不同型号和配置的机器人控制系统的组件会有所不同，现以一款控制柜型号为 KR C4 标准型、本体型号为 KR 16-2 机器人系统为例说明，图 4-12 为控制柜元件布置图。通过 WorkVisual 上传此机器人控制系统，如图 4-13 所示，双击机器人控制系统 “WINDOWS-OIG9I2K（KRC4-8.3.30）” 图标，将此项目激活，大多数的系统设置、操作和参数配置功能都需要控制系统处于激活状态。展开项目结构区域的控制系统组件，列表中为此机器人控制系统的主要组件设备，其中 SION-CIB 是 CIB 上的安全接口。

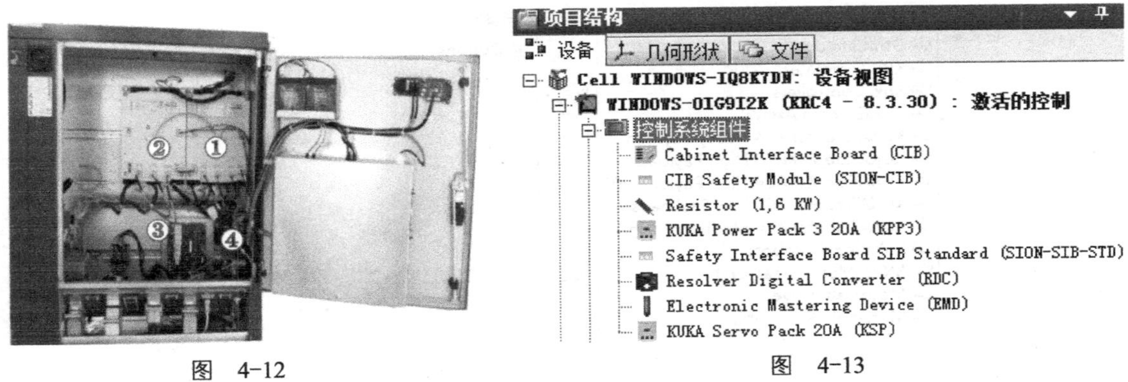

图 4-12　　图 4-13

①—KPP　②—KSP　③—SIB　④—CCU（CIB+PMB）

右击“控制系统组件”，选择“驱动装置配置”，弹出驱动装置配置图，如图 4-14 所示。KPP 负责驱动电源管理，同时驱动 A4 ～ A6 轴；KSP 驱动 A1 ～ A3 轴；RDC 采集 A1 ～ A6 轴的编码器数据。

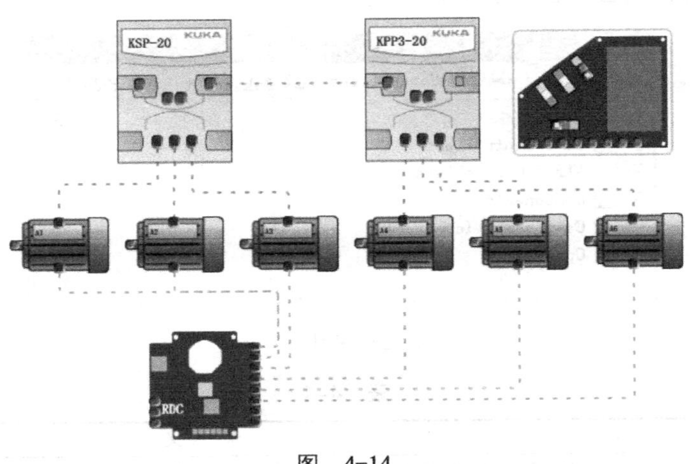

图 4-14

4.7 总线结构

如图 4-12 所示的 KUKA 机器人控制系统，通过 WorkVisual 上传此机器人系统并激活，展开项目结构区域的总线结构，如图 4-15 所示。

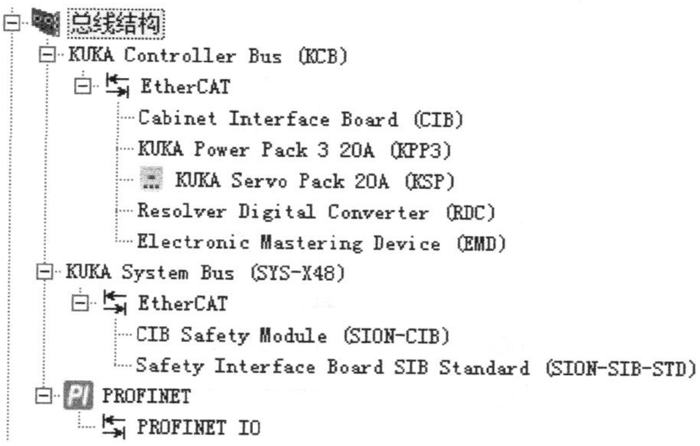

图 4-15

1）双击“KUKA Controller Bus（KCB）”，在右侧弹出的窗口中选择“Topology”拓扑结构选项，如图 4-16 所示。图中连接到 KUKA Controller Bus 的控制系统组件说明见表 4-2。

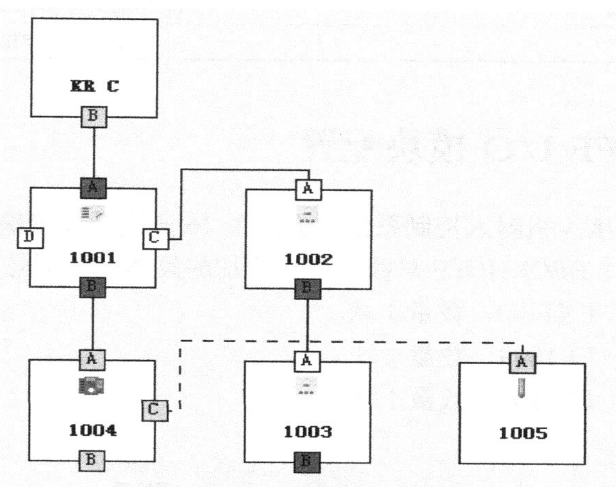

图 4-16

表 4-2

编目名称	含　义
1001	CIB
1002	KPP
1003	KSP
1004	RDC
1005	EMD

2）双击“KUKA System Bus（SYS-X48）”，在右侧弹出的窗口中选择“Topology”拓扑结构选项，如图 4-17 所示。图中连接到 KUKA System Bus 的控制系统组件说明见表 4-3。

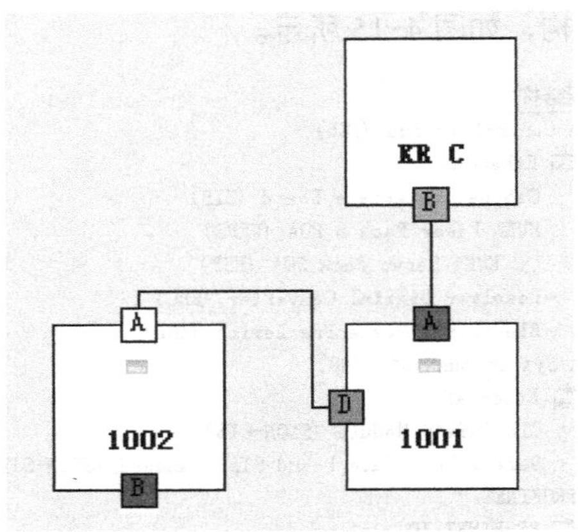

图 4-17

表 4-3

编目名称	含义
1001	SION-CIB：CIB 上安全输入输出节点
1002	SIB

4.8 BECKHOFF I/O 模块配置

图 4-12 所示的 KUKA 机器人控制系统需要配置 16 通道开关量输入和 16 通道开关量输出，添加图 4-18 所示的 BECKHOFF 总线模块。添加的具体模块型号如下：

1）耦合模块型号：EK1100，数量 1 块。

2）输入模块型号：EL1809，数量 1 块。

3）输出模块型号：EL2809，数量 1 块。

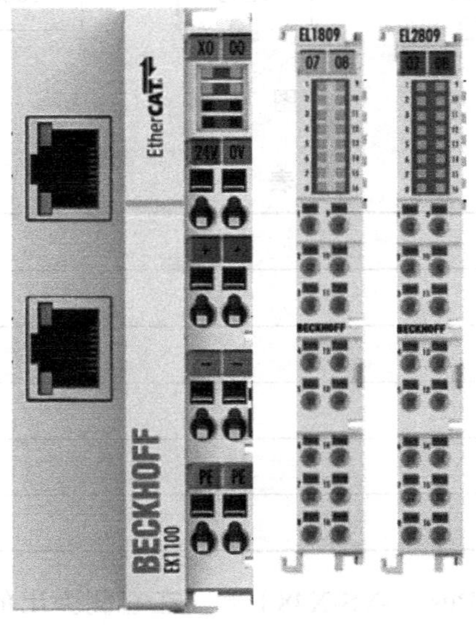

图 4-18

BECKHOFF 总线模块配置步骤如下：

1）分别导入 EK1100、EL1809 和 EL2809 的设备说明文件，具体见 4.4 节相关介绍，其中三个文件说明如下：EK1100 说明文件为 Beckhoff EK11xx；EL1809 说明文件为 Beckhoff EL1xxx；EL2809 说明文件为 Beckhoff EL2xxx。

2）给机器人系统添加“KUKA Extension Bus”，在项目结构区域，右击“总线结构”，单击“添加”，弹出“DTM 选择”窗口，选中“KUKA Extension Bus（SYS-X44）”，单击“OK”确认，如图 4-19 所示。

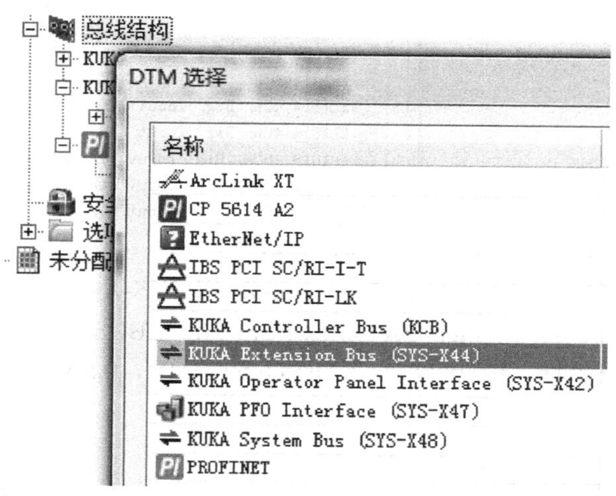

图 4-19

3）在项目结构区域，展开“KUKA Extension Bus（SYS-X44）”看到“EtherCAT”选项，右击“EtherCAT”，单击“添加”，弹出“DTM 选择”窗口，选中耦合器“EK1100 EtherCAT Coupler（2A E-Bus）”，单击“OK”确认，如图 4-20 所示。

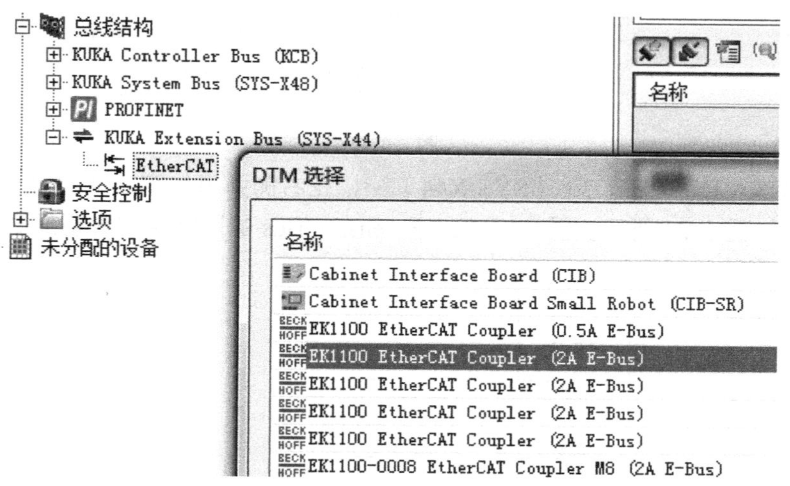

图 4-20

4）在项目结构区域，展开“KUKA Extension Bus（SYS-X44）”，展开“EtherCAT”选项，展开“EK1100 EtherCAT Coupler（2A E-Bus）”，右击“EBUS”，单击“添加”，弹出

“DTM 选择”窗口，选中输入模块“EL1809 16Ch.Dig.Input 24V，3ms”，单击“OK”确认，如图 4-21 所示。

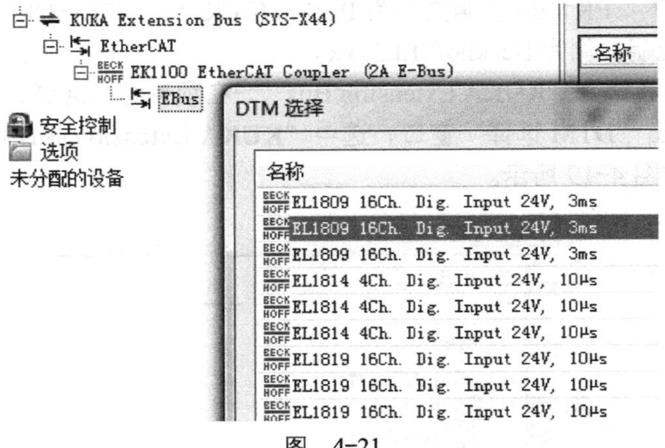

图 4-21

5）在项目结构区域，展开“KUKA Extension Bus（SYS-X44）”，展开“EtherCAT”选项，展开“EK1100 EtherCAT Coupler（2A E-Bus）”，右击“EBUS”，单击“添加”，弹出“DTM 选择”窗口，选中输出模块“EL2809 16Ch.Dig.Output 24V，0.5A”，单击“OK”确认，如图 4-22 所示。

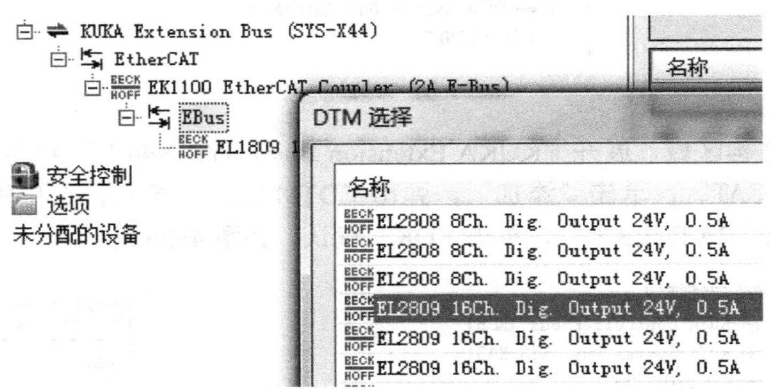

图 4-22

双击“KUKA Extension Bus（SYS-X44）”，在右侧弹出的窗口中选择“Topology”拓扑结构选项，如图 4-23 所示。图中 KUKA Extension Bus 的网络结构说明见表 4-4。

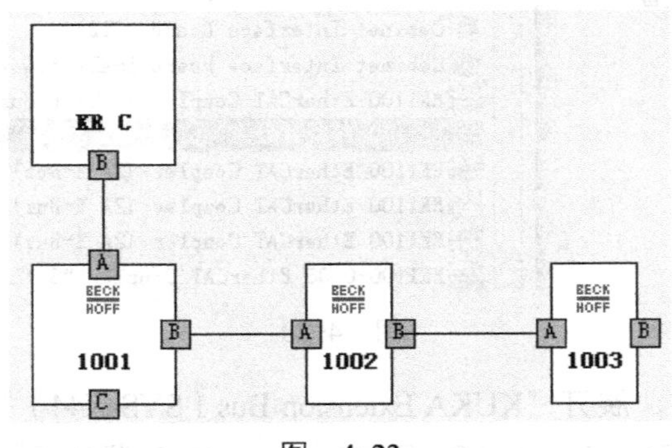

图 4-23

表 4-4

编目名称	含　义
1001	EtherCAT 耦合器 EK1100
1002	输入模块 EL1809
1003	输出模块 EL2809

4.9 机器人输入 / 输出端配置

通过 WorkVisual 上传的机器人项目，处于激活状态，在添加了 BECKHOFF 的总线模块 EK1100、EL1809 和 EL2809 后，需要进行机器人输入 / 输出端接口配置，以实现机器人的输入输出状态和 I/O 物理通道映射。

1. 数字输入端配置

1）单击选项卡"输入输出接线"，如图 4-24 所示，选择①区"KR C 输入 / 输出端"，选中"数字输入端"。

2）如图 4-24 所示，选择②区"现场总线"→"KUKA Extension Bus（SYS-X44）"→"EK1100 EtherCAT Coupler（2A E-Bus）"→"EL1809 16Ch.Dig.Input 24V，3ms"16 路开关量输入模块。

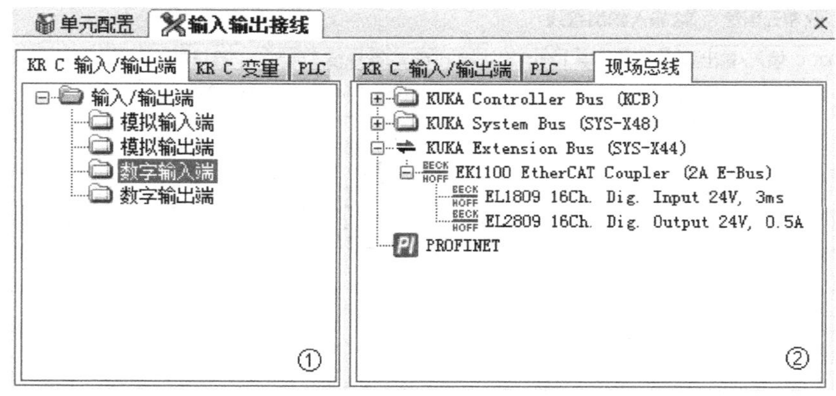

图 4-24

3）如图 4-25 所示，②区为数字输入端 $IN[1] ～ $IN[4096]，③区为 16 路开关量输入通道 Channel 1.Input ～ Channel 16.Input。将要映射连接的②区数字输入端和③区开关量输入通道选中，这里注意通道之间的映射要有唯一性，不能重复映射连接，如果选择的②区和③区的映射通道正确并没有出现过重复映射，则图 4-25 中连接按钮变为绿色，单击连接按钮，映射的数字输入端和开关量输入通道会出现在①区域。为了维护和编程方便，一般建议使用非错位通道进行映射，例如：$IN[1] 对应 Channel 1.Input，$IN[2] 对应 Channel 2.Input，依次排序。

4）在图 4-25 ①区所显示的是已经映射的通道，如某条映射需要调整或删除，则选中此映射关系，单击断开按钮，取消映射关系。

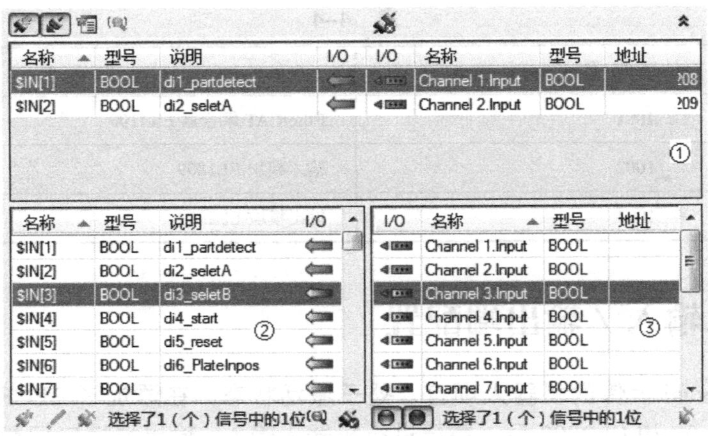

图 4-25

2. 数字输出端配置

1）单击选项卡“输入输出接线”，如图 4-26 所示，选择①区“KR C 输入 / 输出端”，选中“数字输出端”。

2）如图 4-26 所示，选择②区“现场总线”→“KUKA Extension Bus（SYS-X44）”→“EK1100 EtherCAT Coupler（2A E-Bus）”→“EL2809 16Ch.Dig.Output 24V，0.5A”16 路开关量输出模块。

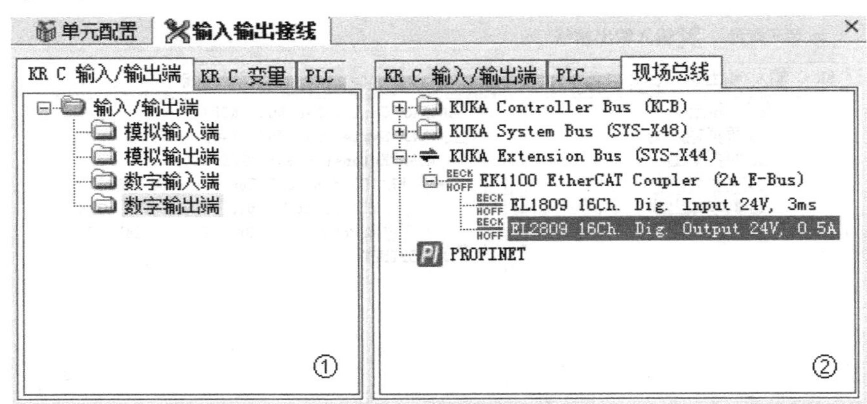

图 4-26

3）如图 4-27 所示，②区为数字输出端 \$OUT[1] ~ \$OUT[4096]，③区为 16 路开关量输出通道 Channel 1.Output ~ Channel 16.Output。将要映射连接的②区数字输出端和③区开关量输出通道选中，这里注意通道之间的映射要有唯一性，不能重复映射连接，如果选择的②区和③区的映射通道正确并没有出现过重复映射，则图 4-27 中连接按钮变为绿色，单击连接按钮，映射的数字输出端和开关量输出通道会出现在①区域。为了维护和编程方便，一般建议使用非错位通道进行映射，例如：\$OUT[1] 对应 Channel 1.Output，\$OUT[2] 对应 Channel 2.Output，依次排序。

4）在图 4-27 ①区所显示的是已经映射的通道，如某条映射需要调整或删除，则选中此映射关系，单击断开按钮，取消映射关系。

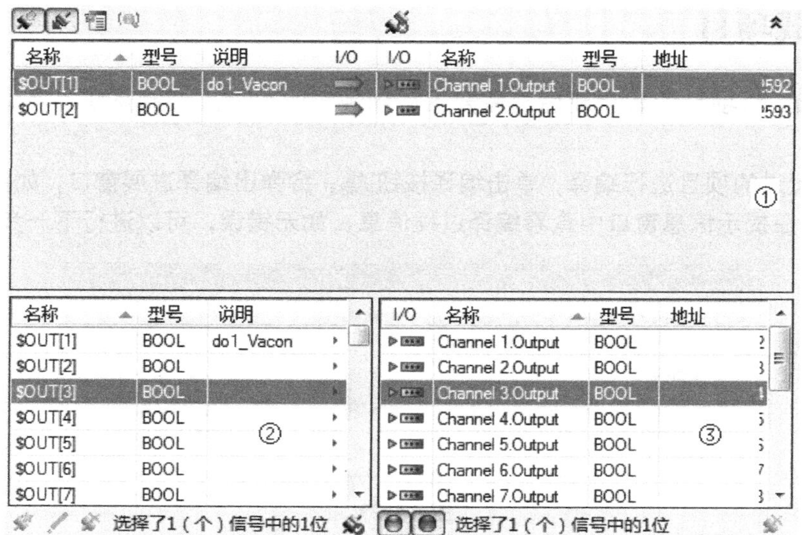

图 4-27

4.10 长文本编辑

为了在编程过程中了解数字输入端 $IN[] 和数字输出端 $OUT[] 代表的实际意义，可以在 WorkVisual 中通过长文本编辑定义说明，选择菜单“编辑器”→“长文本编辑”，可以选择要定义的内容，如选择数字输入端，并编辑其对应的说明，如图 4-28 所示。

数字输入端 ▾	中文(简体) ▾
$IN[1]	di1_partdetect
$IN[2]	di2_seletA
$IN[3]	di3_seletB
$IN[4]	
$IN[5]	
$IN[6]	

图 4-28

如果需要定义说明的输入输出端较多，为了实现快速编辑，可以通过导入导出长文本的方式来实现编辑。

文本导出操作如下：选择菜单“文件”→“Import/Export”，选择“导出长文本”并按“继续”，选择文件夹和填写文件名，完成操作。被保存的文件为 .CSV 格式，打开被保存的文件可以快速地进行编辑，但要注意，不要改动文件的格式，保证 CSV 文件模板和机器人原有文件的一致性。

文本导入操作如下：导出的文件被编辑后，可以导入 WorkVisual 项目中，选择菜单“文件”→“Import/Export”，选择“导入长文本”并按“继续”，选择被导入的文件，完成操作。

4.11 下载项目

WorkVisual 对项目配置完成后，需要下载到现场的机器人控制系统，具体的操作步骤如下：

1）对配置过的项目进行编译，单击编译按钮，会弹出编译进展窗口，如图 4-29 所示，编译完成后，在提示信息窗口中查看编译过程信息，如无错误，可以进行下一步传输工作。

图 4-29

2）此时机器人控制系统的权限等级一定要在安全调试员级别或以上。如无异常，单击安装，出现传输窗口，单击“继续”，出现 4-30 所示窗口，等待机器人控制系统的确认操作，此时机器人 SmartPad 上出现图 4-31 所示的提示信息，单击“是”确认。

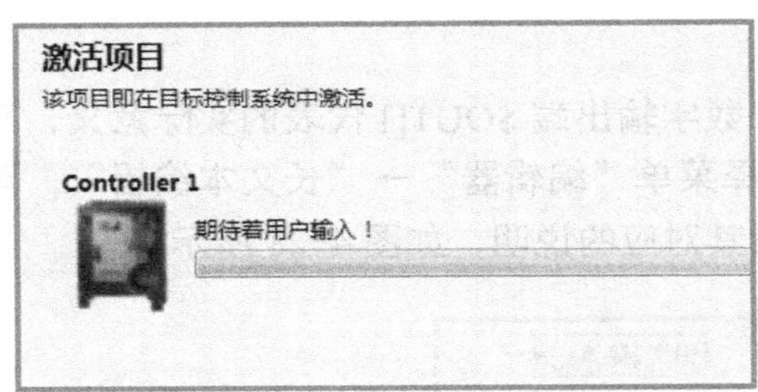

图 4-30

图 4-31

3）机器人控制器窗口会弹出图 4-32 所示的“项目管理”窗口，此窗口会列出所要下载的项目与当前控制器中运行项目的改动区别，此时只需选择“是”，控制器会进行配置，并弹出窗口显示“正在进行重新配置…”。当新项目配置重新激活后，正常回到 SmartHMI 窗口，表示新项目被下载并激活。

项目管理

进行了下列改动

配置	1 - 经修改，0 - 已添加，0 - 已删除
机器参数	3 - 经修改，0 - 已添加，0 - 已删除
机器人程序	4 - 经修改，0 - 已添加，0 - 已删除
全局	3 - 操作

Details

您想继续吗？

是 否

图 4-32

第 5 章

KUKA 机器人编程软件使用

- OrangeEdit 软件编程
- WorkVisual 软件编程
- KUKA 机器人编程实践

本书在第 3 章介绍了基于 KUKA 机器人示教器的在线编程，主要讲述了如何使用机器人内置的联机表单来进行运动以及逻辑信号等内容的编程。本章围绕 OrangeEdit 和 WorkVisual 这两款软件来展开，介绍如何离线进行 KUKA 机器人的编程。

5.1 OrangeEdit 软件编程

OrangeEdit 又称橘子编辑器，是一款由德国 OrangeApps 公司开发的软件，不仅可以用来编辑 KUKA 机器人程序文件（如 SRC 程序文件和 DAT 数据文件等），也可以编辑由 KUKA 机器人工程软件 WorkVisual 所创建的 wvs 格式的项目程序文件。OrangeEdit 软件可以登录 OrangeApps 官方网站（https://www.orangeapps.de）进行下载。打开官方网站，在 Downloads 或 APP STORE 选项里去查找该软件，如图 5-1 所示。

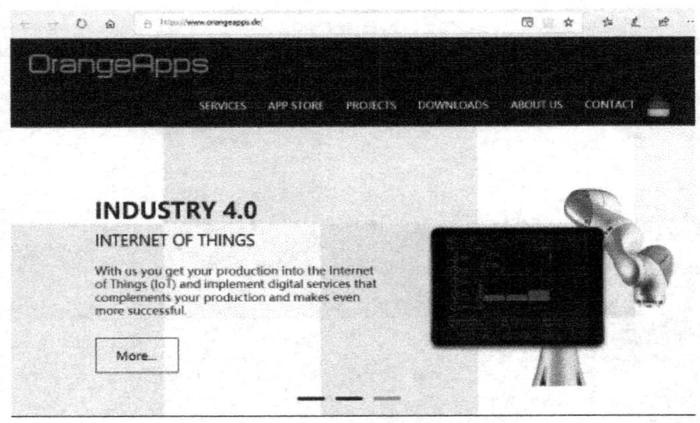

图 5-1

当找到 OrangeEdit 软件时，会发现有图 5-2 所示的四个选项供用户下载：

1）OrangeEdit Setup Admin：需要管理员权限安装的应用程序（exe 格式）。

2）OrangeEdit Setup Admin(as zip file)：需要管理员权限安装的应用程序（压缩包）。

3）OrangeEdit Setup NoAdmin：无须管理员权限安装的应用程序（exe 格式）。

4）OrangeEdit Setup NoAdmin(as zip file)：无须管理员权限安装的应用程序（压缩包）。

图 5-2

另外，对于初次使用 OrangeEdit 的用户，需要注册激活该软件。运行 OrangeEdit 软件后，弹出的使用窗口如图 5-3 所示，具体说明见表 5-1。

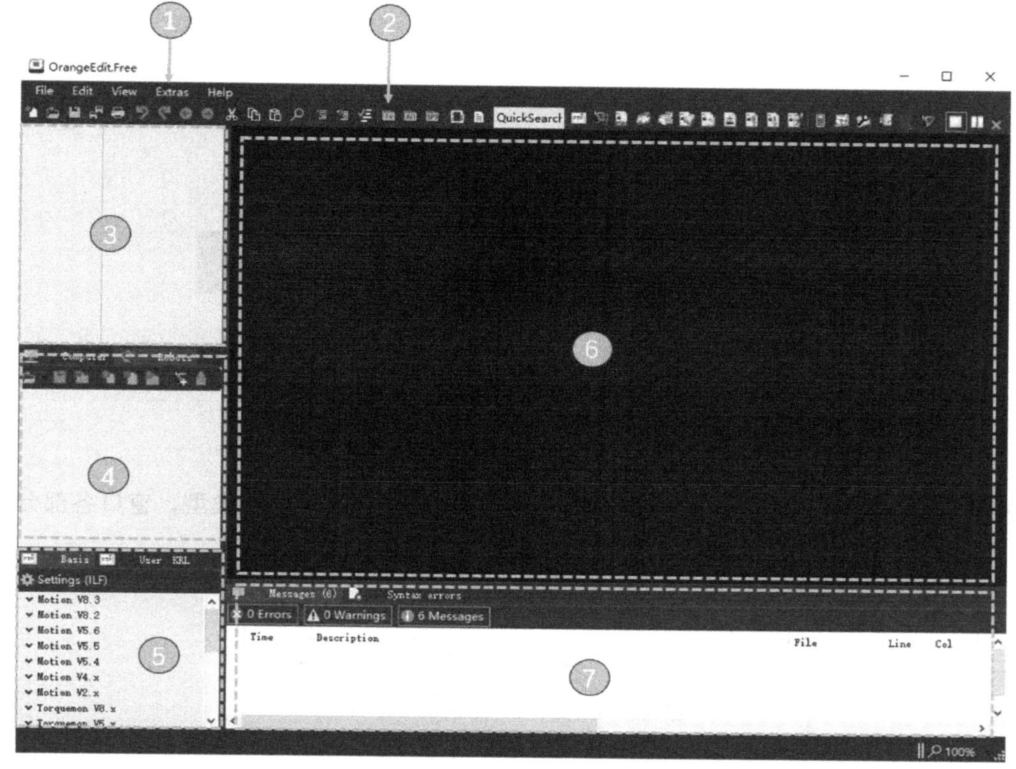

图 5-3

表 5-1

序　号	说　明
①	菜单栏
②	按键栏
③	文件编辑区：可进行创建文件、打开文件、关闭文件等操作
④	项目编辑区：可进行项目文件的打开、关闭、创建等操作
⑤	指令区：编程指令列表
⑥	程序编辑区：程序代码的编辑
⑦	信息显示区：报警及信息提示

5.1.1 创建文件

创建文件具体步骤如下：

1）运行 OrangeEdit 软件进入主操作窗口。

2）单击菜单栏的“File”或按键栏的“New”来新建一个文件，如图 5-4 所示。

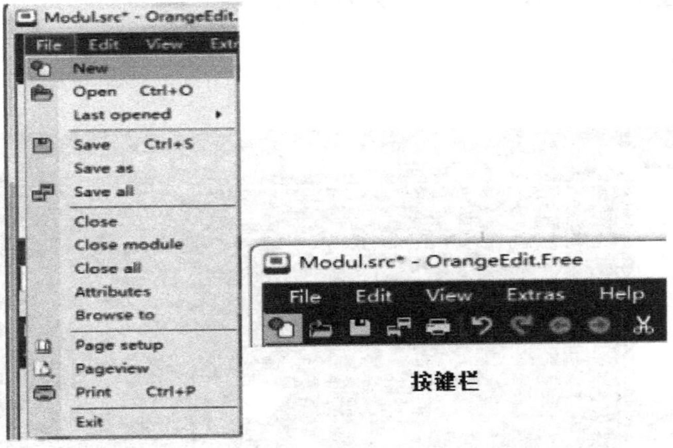

图 5-4

3）创建文件时会弹出图 5-5a 所示窗口，这里用于选择程序模板类型，窗口各部分说明见表 5-2。用 Modul 模板创建的文件如图 5-5b 所示。

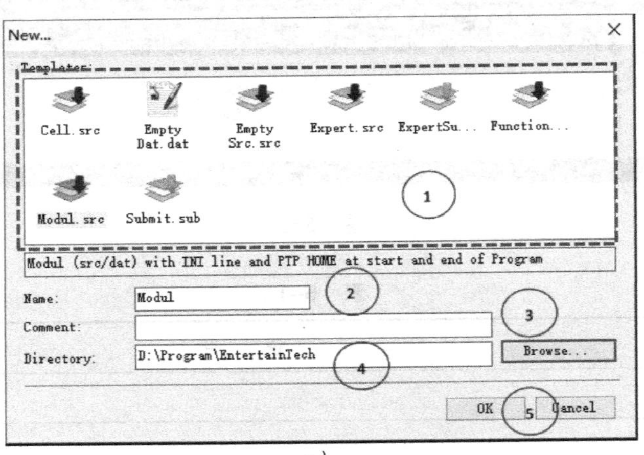

a）

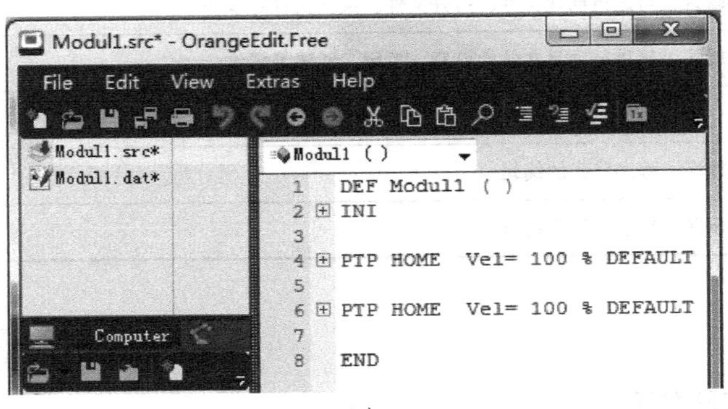

b）

图 5-5

表 5-2

序　号	说　明
①	选择程序模板： 1）Cell.src：外部分配自动运行的 src 程序 2）Empty Dat.dat：单一空白的 dat 数据文件 3）Empty Src.src：单一空白的 src 源代码文件 4）Expert.src：专家空白的程序文件，包含源代码 src 文件以及 dat 数据文件 5）ExpertSubmit.sub：专家提交解释器文件，空白的 sub 文件 6）Function.src：功能程序，一个带返回值的 src 源代码文件 7）Modul.src：已定义的模块程序，包含源代码 src 文件以及 dat 数据文件 8）Submit.sub：由 KUKA 定义好框架的提交解释器 sub 文件
②	程序命名：依据功能用途来定义，另外最好遵守驼峰准则
③	程序备注：备注该程序的功能用途，使其他用户一目了然
④	程序文件放置目录：设置所创建的文件放置路径
⑤	确认 / 放弃： 1）OK 键：当前面设置完成后，单击“OK”来完成程序文件的创建 2）Cancel 键：取消创建程序文件

4）模板创建的程序样式，如图 5-6～图 5-10 所示。其中图 5-6 为 Cell 程序模板，图 5-7 为空白源代码 / 数据模板，图 5-8 为 Expert/Function 模块，图 5-9 为 Modul 模板，图 5-10 为提交解释文件 Submit 模板。

```
DEF Cell ( )
INIT
BASISTECH INI
CHECK HOME
PTP HOME  Vel= 100 % DEFAULT
AUTOEXT INI
  LOOP
    P00 (#EXT_PGNO,#PGNO_GET,DMY[],0 )
    SWITCH  PGNO ; Select with Programnumber

    CASE 1
      P00 (#EXT_PGNO,#PGNO_ACKN,DMY[],0 ) ; Reset Progr.No.-Request
      ;EXAMPLE1 ( ) ; Call User-Program

    CASE 2
      P00 (#EXT_PGNO,#PGNO_ACKN,DMY[],0 ) ; Reset Progr.No.-Request
      ;EXAMPLE2 ( ) ; Call User-Program

    DEFAULT
      P00 (#EXT_PGNO,#PGNO_FAULT,DMY[],0 )
    ENDSWITCH
  ENDLOOP
END
```

图 5-6

```
DEF Empty Src ( )

END
```

Empty Src

```
DEFDAT Empty Dat PUBLIC

ENDDAT
```

Empty Dat

图 5-7

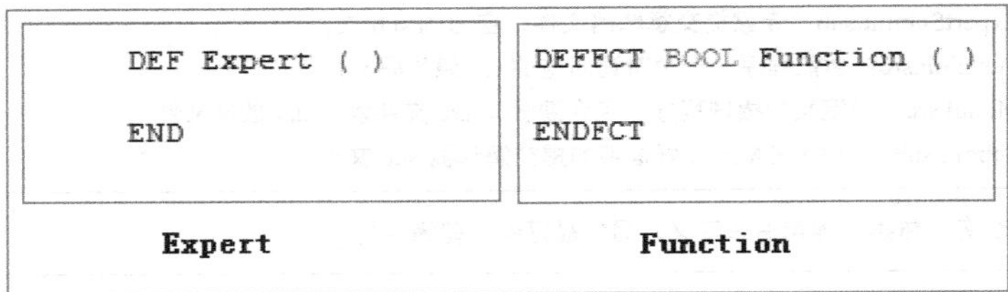

图 5-8

```
DEFDAT Modul1 PUBLIC
EXTERNAL DECLARATIONS
BASISTECH EXT
EXT  BAS (BAS_COMMAND  :IN,REAL  :IN )
DECL INT SUCCESS
USER EXT
;Make here your modifications
ENDDAT
```

Modul Dat文件

```
DEF Modul1 ( )
INI
PTP HOME  Vel= 100 % DEFAULT

PTP HOME  Vel= 100 % DEFAULT
END
```

Modul Src文件

图 5-9

```
DEF Submit ( )
DECLARATIONS
INI

LOOP
USER PLC
;Make your modifikations here

ENDLOOP

USER SUBROUTINE
;Integrate your user defined subroutines
```

图 5-10

5.1.2 运动编程

KUKA 机器人基于 SmartPad 的运动编程联机表单如图 5-11 所示，对运动编程联机表单说明见表 5-3。

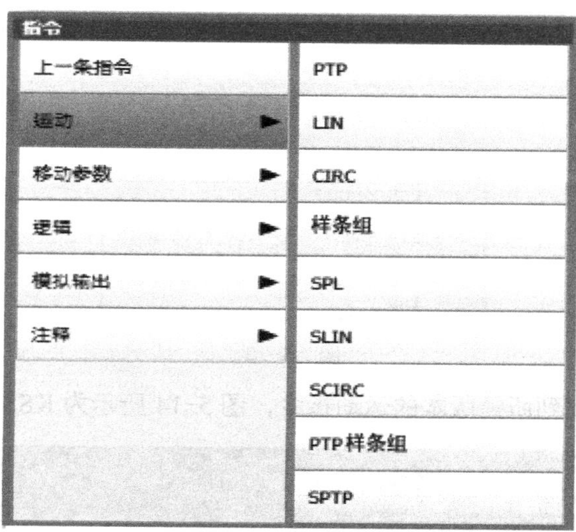

图 5-11

表 5-3

运　动	涉 及 指 令	说　明
PTP	PTP 联机表	传统指令：点到点运动
LIN	LIN 联机表	传统指令：线性运动
CIRC	CIRC 联机表	传统指令：圆弧运动
样条组	SLIN /SPL /SCIRC	S 型指令：基于连续轨迹的样条曲线运动
SPL	SPL 指令	S 型指令：只能用于连续轨迹的样条曲线运动
SLIN	SLIN 联机表	S 型指令：线性运动
SCIRC	SCIRC 联机表	S 型指令：圆弧运动
PTP 样条组	SPTP 指令	S 型指令：基于 SPTP 的样条曲线运动
SPTP	SPTP 联机表	S 型指令：点到点运动

目前 OrangeEdit 软件还不支持新开发的 S 型运动指令，据 OrangeApps 公司介绍，关于含新指令的 OrangeEdit 软件还在开发中。图 5-12 所示为目前 OrangeEdit 软件支持的运动指令版本。

Settings (ILF)
Motion V8.3
Motion V8.2
Motion V5.6
Motion V5.5
Motion V5.4
Motion V4.x
Motion V2.x

图 5-12

下面利用 OrangeEdit 软件，用 Modul 模板创建程序模块，在 SRC 程序文件中添加 PTP 和 LIN 运动指令。

1）明确运动指令所需插入的位置，如图 5-13 所示。

```
Modul1 ( )
DEF Modul1 ( )
INI
PTP HOME  Vel= 100 % DEFAULT
插入运动指令
PTP HOME  Vel= 100 % DEFAULT
END
```

图 5-13

2）在指令模板里找到所需版本的运动指令，图 5-14 所示为 KSS8.3 下的运动指令。

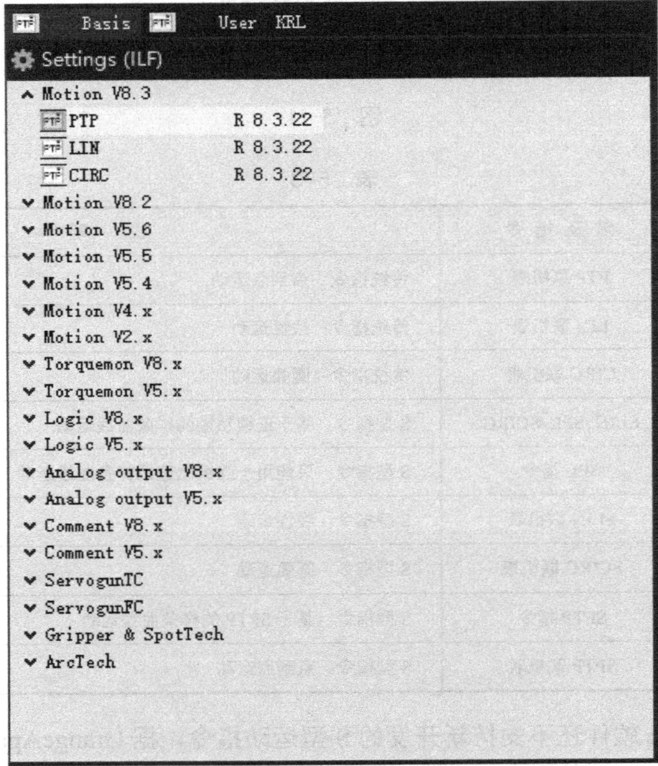

图 5-14

3）双击所选运动指令，将会在程序中自动插入该指令，如图 5-15 所示。

```
Modul ( )
DEF Modul1 ( )
INI
PTP HOME  Vel= 100 % DEFAULT

PTP  P1   Vel= 100 %  PDAT1  OK  ESC

PTP HOME  Vel= 100 % DEFAULT
END
```

图 5-15

① 指令格式如图 5-16 所示，指令说明见表 5-4。

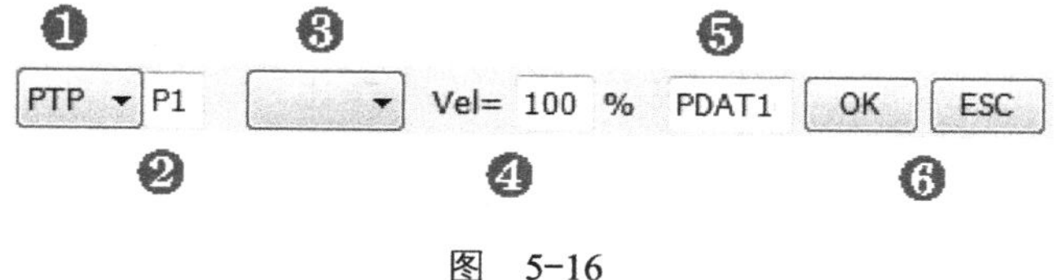

图 5-16

表 5-4

序号	说明
①	运动指令类型，比如 PTP/LIN/CIRC
②	设置目标点的名称以及工具号 / 基坐标
③	设置目标点是否采用逼近
④	设置速度的百分比
⑤	目标点运动参数
⑥	完成设置后，可以通过单击“OK”完成指令插入，单击“ESC”则取消

② 目标点的 Frames 设置如图 5-17 所示，目标点的 Frames 参数设置说明见表 5-5。

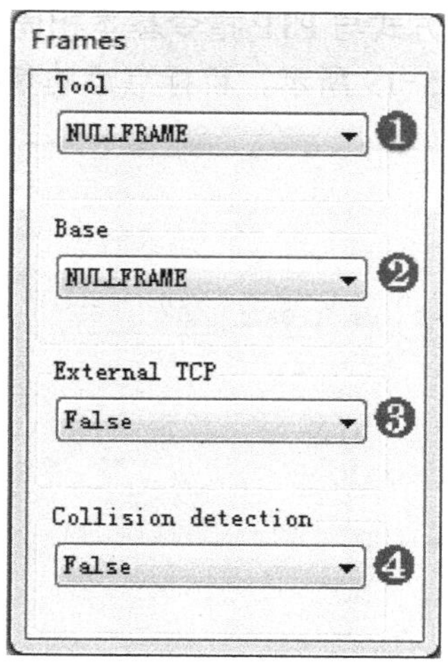

图 5-17

表 5-5

序号	说明
①	选择该目标点的工具号
②	选择该目标点的基坐标号
③	确认是外部 TCP 还是 TCP 在法兰上：FALSE 表示工具安装在法兰上
④	选择是否激活碰撞监测功能

③ PTP 指令下的目标点运动参数设置如图 5-18 所示，目标点运动参数设置说明见表 5-6。

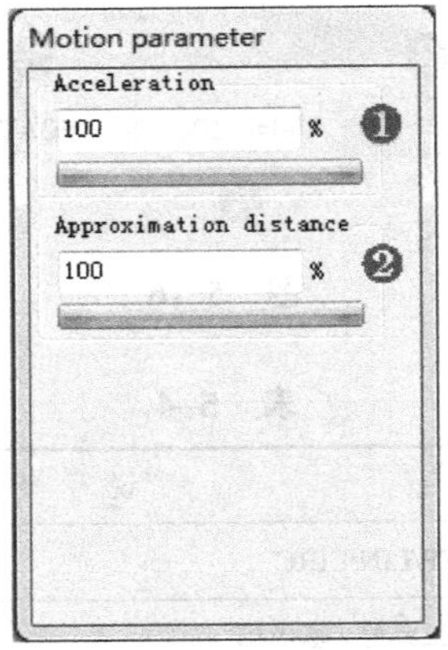

图 5-18

表 5-6

序 号	说 明
①	设置运动加速度百分比
②	设置轨迹逼近距离

④ LIN 指令添加和参数设置方式与 PTP 指令基本相同，只是目标点运动参数设置增加了一个 TCP 方向引导选择，如图 5-19 所示，目标点运动参数设置说明见表 5-7。

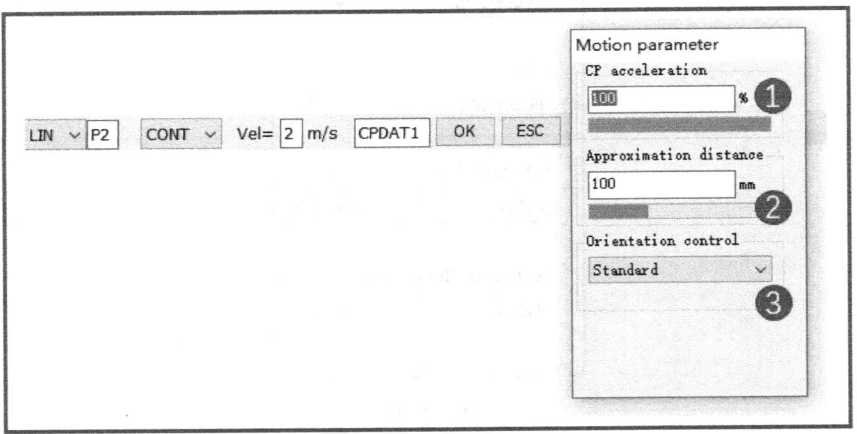

图 5-19

表 5-7

序 号	说 明
①	设置运动加速度百分比
②	设置轨迹逼近距离
③	设置 TCP 导向控制

4）设置完成后，SRC 程序文件内容如图 5-20a 所示。OrangeEdit 软件与示教器 SmartPad 的编程处理方式相似，也是在联机表单参数设置完成后，在程序模块的 DAT 数据文件中自动创建运动点和运动参数变量，这也是许多工程师乐于用 OrangeEdit 软件来进行 KUKA 机器人离线编程的原因之一。图 5-20b 所示为 DAT 数据文件程序段。其中，XP1、FP1、PPDAT1、XP2、FP2、LCPDAT1 均为 OrangeEdit 软件根据 SRC 程序文件内容，自动在 DAT 数据文件中创建的变量。

```
Modul ( )
DEF Modul1 ( )
INI
PTP HOME  Vel= 100 % DEFAULT

PTP P1  Vel=100 % PDAT1 Tool[0] Base[0]
LIN P2  Vel=2 m/s CPDAT1 Tool[0] Base[0]
PTP HOME  Vel= 100 % DEFAULT
END
```

a）

```
DEFDAT Modul1 PUBLIC
EXTERNAL DECLARATIONS
DECL BASIS_SUGG_T LAST_BASIS={POINT1[] "P2",POINT2[] "P
DECL E6POS XP1={X 689.268799,Y -2814.4231,Z 1310.35706,
DECL FDAT FP1={TOOL_NO 0,BASE_NO 0,IPO_FRAME #BASE,POIN
DECL PDAT PPDAT1={VEL 100,ACC 100,APO_DIST 100,APO_MODE
DECL E6POS XP2={X 544.550476,Y -2112.52905,Z 781.802307
DECL FDAT FP2={TOOL_NO 0,BASE_NO 0,IPO_FRAME #BASE,POIN
DECL LDAT LCPDAT1={VEL 2.0,ACC 100,APO_DIST 100,APO_FAC
ENDDAT
```

b）

图 5-20

5.1.3 逻辑信号编程

KUKA 机器人基于 SmartPad 的编程涉及逻辑信号的联机表单如图 5-21 所示，逻辑信号联机表单说明见表 5-8。

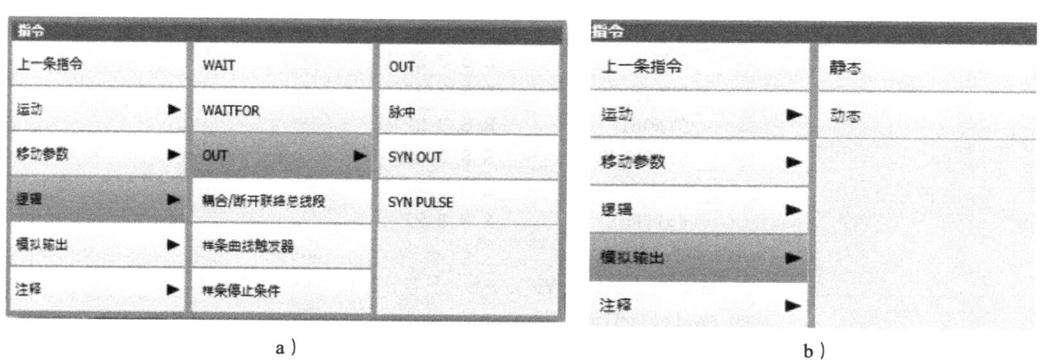

a）　　b）

图 5-21

a）数字量/脉冲输出　b）模拟量输出

表 5-8

类　别	指　令	说　明
逻辑 OUT	OUT	设置数字输出端
	脉冲	设置脉冲输出端
	SYN OUT	轨迹上设置数字输出端
	SYN PULSE	轨迹上设置脉冲输出端
模拟输出	静态	设置静态模拟量输出端
	动态	设置动态模拟量输出端
逻辑等待	WAIT FOR	等待信号
	WAIT	等待时间

目前 OrangeEdit 软件所提供的逻辑信号指令版本如图 5-22 所示。

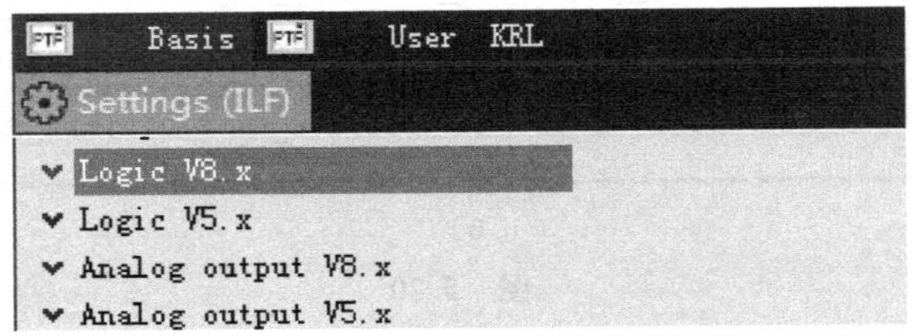

图　5-22

下面利用 OrangeEdit 软件，用 Modul 模板创建程序模块，在 SRC 程序文件中添加逻辑信号指令。

在指令模板里找到所需版本的指令，图 5-23 为 KSS8.X 下的逻辑信号指令。

```
^ Logic V8.x
    OUT            R 8.3.22
    PULSE          R 8.3.22
    SYNOUT         R 8.3.22
    SYNPULSE       R 8.3.22
    WAIT           R 8.3.22
    WAITFOR        R 8.3.22
v Logic V5.x
v Analog output V8.x
v Analog output V5.x
```

图　5-23

1）双击插入 OUT 指令，如图 5-24 所示，OUT 指令中各参数说明见表 5-9。

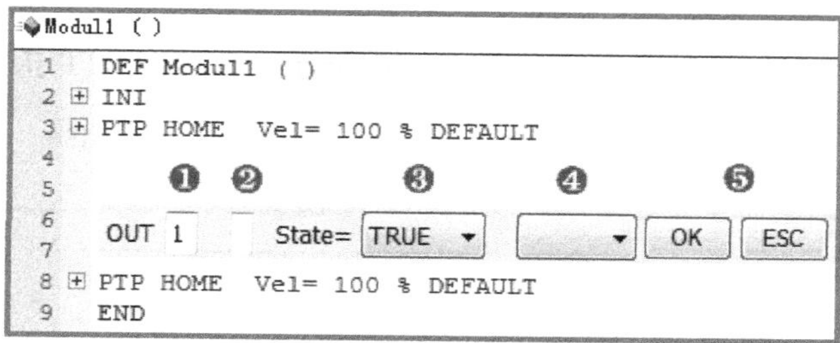

图 5-24

表 5-9

序　号	说　明
①	输出端编号
②	如果输出端已有名称则会显示出来，可通过长文本输入名称
③	输出端被切换成的状态： 1）TRUE：高电平 2）FALSE：低电平
④	1）CONT：在预进过程中处理 2）空白：带预进停止的处理
⑤	1）OK：确认插入指令 2）ESC：取消插入指令

2）双击插入 PULSE 指令，如图 5-25 所示，PULSE 指令中各参数说明见表 5-10。

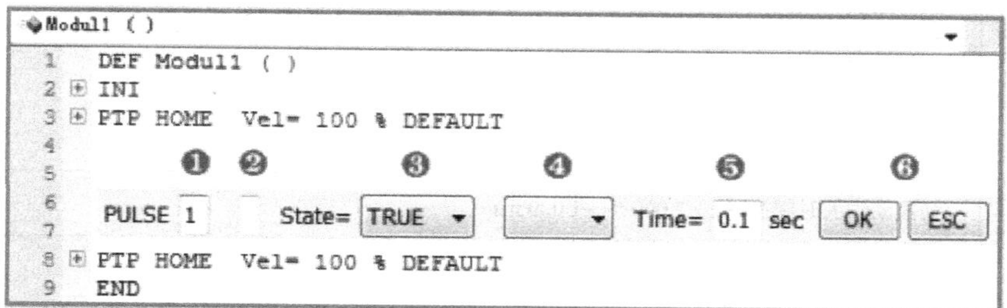

图 5-25

表 5-10

序　号	说　明
①	输出端编号
②	如果输出端已有名称则会显示出来，可通过长文本输入名称
③	输出端被切换成的状态： 1）TRUE：高电平 2）FALSE：低电平
④	1）CONT：在预进过程中处理 2）空白：带预进停止的处理
⑤	脉冲长度：0.10 ～ 3.00 s
⑥	1）OK：确认插入指令 2）ESC：取消插入指令

3）双击插入 SYN OUT 指令，如图 5-26 所示，SYN OUT 指令中各参数说明见表 5-11。

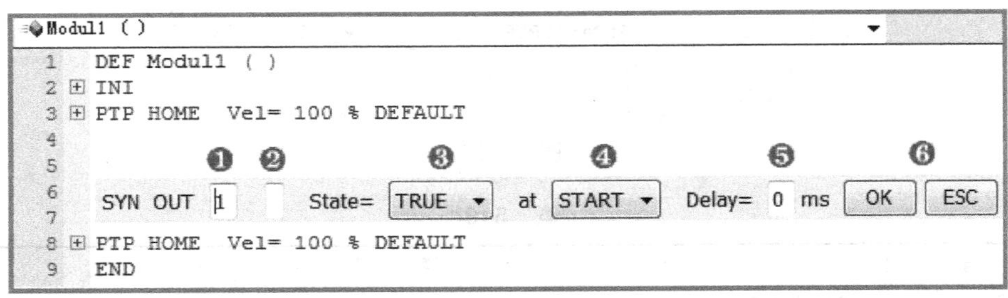

图 5-26

表 5-11

序　号	说　明
①	输出端编号
②	如果输出端已有名称则会显示出来，可通过长文本输入名称
③	输出端被切换成的状态： 1）TRUE：高电平 2）FALSE：低电平
④	以 SYN OUT 为参照的点： 1）START：运动的起始点 2）END：运动的目标点
⑤	切换动作的时间推移：−1 000 ～ +1 000 ms
⑥	1）OK：确认插入指令 2）ESC：取消插入指令

4）双击插入 SYN PULSE 指令，如图 5-27 所示，SYN PULSE 指令中各参数说明见表 5-12。

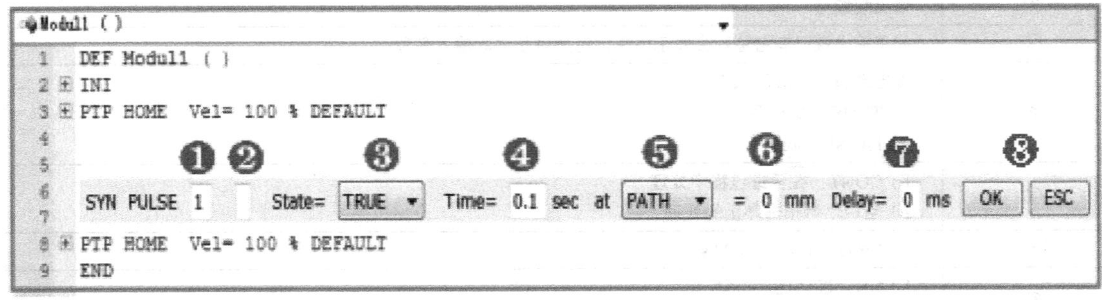

图 5-27

表 5-12

序 号	说 明
①	输出端编号
②	如果输出端已有名称则会显示出来，可通过长文本输入名称
③	输出端被切换成的状态： 1）TRUE：高电平 2）FALSE：低电平
④	脉冲持续时间：0.1 … 3 s
⑤	以 SYN PULSE 为参照的点： 1）START：运动的起始点 2）END：运动的目标点 3）PATH：以目标点为参照，还可以进行位置偏移
⑥	切换点至目标点的距离：-2 000 ～ +2 000 mm 此栏目仅在选择了 PATH 之后才会显示
⑦	切换动作的时间推移：-1 000 ～ +1 000 ms
⑧	1）OK：确认插入指令 2）ESC：取消插入指令

5）双击插入 WAIT FOR 指令，如图 5-28 所示，WAIT FOR 指令中各参数说明见表 5-13。

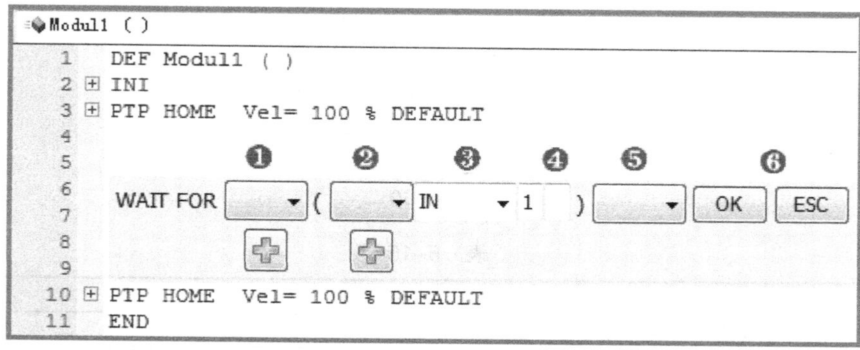

图 5-28

表 5-13

序 号	说 明
①	添加 NOT：NOT、空白 通过“加号”添加外部连接，运算符位于加括号的表达式之间，运算符可选择：AND、OR、EXOR
②	添加 NOT：NOT、空白 通过“加号”添加内部连接，运算符位于加括号的表达式之内，运算符可选择：AND、OR、EXOR
③	等待的信号类型：IN、OUT、CYCFLAG、TIMER、FLAG
④	1）信号的编号 2）如果端信号已有名称则会显示出来，可通过长文本编辑
⑤	1）CONT：在预进过程中处理 2）空白：带预进停止的处理
⑥	1）OK：确认插入指令 2）ESC：取消插入指令

6）双击插入 WAIT 时间，指令如图 5-29 所示，WAIT 指令中各参数说明见表 5-14。

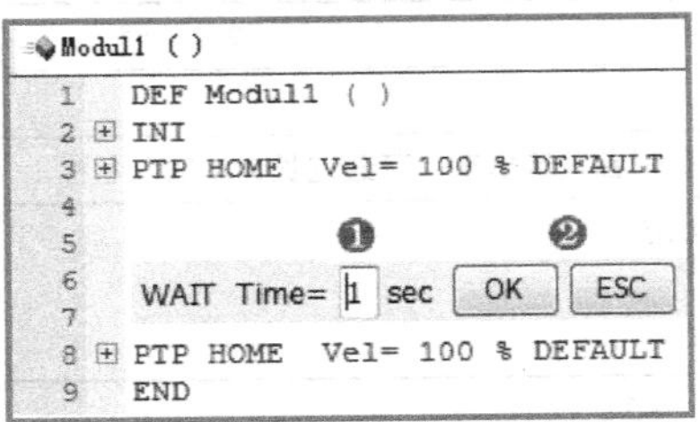

图 5-29

表 5-14

序 号	说 明
①	等待时间大于等于 0 s
②	1）OK：确认插入指令 2）ESC：取消插入指令

7）双击插入静态 ANOUT 输出，指令如图 5-30 所示，静态 ANOUT 指令中各参数说明见表 5-15。

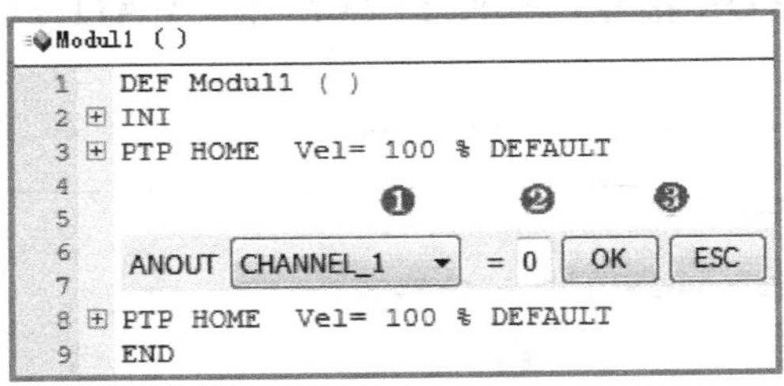

图 5-30

表 5-15

序 号	说 明
①	模拟输出端编号：CHANNEL_1 ～ CHANNEL_32
②	电压系数 0 ～ 1（分级：0.01）
③	1）OK：确认插入指令 2）ESC：取消插入指令

8）双击插入动态 ANOUT 输出，指令如图 5-31 所示，动态 ANOUT 指令中各参数说明见表 5-16。

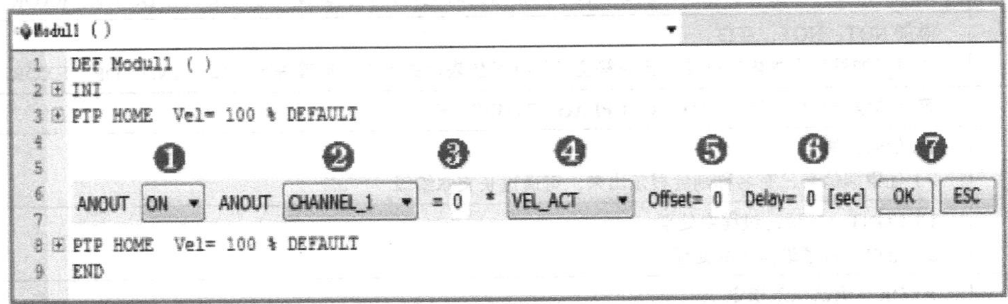

图 5-31

表 5-16

序 号	说 明
①	模拟输出端的接通或关闭： 1）ON：接通 2）OFF：关闭
②	模拟输出端编号：CHANNEL_1 ～ CHANNEL_32
③	电压系数：0 ～ 1（分级：0.01)
④	1）VEL_ACT：电压取决于速度 2）TECHVAL[1] ～ TECHVAL[6]：电压通过一个函数发生器控制
⑤	提高或降低电压的数值：-1 ～ +1（分级：0.01)
⑥	延迟（+）或提前（-）发出输出信号的时间：-0.2 ～ +0.5s
⑦	1）OK：确认插入指令 2）ESC：取消插入指令

5.1.4 流程控制编程

在 KUKA 系统的编译器里自带一些流程控制指令，其说明见表 5-17。

表 5-17

指 令	说 明
FOR … TO … ENDFOR	计数循环编程
GOTO	跳转编程
IF … THEN … ENDIF	IF 分支编程
LOOP … ENDLOOP	无限循环编程
REPEAT … UNTIL	直到型循环编程
SWITCH … CASE … ENDSWITCH	SWITCH- CASE 分支编程
WHILE … ENDWHILE	当型循环编程

在 OrangeEdit 软件中也有一些指令直接调用，如图 5-32 所示。

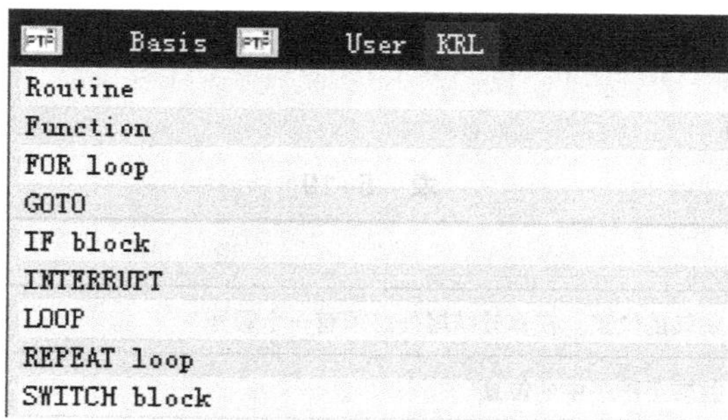

图 5-32

1. 计数循环指令

语法：FOR *计数器* = *起始值* TO *结束值* <Step *步幅*>
　　　<*指令*>
　　ENDFOR

语法说明见表 5-18。

表 5-18

元　素	说　明
计数器	类型：INT 计算循环次数的变量，预填写为起始值，必须事先声明变量
起始值 / 结束值	类型：INT 计数器必须预填写为起始值，每次循环执行结束后，计数器自动以步幅变化
步幅	类型：INT 计数器在每次循环执行时变化的数值 默认值为 1 1）正值：当计数器大于终值时，循环终止 2）负值：当计数器小于终值时，循环终止 该值不允许为零或变量

实例：初始化机器人 PTP 运动的轴关节速度 / 加速度，如图 5-33 所示。

```
Modul3 ( )
DEF Modul3 ( )
DECL INT I
INI
FOR I=1 TO 6 STEP 1
 $VEL_AXIS[I]=30
 $ACC_AXIS[I]=30
ENDFOR
END
```

图 5-33

2. 跳转指令

语法：　GOTO *标签*
　　　　⋮
标签：

语法说明见表 5-19。

表 5-19

元　素	说　明
标签	跳转的位置。在标签结尾处必须有一个冒号
GOTO	跳转至程序中的位置

实例：机器人从原点位置跳转到“LIN P3”语句位置，如图 5-34 所示。

```
Modul ( )
DEF Modul ( )
DECL INT I
INI
FOR I=1 TO 6 STEP 1
 $VEL_AXIS[I]=30
 $ACC_AXIS[I]=30
ENDFOR
PTP HOME  Vel= 100 % DEFAULT
GOTO  Label
PTP P1  Vel=100 % PDAT2 Tool[0] Base[0]
PTP P2  Vel=100 % PDAT2 Tool[0] Base[0]
Label:
LIN P3  Vel=2 m/s CPDAT1 Tool[0] Base[0]
PTP HOME  Vel= 100 % DEFAULT
END
```

图 5-34

3. IF 分支指令

语法：IF *条件* THEN
指令
<ELSE
指令>
ENDIF

语法说明见表 5-20。

表 5-20

元素	说明
条件	类型：BOOL 可能性： 1）BOOL 类型变量 2）运算，例如与 BOOL 类型结果的比较 3）BOOL 类型函数

实例：当机器人输入端 1 为高电平时，输出端 1 为高电平，否则输出端 2 为高电平，如图 5-35 所示。

```
Modul3 ( )
DEF Modul3 ( )
INI
IF $in[1]==TRUE THEN
 $out[1]=TRUE
ELSE
 $out[2]=TRUE
ENDIF
PTP HOME  Vel= 100 % DEFAULT
END
```

图 5-35

4. 无限循环指令

语法：LOOP
指令块
ENDLOOP

语法说明：连续重复指令块的循环。可以用 EXIT 离开循环。

实例：当输入端 1 为高电平时，跳出 LOOP 循环，如图 5-36 所示。

```
Modul4 ( )
DEF Modul4 ( )
INI
PTP HOME  Vel= 100 % DEFAULT
LOOP
PTP P1  Vel=100 % PDAT1 Tool[0] Base[0]
CIRC P2 P3  Vel=2 m/s CPDAT1 Tool[0] Base[0]
 IF $IN[1]==TRUE THEN
  EXIT
 ENDIF
ENDLOOP
PTP HOME  Vel= 100 % DEFAULT
END
```

图 5-36

5. 直到型循环指令

语法： REPEAT
　　　　指令
　　　UNTIL *终止条件*

在每次循环执行之后检查条件，如果满足条件，则执行 UNTIL 行后的程序。语法说明见表 5-21。

表 5-21

元　素	说　明
终止条件	类型：BOOL 可能性： 1）BOOL 类型变量 2）运算，例如与 BOOL 类型结果的比较 3）BOOL 类型函数

实例：当 R 大于 110 时跳出自增过程，如图 5-37 所示。

```
Modul5 ( )
DEF Modul5 ( )
DECL INT R
INI
R=100
REPEAT
 R=R+1
UNTIL R>110
END
```

图 5-37

6. SWITCH–CASE 多分支指令

语法：　　SWITCH *选择标准*

　　CASE *标记 1* <, *标记 2*,…>

　　　　指令块

　　CASE *标记 M* <, *标记 N*,…>

　　　　指令块

　　DEFAULT

　　　　默认指令块

　　ENDSWITCH

语法参数说明见表 5–22。

表　5–22

元　素	说　明
选择标准	类型：INT、CHAR、ENUM 可能是所述数据类型的变量、功能调用或表达式
标记	类型：INT、CHAR、ENUM 标记的数据类型必须与选择标准的数据类型一致 一个指令块可以有任意多的标记。多个标记必须通过逗号相互隔开

实例：当 PROG_NUM 取不同的值，执行不同的程序，如图 5–38 所示。

```
Modul2 ( )
DEF Modul2 ( )
DECL INT PROG_NUM
INI
PROG_NUM=1
SWITCH PROG_NUM
CASE 1
PTP P1  Vel=100 % PDAT2 Tool[0] Base[0]
CASE  2
PTP P2  Vel=100 % PDAT3 Tool[0] Base[0]
DEFAULT
PTP P3  Vel=100 % PDAT4 Tool[0] Base[0]
ENDSWITCH
END
```

图　5–38

7. 当型循环指令

语法：　WHILE *重复条件*

　　　　指令块

　　ENDWHILE

语法参数说明见表 5–23。

表 5-23

元　素	说　明
重复条件	类型：BOOL 可能性： 1）BOOL 类型函数 2）运算，例如与 BOOL 类型结果的比较 3）BOOL 类型变量

实例：当 R<110 时做自加操作，如图 5-39 所示。

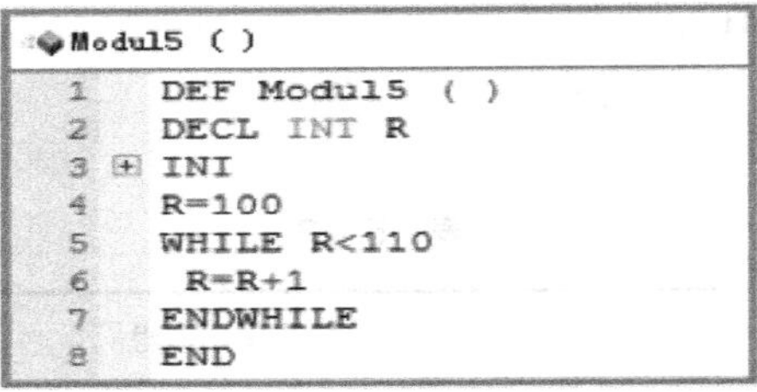

```
Modul5 ( )
DEF Modul5 ( )
DECL INT R
INI
R=100
WHILE R<110
 R=R+1
ENDWHILE
END
```

图 5-39

5.1.5 模板的应用

1. 模板文件的加载

OrangeEdit 软件创建一个程序时会弹出图 5-40 所示的窗口，提示选择程序模板。程序模板是为了方便用户选择固定的程序样式，从而提高开发效率。

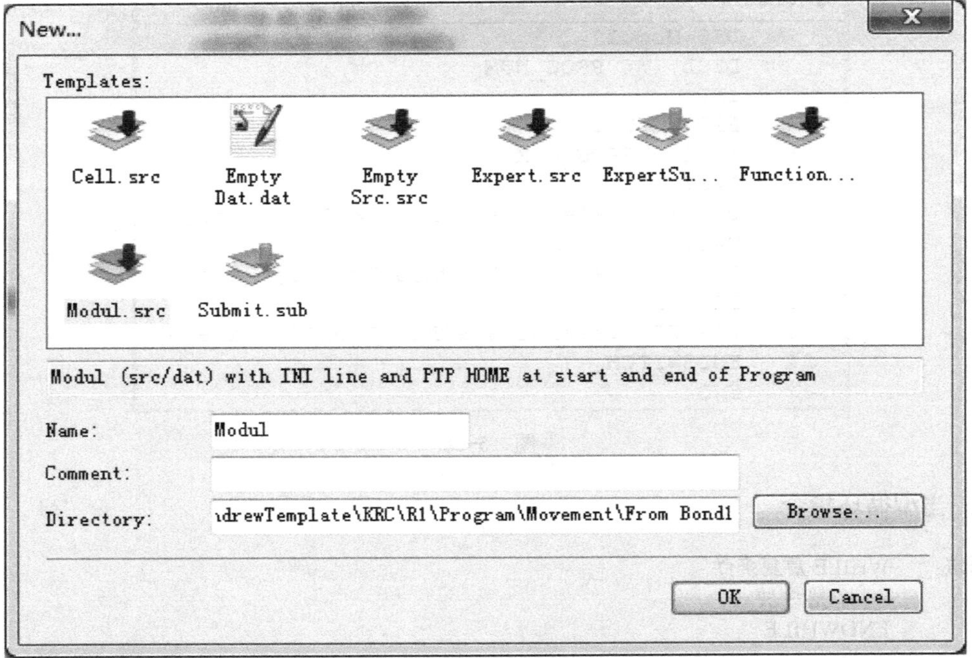

图 5-40

用户也可以根据需要，自行定义模板或引用现成的模板到 OrangeEdit 软件中。下面以添加一个 EthernetKRL 的配置模板为例，介绍模板的添加过程。

1）准备一个 EthernetKRL 的配置文件，为一个 XML 文件，如图 5-41 所示。

```
<ETHERNETKRL>
      <CONFIGURATION>
            <EXTERNAL>
                  <IP>x.x.x.x</IP>
                  <PORT>59152</PORT>
            </EXTERNAL>
      </CONFIGURATION>
      <RECEIVE>
            <RAW>
                  <ELEMENT Tag="Buffer" Type="BYTE" Set_Flag="1" Size="10"/>
            </RAW>
      </RECEIVE>
      <SEND/>
</ETHERNETKRL>
```

图 5-41

2）将该 XML 文件模板复制到路径 C:\Program Files(x86)\OrangeEdit\template，并命名为 ConfigCamera，如图 5-42 所示。

▸ 计算机 ▸ 本地磁盘 (C:) ▸ Program Files (x86) ▸ OrangeEdit ▸ template ▸

(E) 查看(V) 工具(T) 帮助(H)

包含到库中 ▾ 共享 ▾ 新建文件夹

名称	修改日期	类型	大小
Submit	2011/10/13 22:37	媒体文件(.sub)	1 KB
ExpertSubmit	2011/10/13 22:38	媒体文件(.sub)	1 KB
ConfigCamera	2015/12/14 8:59	XML 文档	1 KB
Motion_Template.Z...	2019/7/23 16:03	WinRAR ZIP 压缩...	134 KB
KRC4_8.2	2013/10/30 17:34	WinRAR ZIP 压缩...	58 KB
Modul	2011/10/13 22:37	SrcFile	1 KB
Function	2011/10/13 22:38	SrcFile	1 KB
Expert	2011/10/13 22:38	SrcFile	1 KB

图 5-42

3）用 OrangeEdit 软件创建一个以 ConfigCamera 为模板的文件，如图 5-43 所示，该文件是一个 XML 文件。

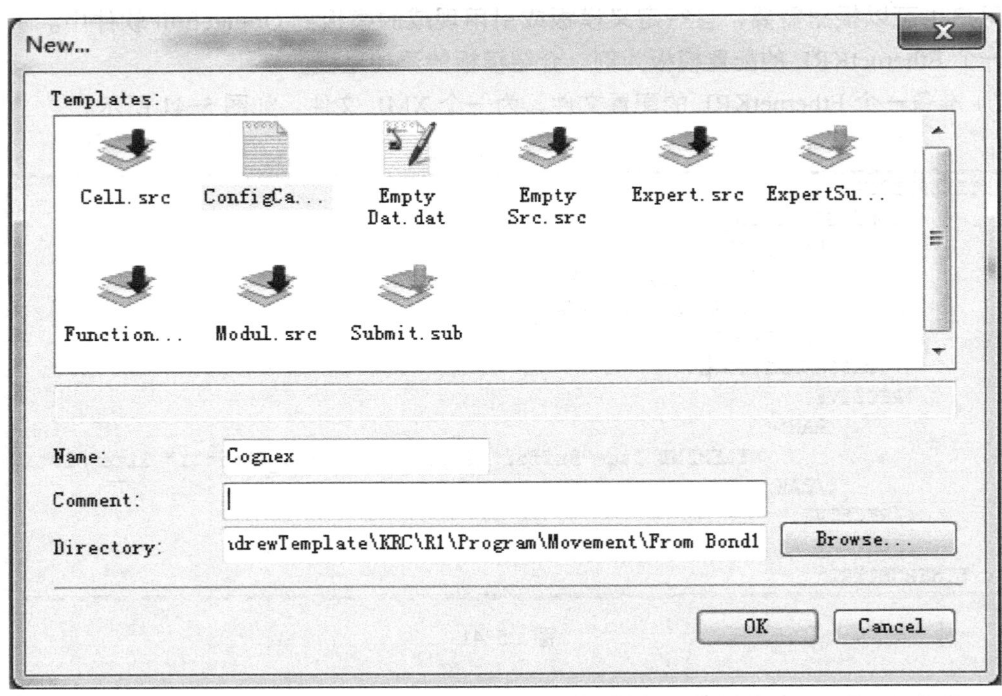

图 5-43

4）在 OrangeEdit 软件中打开该文件，并根据现有的程序模板修改需要的参数，比如修改 IP 地址为 172.31.1.10，如图 5-44 所示。

```
<ETHERNETKRL>
      <CONFIGURATION>
            <EXTERNAL>
                  <IP>172.31.1.10</IP>
                  <PORT>59152</PORT>
            </EXTERNAL>
      </CONFIGURATION>
      <RECEIVE>
            <RAW>
                  <ELEMENT Tag="Buffer" Type="STREAM" Set_Flag="1" Size="128"/>
            </RAW>
      </RECEIVE>
      <SEND/>
</ETHERNETKRL>
```

图 5-44

2. 添加定制的联机表单

通过添加 KUKA 软件包 UserTech 的 KFD 文件，来扩大项目中需要用的程序指令库，具体添加步骤如下：

1）将编写的 KFD 文件复制到此目录，如图 5-45 所示。

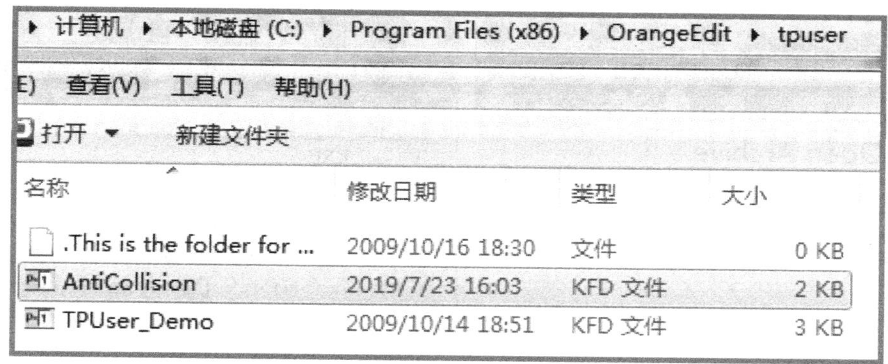

图 5-45

2）打开 OrangeEdit 软件，增加了图 5-46 所示的联机表单。

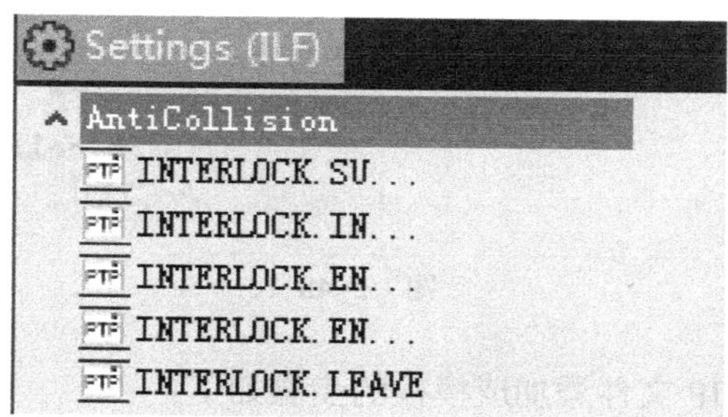

图 5-46

3）在 OrangeEdit 软件中，使用新增的联机表单，如图 5-47 所示。

```
Modul ( )
DEF Modul ( )
INI

PTP HOME  Vel= 100 % DEFAULT

 INTERLOCK. SURVEILLANCE  OK  ESC


END
```

图 5-47

3. 添加项目模板

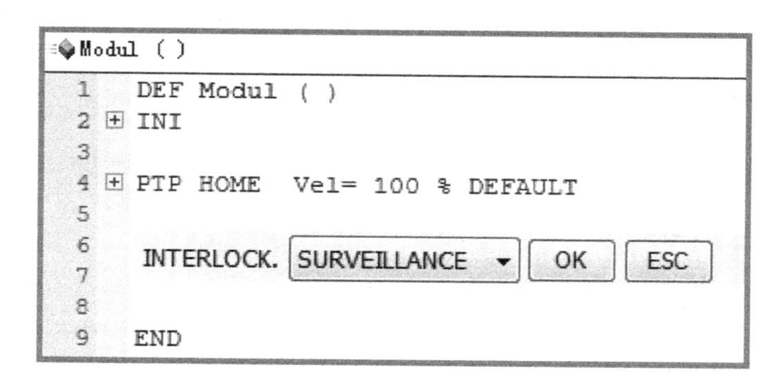

可以将现有项目作为模板，当作标准的程序框架，例如将项目文件压缩为名称是 Motion_Template.ZIP 的文件，用 OrangeEdit 打开，查看具体项目内容，其中文件夹 Movement 中的文件是可用来参考的框架程序，如图 5-48 所示。

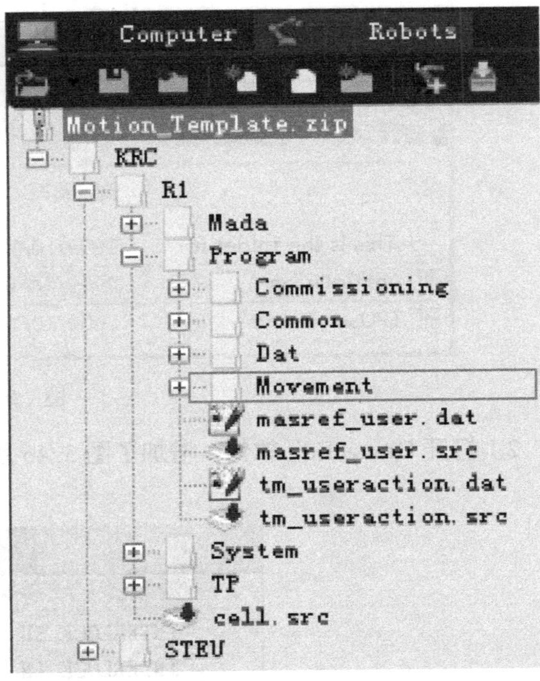

图 5-48

将 Motion_Template.ZIP 文件添加成模板的步骤如下：

1）将该文件复制到路径 C:\Program Files(x86)\OrangeEdit\template 文件夹，如图 5-49 所示。

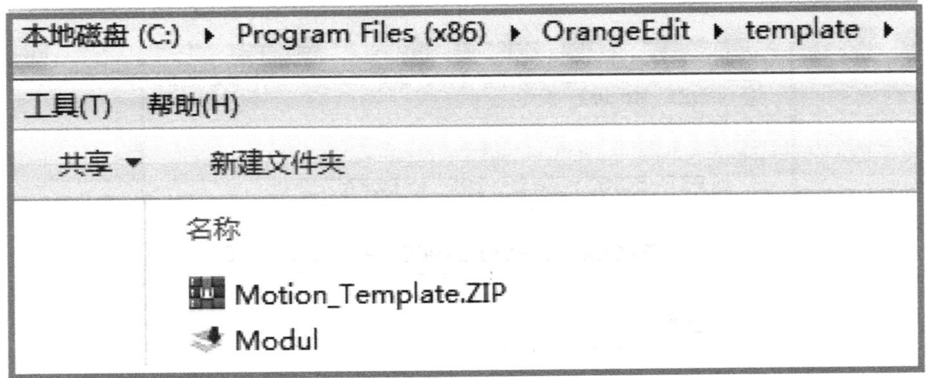

图 5-49

2）新建一个项目，此时弹出模板选择窗口，可以看到上一步加入的 Motion_Template 项目模板可以使用，如图 5-50 所示。

3）打开新建项目，框架程序文件夹 Movement 被自动加入新项目中，文件夹 Movement 中的文件是可用来参考的框架程序，如图 5-51 所示。

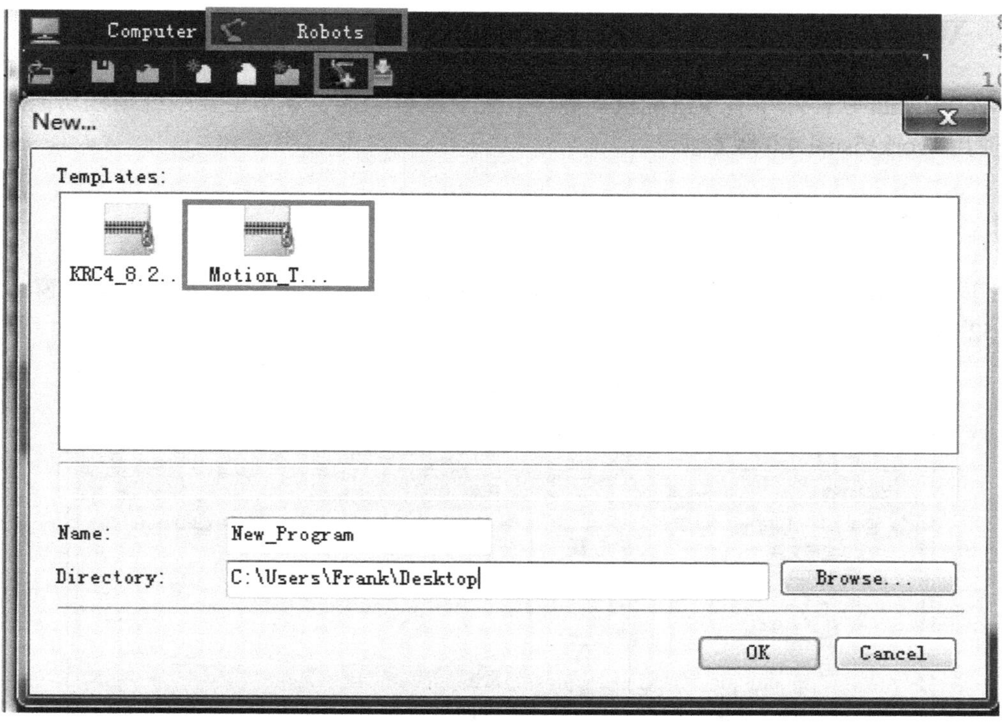
Computer
Robots
New...
Templates:
KRC4_8.2..
Motion_T...
Name:
New_Program
Directory:
C:\Users\Frank\Desktop
Browse...
OK
Cancel

图 5-50

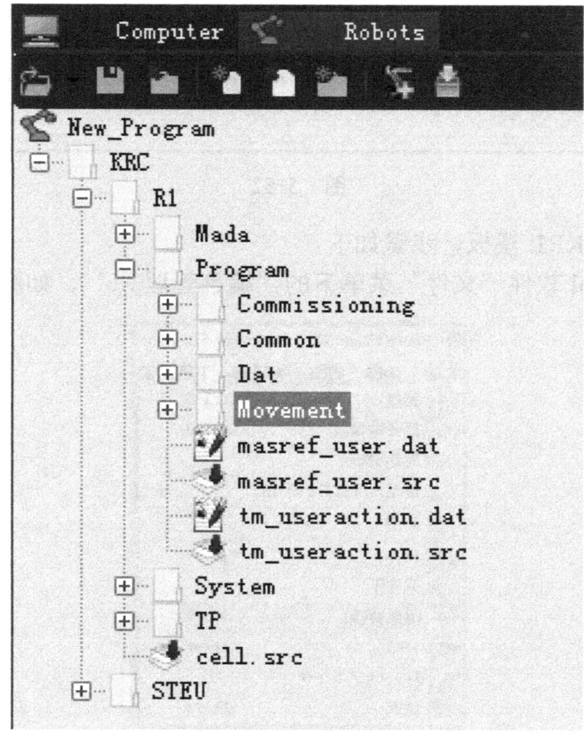
Computer
Robots
New_Program
KRC
R1
Mada
Program
Commissioning
Common
Dat
Movement
masref_user.dat
masref_user.src
tm_useraction.dat
tm_useraction.src
System
TP
cell.src
STEU

图 5-51

5.2 WorkVisual 软件编程

WorkVisual 软件除了有系统配置功能外，还有编程功能，本节主要围绕编程功能展开。本书使用 WorkVisual 4.0 版本。

5.2.1 创建程序模块

1）用 WorkVisual 软件打开工程项目，并将工程配置窗口切换至文件编辑窗口，如图 5-52 所示。

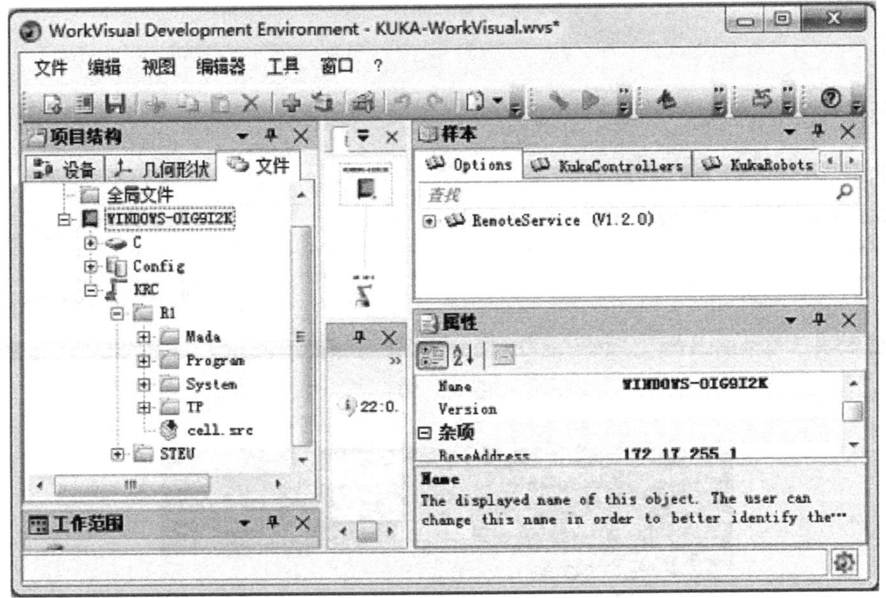

图 5-52

2）在项目中添加 KRL 模板，步骤如下：

① 单击 WorkVisual 软件“文件”菜单下的“编目管理 ...”，如图 5-53 所示。

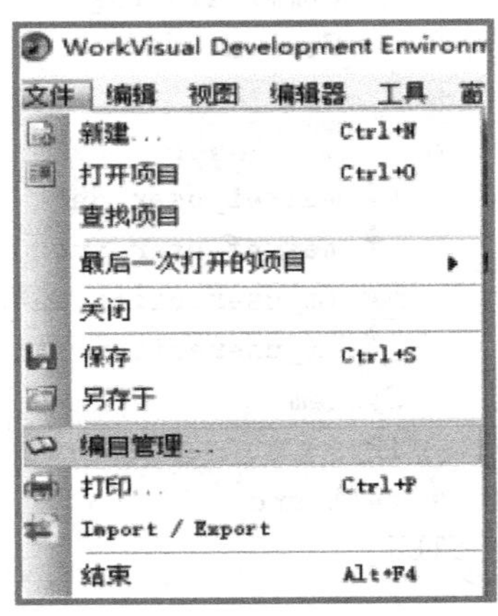

图 5-53

② 将左侧可用名录下的 KRL Templates 和 VW Templates 右移到项目名录中，如图 5-54 所示。

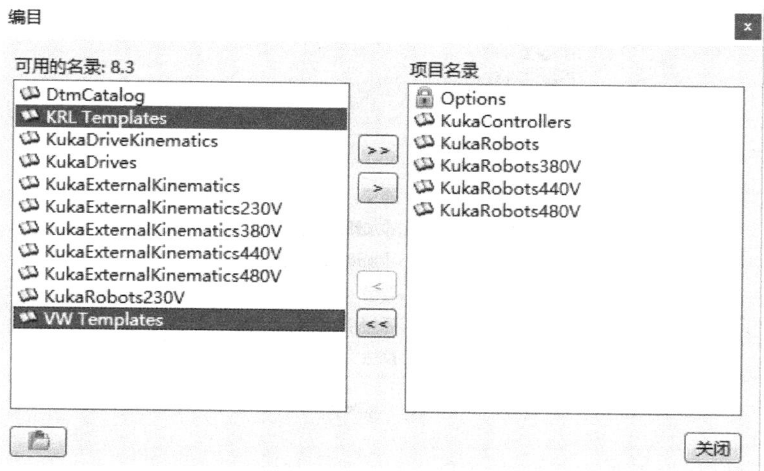

图 5-54

③ 此时在右侧样本里显示出可用的 KRL 程序模板，如图 5-55 所示。

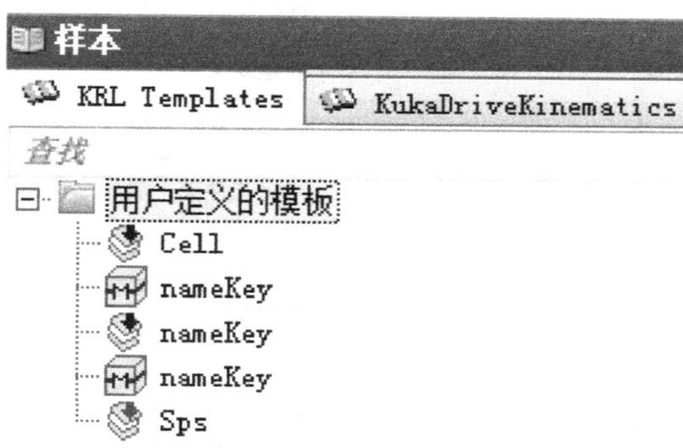

图 5-55

将 WorkVisual 软件切换成英文，切换方式为：单击“菜单”→“工具”→“选项”→“本地化”→“语言”，重新启动系统。此时在右侧样本里显示出可用的 KRL 程序模板名称，如图 5-56 所示。

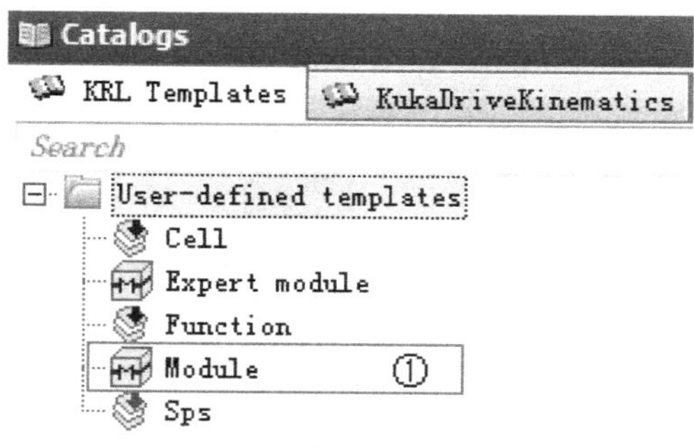

图 5-56

④ 选择需要对文件进行操作的文件夹（R1\Program），右击，弹出图 5-57 所示的选择图框，说明见表 5-24。

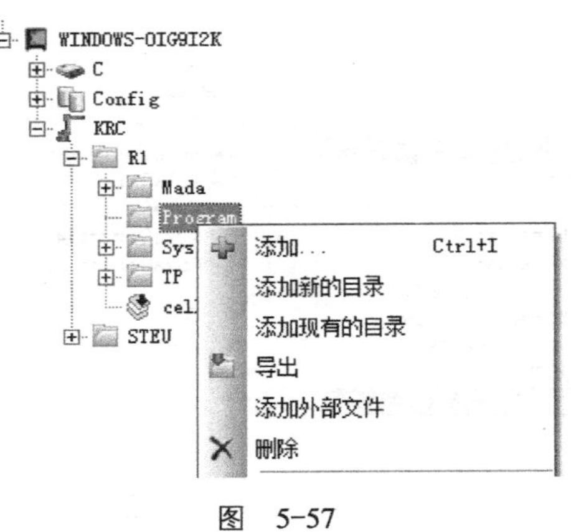

图 5-57

表 5-24

操 作	说 明
添加	创建新程序文件
添加新的目录	创建新文件夹
添加现有的目录	添加已有文件夹
导出	导出文件夹下的程序文件
添加外部文件	从外部导入程序文件
删除	删除文件夹及其文件

⑤ 右击“R1”下的“Program”，选择“添加新的目录”，增加新文件夹名称为“Project”；右击“Project”文件夹，在英文状态下，可以选择添加图 5-56 中的“Module”模板，输入文件名称为“ModulPro”，如图 5-58 所示。为了方便操作，此时可将软件切换成中文，重启 WorkVisual 软件。

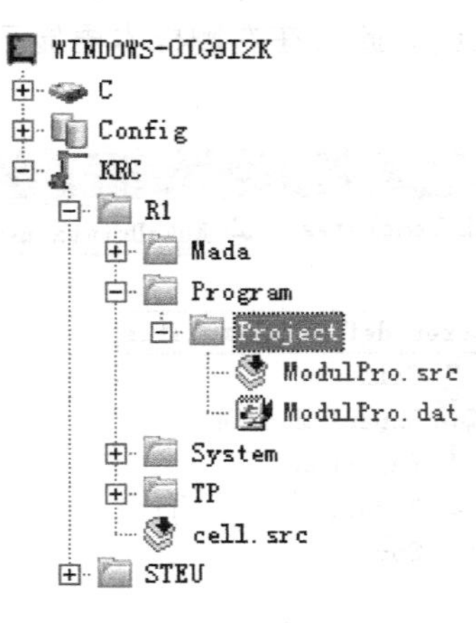

图 5-58

5.2.2 运动编程

程序模块ModulPro包含两个子文件：

1）ModulPro.src：程序文件。

2）ModulPro.dat：数据文件。

相比OrangeEdit软件，WorkVisual软件在联机表单编程上就没有那么方便，它需要分别对SRC和DAT文件进行编程操作。接下来以创建PTP运动功能为例，介绍运动指令编程过程。

1）打开ModulPro.src文件，插入PTP运动指令，如图5-59所示。

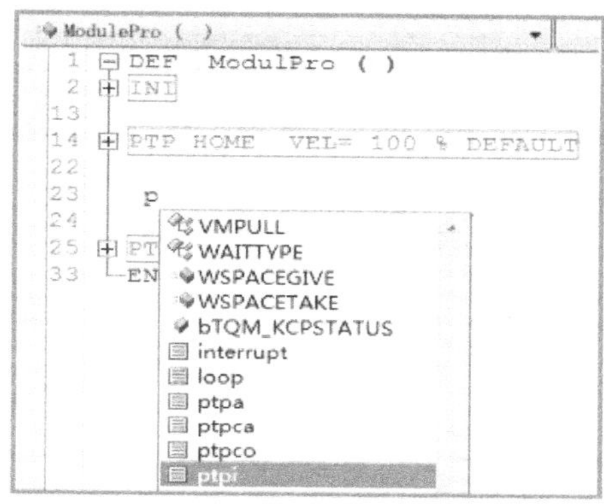

图 5-59

供用户选择的PTP指令集说明见表5-25。

表 5-25

指　　令	说　　明
ptpa	轴坐标系，如PTP {A1 0,A2 -90,A3 90,A4 0,A5 0,A6 0}
ptpca	笛卡儿坐标系，如PTP {X 800,Y -800,Z 180,A 90,B -10,C 25}
ptpco	PTP带逼近，如PTP P1 C_PTP
ptpi	PTP联机表指令
ptprel	相对运动，如PTP_REL{X 100, Y 0, Z 0}
sptpi	SPTP联机表指令

以添加ptpi联机表指令为例，将该指令添加到SRC程序文件中，如图5-60所示。打开PTP折合，构成ptpi联机表的KRL语句逐条显示出来，其中红色（图5-60中画波浪线处）错误提醒是因为关于P1点及相关的运动数据还没有在DAT数据文件中定义。

```
ModulePro ( )
DEF  ModulPro ( )
  INI
  PTP HOME  VEL= 100 % DEFAULT
      ;FOLD PTP P1 Vel=100 % PDATP1 Tool[1] Base[0];
      $BWDSTART=FALSE
      PDAT_ACT=PPDATP1
      FDAT_ACT=FP1
      BAS(#PTP_PARAMS,100)
      PTP XP1
    ;ENDFOLD
  PTP HOME  VEL= 100 % DEFAULT
END
```

图 5-60

2）打开 ModulPro.dat 文件，如图 5-61 所示，定义 ptpi 联机表所产生的变量，变量正确定义后，如图 5-62 所示，SRC 文件内的红色错误提醒恢复正常。在运动点和运动数据定义过程中，会涉及 KRL 运动指令以及 KUKA 数据结构的知识。如利用联机表创建的运动指令目标点为“P1”，那么在数据文件中，无论是 SmartPad 和 OrangeEdit 软件自动定义的变量，还是 WorkVisual 软件手动定义的变量，对应的变量名称都为“XP1”。

```
XP1(E6POS)
DEFDAT ModulPro
EXTERNAL DECLARATIONS
DECL E6POS XP1={X 0.0,Y 0.0,Z 0.0,A 0.0,B 0.0,C 0.0,S 0,T 0,
                E1 0.0,E2 0.0,E3 0.0,E4 0.0,E5 0.0,E6 0.0}
DECL FDAT FP1={TOOL_NO 0,BASE_NO 0,IPO_FRAME #BASE,
                POINT2[] " ",TQ_STATE FALSE}
DECL PDAT PPDATP1={VEL 100,ACC 100,APO_DIST 100,
                APO_MODE #CPTP,GEAR_JERK 50}
ENDDAT
```

图 5-61

```
ModulePro ( )
DEF  ModulPro ( )
INI
PTP HOME  VEL= 100 % DEFAULT
    ;FOLD PTP P1 Vel=100 % PDATP1 Tool[1] Base[0];
    $BWDSTART=FALSE
    PDAT_ACT=PPDATP1
    FDAT_ACT=FP1
    BAS(#PTP_PARAMS,100)
    PTP XP1
  ;ENDFOLD
PTP HOME  VEL= 100 % DEFAULT
END
```

图 5-62

3）使用 KUKA 的工程软件 WorkVisual 进行编程时，当输入某些指令的简写如“p”，如图 5-59 所示，与“p”相关的指令集都会出现以供选择。这个功能在 WorkVisual 里是通过 snippet 文件实现的；对于运动指令，WorkVisual4.0 目前只提供了 PTP 指令集的 snippet 文件。如图 5-63 所示，用户可以自己定义 snippet 文件并加载到 WorkVisual4.0 软件中。

名称	修改日期	类型
lin	2019/7/24 15:42	Visual Studio Code Snippet File
scirc	2019/7/24 15:45	Visual Studio Code Snippet File
slin	2019/7/24 15:45	Visual Studio Code Snippet File
sptp	2019/7/24 15:45	Visual Studio Code Snippet File

图 5-63

自定义的 snippet 文件加载成功后，例如在 WorkVisual 软件里输入 lin 指令简写，就可以把涉及 lin 运动的指令集完整显示出来以供选择，如图 5-64 所示。

ModulePro ( )
DEF ModulPro ( )
INI
PTP HOME VEL= 100 % DEFAULT
PTP P1 VEL=100 % PDATP1 TOOL[1] BASE[0]
lin
$SYNCLINESELECTMAS
CYLINDER
SPLINE_PARA_VARIANT
lin
linco
lini
linrel
slini

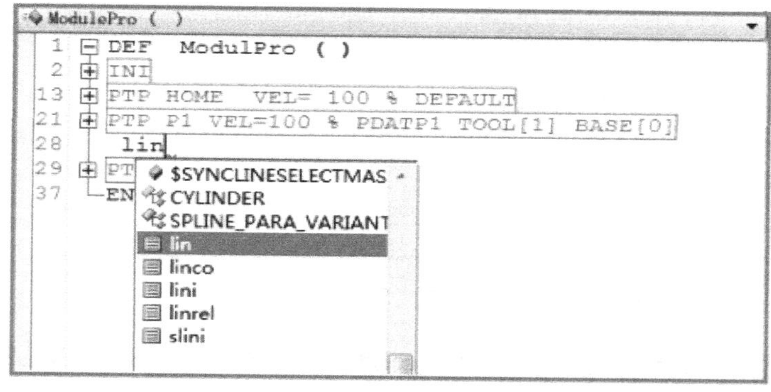

图 5-64

5.2.3 逻辑信号编程

对于逻辑信号指令，在 WorkVisual 软件里并没有像 OrangeEdit 一样的联机表单可供选择，这里需要手动输入 KRL 指令。

1）逻辑输出指令（功能同 OrangeEdit 联机表单中的 OUT 指令）示例，如图 5-65 所示。

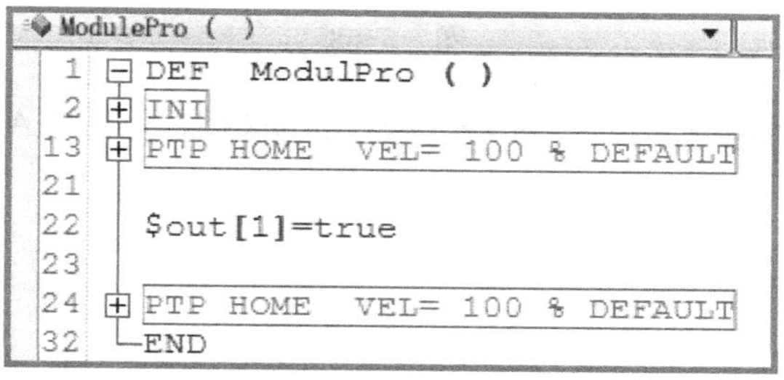

ModulePro ( )
DEF ModulPro ( )
INI
PTP HOME VEL= 100 % DEFAULT
$out[1]=true
PTP HOME VEL= 100 % DEFAULT
END

图 5-65

2）脉冲信号输出指令（功能同 OrangeEdit 联机表单中的 PULSE 指令）示例，如图 5-66 所示。

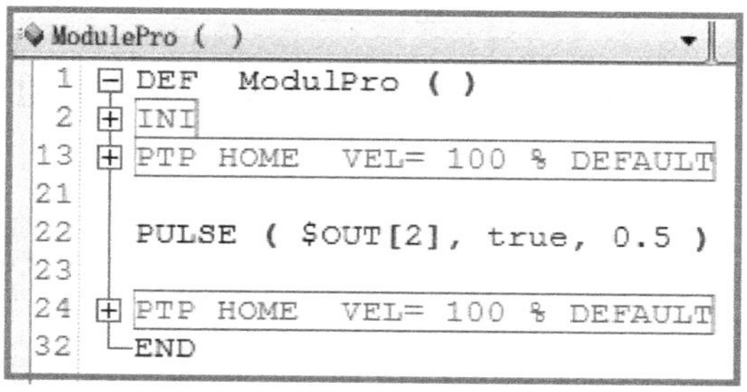

ModulePro ( )
DEF ModulPro ( )
INI
PTP HOME VEL= 100 % DEFAULT
PULSE ($OUT[2], true, 0.5)
PTP HOME VEL= 100 % DEFAULT
END

图 5-66

3）轨迹上数字输出指令（功能同 OrangeEdit 联机表单中的 SYN OUT 指令）示例，如图 5-67 所示。

```
DEF  ModulPro ( )
   ;FOLD INI;%{PE}
BASISTECH INI
USER INI
   ;ENDFOLD (INI)

PTP HOME  VEL= 100 % DEFAULT
 ;Insert logic Command Here
TRIGGER WHEN DISTANCE = 0 DELAY = 0 DO $OUT[1]

PTP HOME  VEL= 100 % DEFAULT
END
```

图 5-67

4）轨迹上脉冲输出指令（功能同 OrangeEdit 联机表单中的 SYN PULSE 指令）示例，如图 5-68 所示。

```
ModulePro ( )
DEF  ModulPro ( )
INI
PTP HOME  VEL= 100 % DEFAULT

TRIGGER WHEN DISTANCE =0 DELAY = 3 DO PULSE ( $OUT[1], true, 0.5 )

PTP HOME  VEL= 100 % DEFAULT
END
```

图 5-68

5）静态模拟量输出指令（功能同 OrangeEdit 联机表单中的 ANOUT 指令）示例，如图 5-69 所示。

```
ModulePro ( )
DEF  ModulPro ( )
INI
PTP HOME  VEL= 100 % DEFAULT

$ANOUT=0.5

PTP HOME  VEL= 100 % DEFAULT
END
```

图 5-69

6）等待信号指令（功能同 OrangeEdit 联机表单中的 WAIT FOR 指令）示例，如图 5-70 所示。

```
ModulePro ( )
DEF  ModulPro ( )
INI
PTP HOME  VEL= 100 % DEFAULT

WAIT FOR $IN[1]

PTP HOME  VEL= 100 % DEFAULT
END
```

图 5-70

7）等待时间指令（功能同 OrangeEdit 联机表单中的 WAIT 指令）示例，如图 5-71 所示。

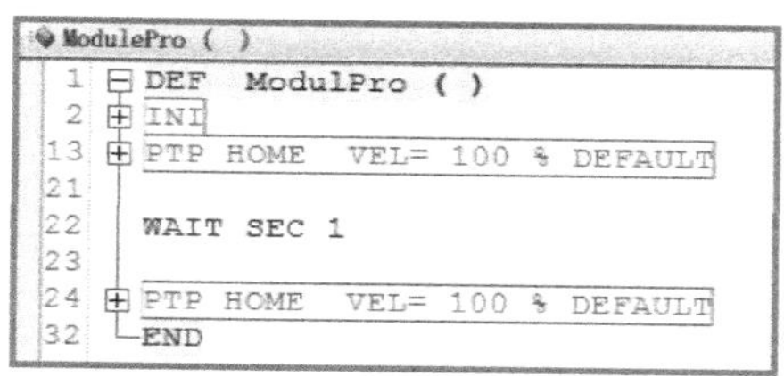

图 5-71

5.2.4 流程控制编程

下面介绍利用 WorkVisual 软件来实现流程控制的编程，示例程序中涉及的变量已在 $config.dat 中声明。

1）计数循环指令示例，如图 5-72 所示。

2）跳转指令示例，如图 5-73 所示。

```
ModulePro ( )
DEF ModulPro ( )
FOR I=1 TO 6
  $VEL_AXIS[I]=30
  $ACC_AXIS[I]=50
ENDFOR
END
```

图 5-72

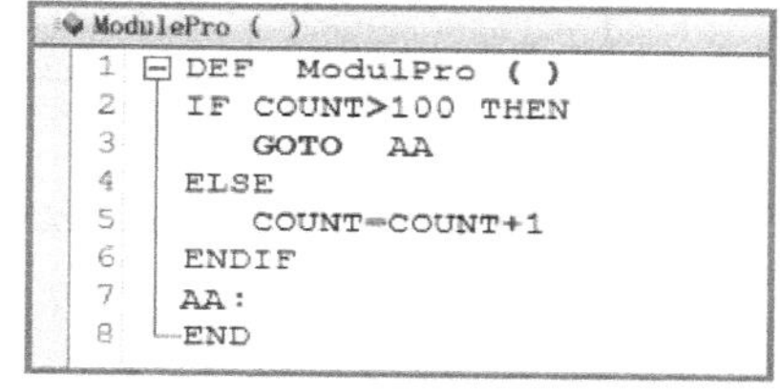

ModulePro ( )
DEF ModulPro ( )
IF COUNT>100 THEN
GOTO AA
ELSE
COUNT=COUNT+1
ENDIF
AA:
END

图 5-73

3）IF 分支指令示例，如图 5-74 所示。

```
ModulePro ( )
DEF ModulPro ( )
INI
PTP HOME VEL= 100 % DEFAULT
IF $mode_op==#T1
  $OV_PRO=30
ENDIF
PTP P1 VEL=100 % PDATP1 TOOL[1] BASE[0]
PTP HOME VEL= 100 % DEFAULT
END
```

图 5-74

4）无限循环指令示例，如图 5-75 所示。

```
Module_Pro ( )
DEF ModulPro ( )
INI
PTP HOME VEL= 100 % DEFAULT
loop
PTP P1 VEL=100 % PDATP1 TOOL[1] BASE[0]
PTP P2 VEL=100 % PDATP2 TOOL[1] BASE[0]
ENDLOOP
PTP HOME VEL= 100 % DEFAULT
END
```

图 5-75

5）直到型循环指令示例，如图 5-76 所示。

```
Module_Pro ( )
DEF  ModulPro ( )
COUNT=1
REPEAT
COUNT=COUNT+2
UNTIL COUNT>100
END
```

图 5-76

6）SWITCH-CASE 分支指令示例，如图 5-77 所示。

```
LOOP
  P00 (#EXT_PGNO,#PGNO_GET,DMY[],0 )
  SWITCH  PGNO ; Select with Programnumber

  CASE 1
    P00 (#EXT_PGNO,#PGNO_ACKN,DMY[],0 ) ; Reset Progr.No.-Request
    ;EXAMPLE1 ( ) ; Call User-Program

  CASE 2
    P00 (#EXT_PGNO,#PGNO_ACKN,DMY[],0 ) ; Reset Progr.No.-Request
    ;EXAMPLE2 ( ) ; Call User-Program

  CASE 3
    P00 (#EXT_PGNO,#PGNO_ACKN,DMY[],0 ) ; Reset Progr.No.-Request
    ;EXAMPLE3 ( ) ; Call User-Program

  DEFAULT
    P00 (#EXT_PGNO,#PGNO_FAULT,DMY[],0 )
  ENDSWITCH
```

图 5-77

7）当型循环指令示例，如图 5-78 所示。

```
Module_Pro ( )
DEF  ModulPro ( )
COUNT=1
WHILE COUNT<100
COUNT=COUNT+2
ENDWHILE
END
```

图 5-78

提示

WorkVisual 在编程时，运动点和运动数据的变量定义需要人为在数据文件中创建，逻辑信号指令需要手动输入 KRL 语句创建，所以建议初学者利用 WorkVisual 进行机器人控制系统相关配置（如 I/O 模块配置）和项目文件的上传、下载。程序编制则在 SmartPad 或 OrangeEdit 中进行。

5.2.5 模板的应用

WorkVisual 其中一个功能就是可以利用模板，为用户提供方便的编程方法，如图 5-79 所示。

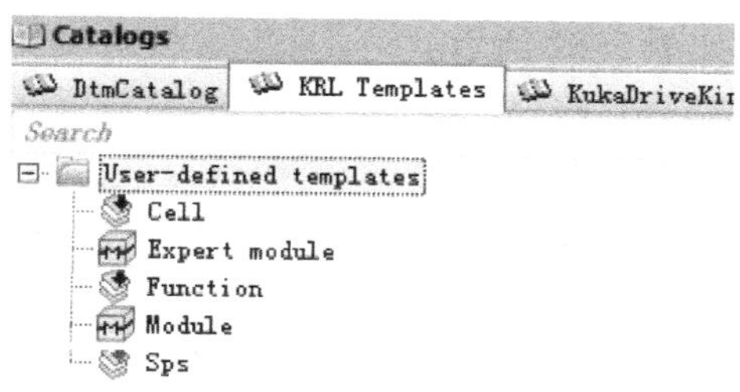

图 5-79

也可以根据需要在 WorkVisual 软件中自定义程序模板，具体步骤如下：

1）按图 5-80 所示路径找到程序模板位置。

本地磁盘 (C:) ▸ 用户 ▸ Frank ▸ 我的文档 ▸ KUKA Templates
工具(T) 帮助(H)
共享 ▾ 新建文件夹

名称	修改日期
Cell.template	2015/10/1 14:25
ExpertModule.template	2015/10/1 14:25
Function.template	2015/10/1 14:25
Module.template	2015/10/1 14:25
Sps.template	2015/10/1 14:25

图 5-80

2）用文本编辑器打开 Module 程序模板，如图 5-81 所示。

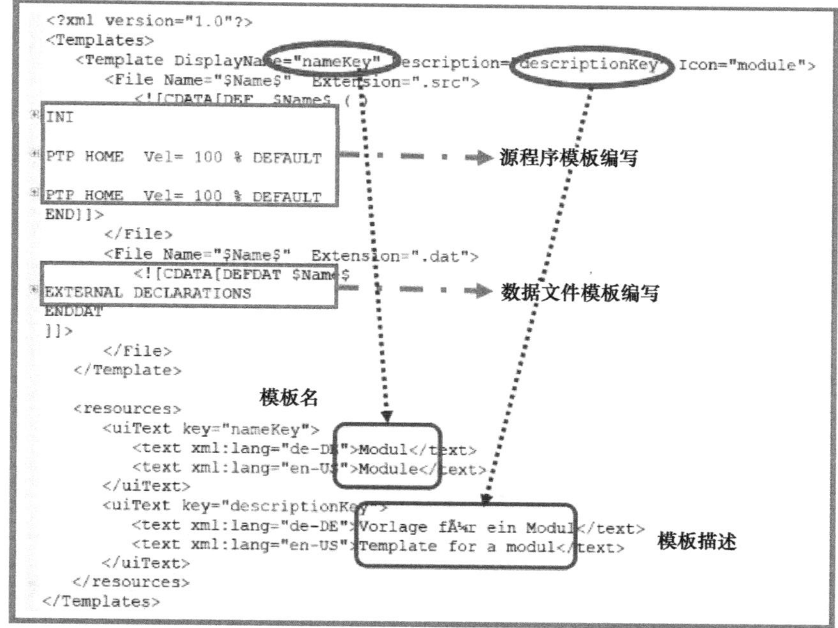

```
<?xml version="1.0"?>
<Templates>
  <Template DisplayName="nameKey" Description="descriptionKey" Icon="module">
    <File Name="$Name$"  Extension=".src">
      <![CDATA[DEF  $Name$ ( )
INI

PTP HOME  Vel= 100 % DEFAULT

PTP HOME  Vel= 100 % DEFAULT
END]]>
    </File>
    <File Name="$Name$"  Extension=".dat">
      <![CDATA[DEFDAT $Name$
EXTERNAL DECLARATIONS
ENDDAT
]]>
    </File>
  </Template>

  <resources>
    <uiText key="nameKey">
      <text xml:lang="de-DE">Modul</text>
      <text xml:lang="en-US">Module</text>
    </uiText>
    <uiText key="descriptionKey">
      <text xml:lang="de-DE">Vorlage fÃ¼r ein Modul</text>
      <text xml:lang="en-US">Template for a modul</text>
    </uiText>
  </resources>
</Templates>
```


图 5-81

3）参照 Module 格式，制作一个模板的过程如下：

① 创建 Module 副本，如图 5-82 所示。

名称
- Cell.template
- ExpertModule.template
- Function.template
- Module.template
- Sps.template

→

名称
- Cell.template
- ExpertModule.template
- Function.template
- Module - 副本.template
- Module.template
- Sps.template

图 5-82

② 更改副本名称，比如 Andr.template，如图 5-83 所示。

名称
- Cell.template
- ExpertModule.template
- Function.template
- Module.template
- Sps.template

→

名称
- Andr.template
- Cell.template
- ExpertModule.template
- Function.template
- Module.template
- Sps.template

图 5-83

③ 打开 Andr.template 模板文件并更改所需的模板内容，如图 5-84 所示。

```
<?xml version="1.0"?>
<Templates>
   <Template DisplayName="nameKey" Description="descriptionKey" Icon="module">
      <File Name="$Name$"  Extension=".src">
         <![CDATA[DEF  $Name$ ( )
CONTINUE
IF $T1 THEN
INI
ENDIF

PTP HOME  Vel= 100 % DEFAULT

PTP HOME  Vel= 100 % DEFAULT
END]]>
      </File>
      <File Name="$Name$"  Extension=".dat">
         <![CDATA[DEFDAT $Name$
EXTERNAL DECLARATIONS
ENDDAT
]]>
      </File>
   </Template>

   <resources>
      <uiText key="nameKey">
         <text xml:lang="de-DE">Andr   </text>
         <text xml:lang="en-US">Andr   </text>
      </uiText>
      <uiText key="descriptionKey">
         <text xml:lang="de-DE">Vorlage for  Andr   </text>
         <text xml:lang="en-US">Template for  Andr  </text>
      </uiText>
   </resources>
</Templates>
```

图 5-84

4）利用自定义的程序模板创建程序：

① 打开 WorkVisual 项目并刷新样本，如图 5-85 所示，Andr 模板被添加到样本中。

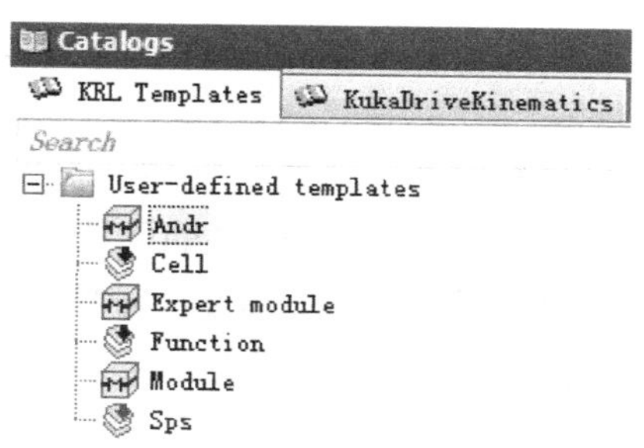

图 5-85

② 以 Andr.template 为模板新建一个 test 程序，如图 5-86 所示。新建的 test 程序内容，如图 5-87 所示。

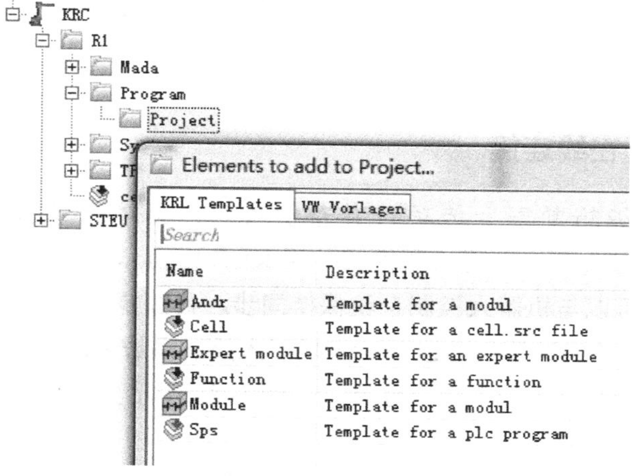

图 5-86

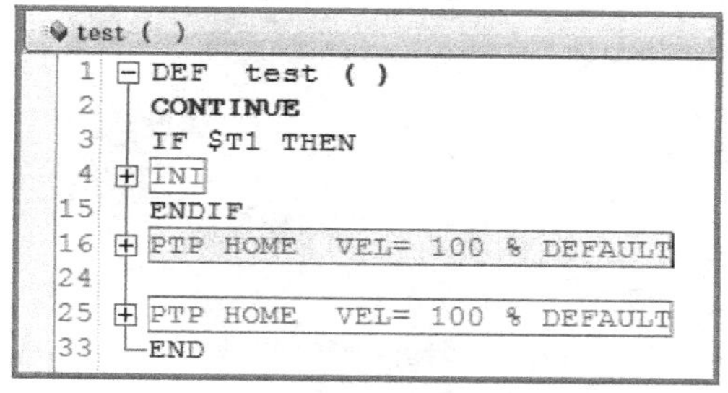

图 5-87

5.3 KUKA 机器人编程实践

5.3.1 基础工作梳理

现有知识点讲解都是基于机器人系统作为单机控制的方式。

1）进行机器人系统硬件安装、安全相关装置的安装、工具及外围设备安装、传感器安装、线路接线等工作，首次上电正常运行后，可用 KUKA U 盘备份系统，同时养成定期用 U 盘备份数据的习惯。

2）装有 WorkVisual 软件的计算机通过网线与机器人控制系统 KLI 或 KSI 连接，将项目上传并备份保存，通过 WorkVisual 软件进行相关的配置。一般需要进行 I/O 模块的配置和输入输出通道的映射、长文本编辑以及项目所需要的硬件、软件包和通信配置等工作；然后将项目下载至机器人控制系统，并保证系统正常。

3）在 SmartPad 上完成零点标定和坐标系的建立。

4）对于简单的系统，在 SmartPad 上就可以完成编程、示教、调试工作。

5）可以通过 OrangeEdit 软件进行程序的编辑，将程序文件复制到 U 盘，并将 U 盘插到机器人控制柜 U 盘接口，用 SmartPad 登录专家组级别，利用按键栏的“复制”“添加”功能，将文件复制到机器人控制系统“R1\Program”内的相应目录。在 SmartPad 上完成示教、调试工作。

5.3.2 WorkVisual 在线连接

WorkVisual 在线编辑前要上传项目并备份项目，具体方式参照 4.3 节的介绍；将 WorkVisual 的工作范围选择为编程诊断模式，用 KRC Explorer 可以直接对机器人控制系统的文件进行更改，并可以与机器人控制系统保持同步。具体操作步骤如下：

1）装有 WorkVisual 的计算机通过网口与机器人控制系统 KSI（以 KR C4 标准型控制柜为例，其他请以随机说明书为准）建立连接。如图 5-88 所示。

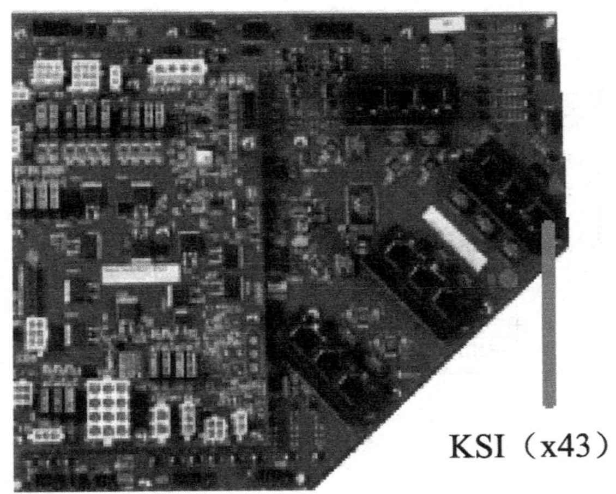

图 5-88

2）打开 WorkVisual 并切换到编程和诊断模式，如图 5-89 所示。

3）如图 5-90 所示，单击工具栏“创建连接”键，建立 WorkVisual 与控制器的在线连接。弹出图 5-91 所示窗口，显示所有在线的机器人控制系统。选择想要连接的机器人控制系统，并单击窗口“OK”键确认，项目会从控制器传送到 WorkVisual 的 KRC Explorer

区域。同时在 WorkVisual 的单元视图区域，被连接的机器人控制系统也会显示出来，如图 5-92 所示。

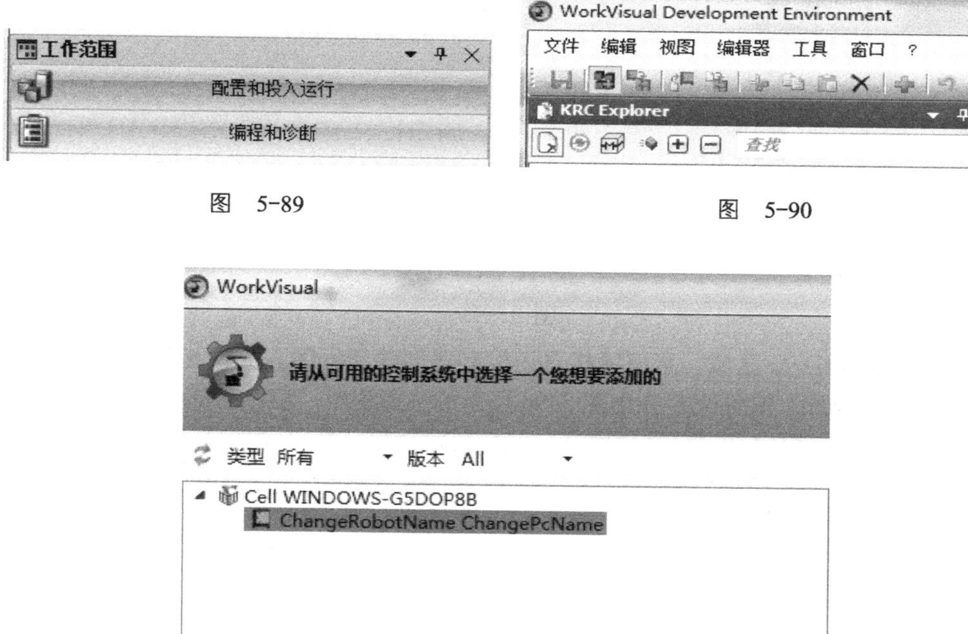

图 5-89

图 5-90

图 5-91

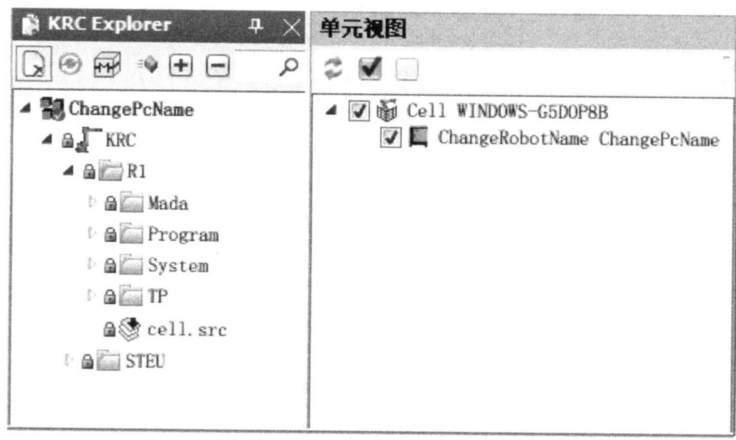

图 5-92

5.3.3 WorkVisual 在线编辑

1）在 KRC Explorer 区域，可以修改机器人控制器已有程序和数据文件。如图 5-93 所示，在 $Config 数据文件中添加全局变量。

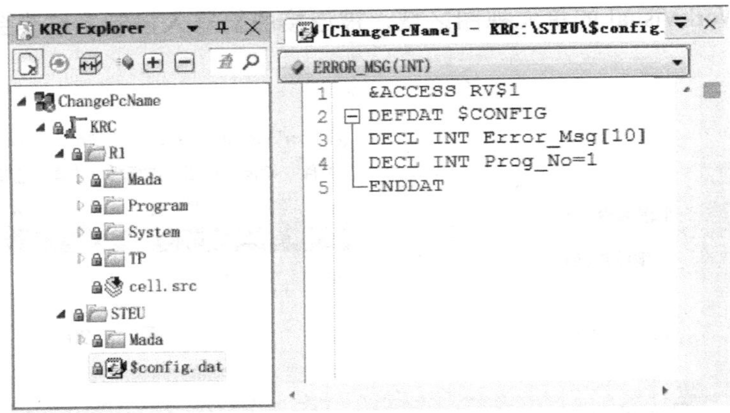

图 5-93

2）在 KRC Explorer 区域，可以给机器人控制器创建新程序。具体步骤如下：

① 右击“Program”文件夹，弹出图 5-94 所示的选择窗口，窗口各部分说明见表 5-26。

图 5-94

表 5-26

选　项	说　明
创建控制器状态	更新控制器状态
传送改动	任何在 KRC Explorer 区域中的项目改动，都要通过此操作在线更新给机器人控制系统
从控制器加载文件	把现有机器人控制系统项目文件加载到 KRC Explorer 区域
启动调试	启动调试模式
在资源管理器中打开	在浏览器中打开选中的目录或选中文件的目录
新建文件夹	为 KRC Explorer 区域中的项目创建文件夹
添加	为 KRC Explorer 区域中的项目添加新程序
剪切 / 复制 / 改名 / 删除	程序文件的编辑

② 在图 5-94 弹出窗口中选择“添加”，弹出图 5-95 的选择窗口。选择模板并建立程序模块。如以 Modul 为模板，建立名称为 Modul1 的程序模块。

图 5-95

③ 打开 Modul1.src 程序文件，可以进行程序编辑，编辑方式参照 5.2 节介绍。如图 5-96 所示。

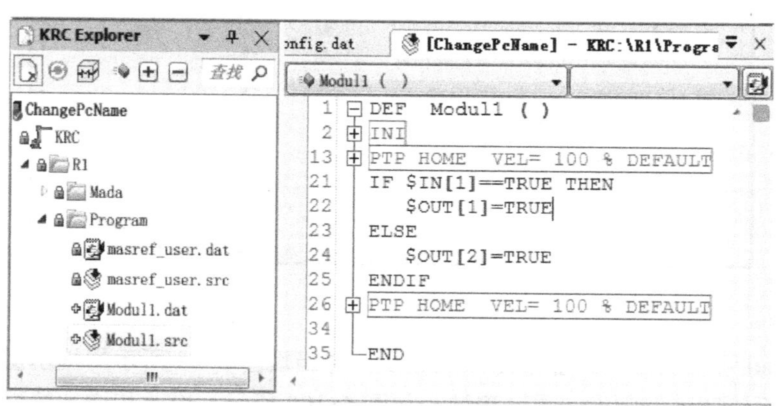

图 5-96

④ 通过对 OrangeEdit 软件的学习，我们知道这款软件在 KUKA 机器人离线编程方面有着自己独特的优势，也可以在 OrangeEdit 软件中编辑程序模块，之后加载到 WorkVisual 软件 KRC Explorer 区域的项目中。

OrangeEdit 软件中创建程序参照 5.1 节介绍。创建好的 SRC 程序文件和 DAT 数据文件直接拖拽到 KRC Explorer 的项目文件夹中即可。如图 5-97 所示，R_WORK.src 和 R_WORK.dat 为 OrangeEdit 软件创建的文件。

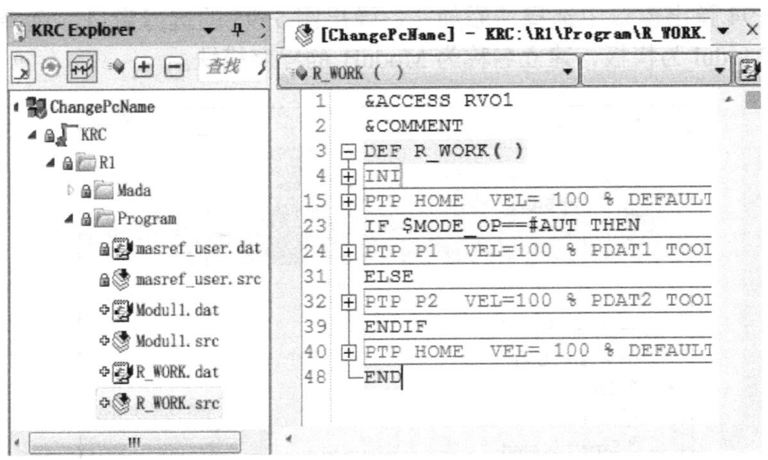

图 5-97

3）将改动和添加的程序下载到机器人控制系统，具体步骤如下：

① 在图 5-94 所示弹出窗口中选择“传送改动”，弹出图 5-98 所示窗口，确认无误，并单击“OK”键确认，将改动和增加部分下载到机器人控制系统。

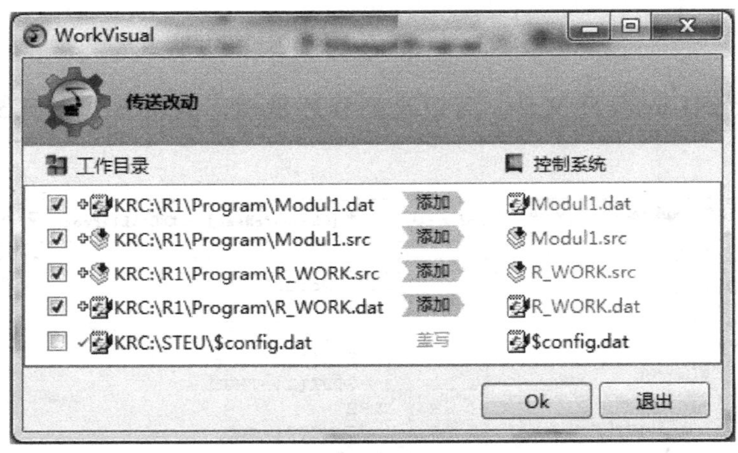

图 5-98

② SmartPad 示教器应已经登录专家组级别，并出现图 5-99 所示的提示窗口。如果允许对机器人控制系统改动，则按“是”确认。如图 5-100 所示，修改和增加的程序已经下载到机器人控制系统。在 SmartPad 上完成示教、调试工作。

WorkVisual 软件在线编辑注意事项：

1）若要修改程序，应每次先从控制器上传后再对程序进行修改。

2）对修改前的程序先做好备份，然后再修改。

3）程序的传输应在 T1 运行方式下进行，以防紧急事件发生带来人身伤害和财产损失。

4）对于更改或增加的程序，必须经过 T1 运行方式下测试，否则可能造成人身伤害和财产损失。

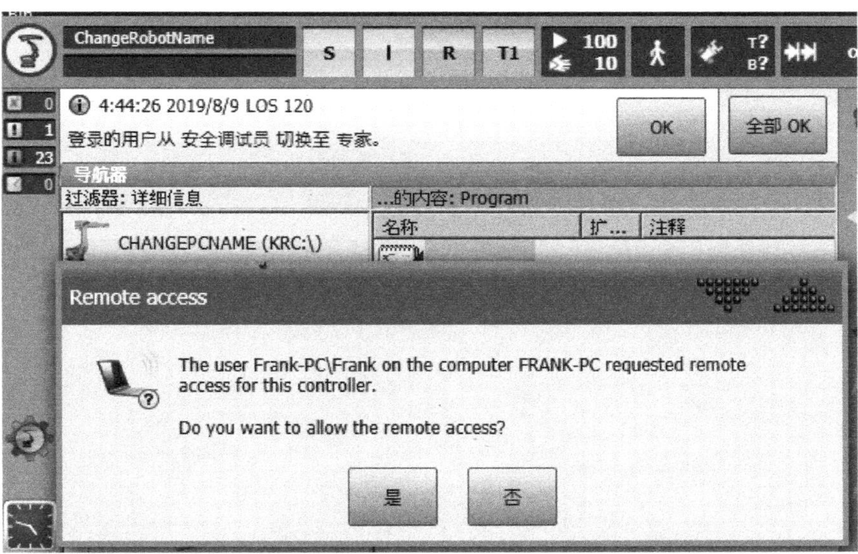
ChangeRobotName
S
I
R
T1
100
10
4:44:26 2019/8/9 LOS 120
登录的用户从 安全调试员 切换至 专家。
OK
全部 OK
导航器
过滤器: 详细信息
...的内容: Program
名称
扩...
注释
CHANGEPCNAME (KRC:\)
Remote access
The user Frank-PC\Frank on the computer FRANK-PC requested remote access for this controller.
Do you want to allow the remote access?
是
否

图 5-99

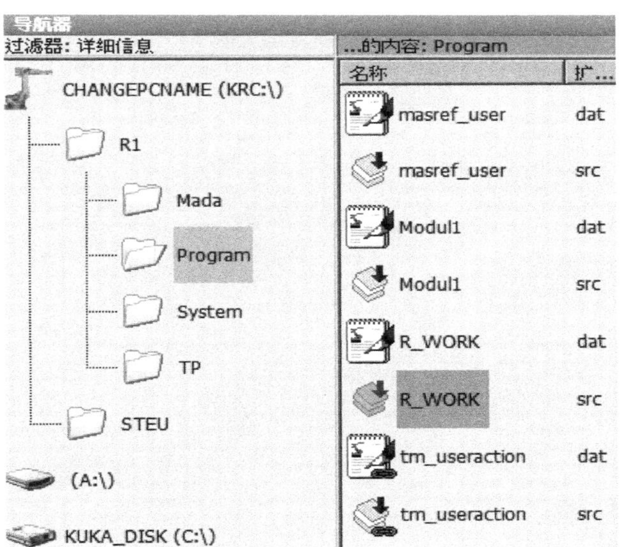
导航器
过滤器: 详细信息
...的内容: Program
名称
扩...
CHANGEPCNAME (KRC:\)
R1
Mada
Program
System
TP
STEU
(A:\)
KUKA_DISK (C:\)
masref_user dat
masref_user src
Modul1 dat
Modul1 src
R_WORK dat
R_WORK src
tm_useraction dat
tm_useraction src

图 5-100

第 6 章

码垛工作站应用精析

- 码垛工作站
- 系统各部分连接
- 系统 I/O 模块配置
- 机器人输入 / 输出端配置
- 系统 I/O 清单
- 坐标系的建立
- 相关知识点拓展
- 机器人码垛程序框图
- 传送带控制框图
- 码垛动作分解
- 目标点示教
- 程序清单

6.1 码垛工作站

结合前几章学习的内容，通过对码垛工作站的解析，可以加强以下知识点的理解和运用：

1）安全防护装置。

2）BECKHOFF I/O 模块和机器人输入输出通道配置。

3）创建工具坐标系。

4）利用 3 点法创建基坐标系。

5）变量的声明与使用。

6）联机表单创建运动指令。

7）流程控制指令。

8）子程序调用。

9）结构化编程方法。

10）目标点示教。

11）机器人在自动方式下运行。

本案例介绍 KUKA 机器人的初级应用和基础编程。

1. 码垛工作站布局

为便于仓储与运输，完成包装的产品通常需要在栈板上进行码垛，并且按照客户指定的要求进行产品的堆放；机器人码垛动作灵活精准、快速高效、稳定性高，在汽车制造、食品加工、电子、机加工等行业有着相当广泛的应用。图 6-1 所示为 KUKA 机器人码垛工作站。

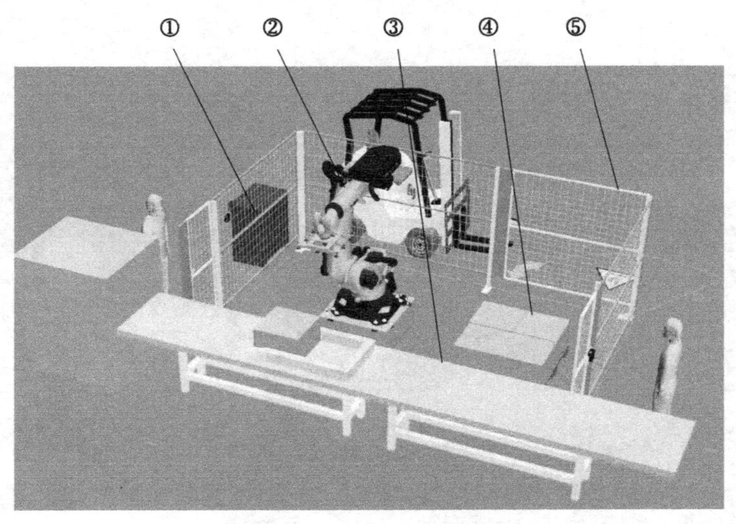

图 6-1

①—KR C4 标准型控制柜＋操作面板 ②—KUKA6 轴机器人 ③—传送带装置 ④—码垛栈板 ⑤—安全围栏

2. 系统配置

（1）操作面板　操作面板上的元件布置如图 6-2 所示，包括急停开关、切换开关、启动按钮、复位按钮、三色灯；操作面板内置蜂鸣器。操作面板元件功能说明见表 6-1。

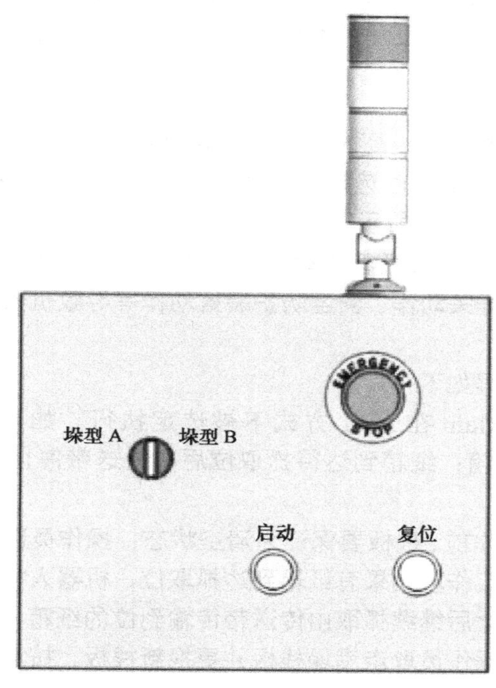

图 6-2

表 6-1

元件名称	功能说明
急停开关	系统急停
切换开关	选择码垛垛型 A 或码垛垛型 B
启动按钮	启动码垛
复位按钮	复位任务完成信号
三色灯	指示系统设备的当前状态： 绿色：系统处于正常运行状态 黄色：系统处于待机状态 红色：系统处于故障状态
蜂鸣器	码垛任务完成，蜂鸣器提示更换栈板

（2）机器人工具——真空吸盘　码垛工作站的机器人工具采用的是真空吸盘，通过电磁阀控制真空发生器抽真空，吸取表面平整的纸箱，实现对纸箱的抓取和放置。

（3）传送带装置　传送带装置用于纸箱的传输和定位，机器人系统控制传送带电动机启停，传送带上设置两个光电检测开关，纸箱传输期间先触发第一个光电开关，表示纸箱进入机器人待抓取区域，此时传送带电动机停止运行。纸箱停止到位后触发第二个光电开关，机器人执行抓取动作。双光电开关的设计保证了机器人抓取纸箱位置的准确性。

（4）安全围栏　为保证系统的安全性，在码垛工作站周围设有安全围栏，围栏有一个栈板输送门和 2 个检修防护门，栈板输送门和检修防护门设有门开关，当机器人处于自动运行状态时，如果有任何一扇门被打开，将触发机器人安全停机。

3. 码垛工作站工作流程

工作站的码垛对象是长、宽、高为 200mm×200mm×150mm 的纸箱，根据不同的工艺需求，操作人员有两种码垛垛型可以选择，分别是跺型 A（2×2×2 垛型，如图 6-3a 所示）和垛型 B（2×2×3 垛型，如图 6-3b 所示）。

Main 主程序在执行期间，三色灯为绿色；机器人待机且无警报时，三色灯为黄色；系统工作过程中发生由急停开关动作、安全防护装置动作等导致机器人停机的故障，三色灯红灯亮。

码垛工作站的工作流程如下：

机器人系统主程序 Main 在 AUT 方式下被选定执行。如果待抓取位没有检测到纸箱，则传送带运行输送纸箱；纸箱到达待抓取位后，传送带停止；纸箱最终停止的位置为抓取位。

在机器人开始码垛工作前，栈板要保证为清空状态；操作员选择垛型开关之后按启动按钮，机器人开始执行码垛工作。如果有纸箱到达抓取位，机器人执行抓取动作并按指定的垛型将纸箱放置到栈板上，之后继续抓取由传送带传输到位的纸箱，直至当本次码垛任务完成后，系统发出蜂鸣提示，操作员取走满垛栈板并更换新栈板，按复位按钮复位本次码垛的任务完成信号。之后可再次选择垛型开关，并按启动按钮开始新的工作流程。

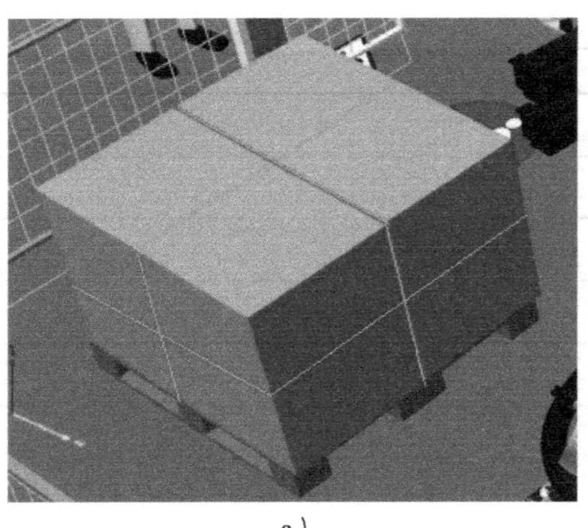
a）

b）

图　6-3

6.2　系统各部分连接

本系统各组成部分连接如图 6-4 所示。

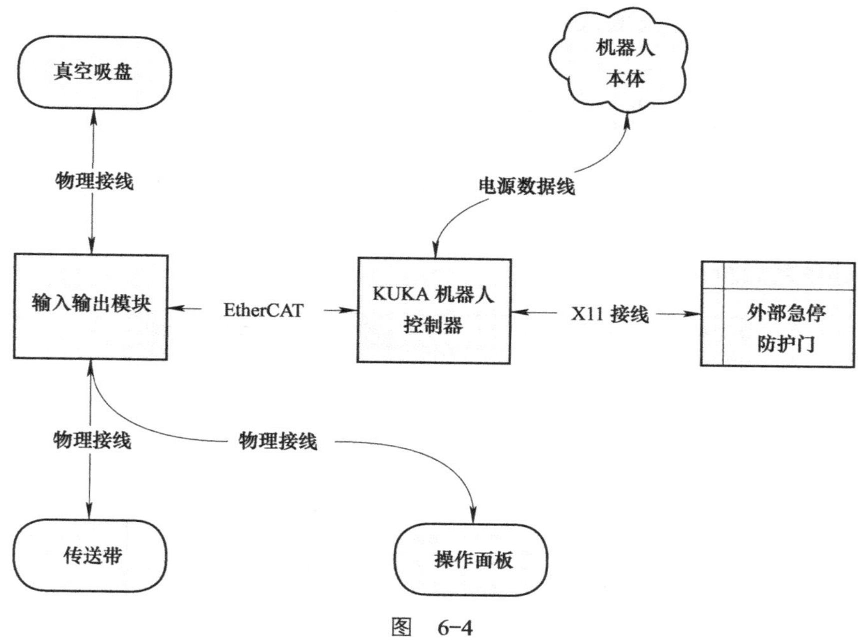

图 6-4

6.3 系统 I/O 模块配置

为 KUKA 机器人控制系统配置 16 通道开关量输入和 16 通道开关量输出，添加图 6-5 所示的 BECKHOFF 总线模块。添加的具体模块型号如下：

1）耦合模块型号：EK1100，数量 1 块。

2）输入模块型号：EL1809，数量 1 块。

3）输出模块型号：EL2809，数量 1 块。

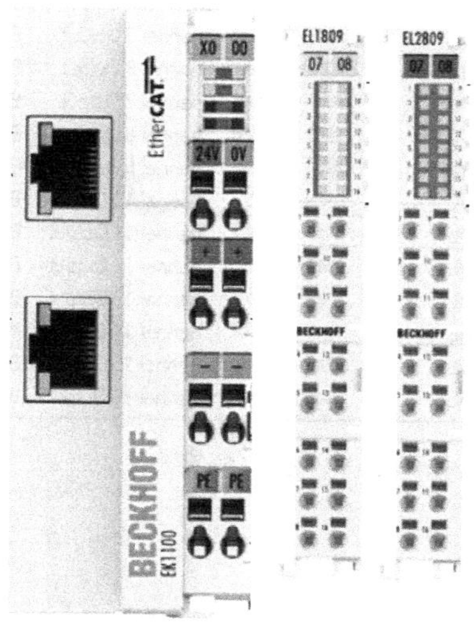

图 6-5

BECKHOFF I/O 模块的配置过程请参照 4.8 节内容。

6.4 机器人输入 / 输出端配置

在添加了 BECKHOFF 的总线模块 EK1100、EL1809 和 EL2809 后，还需要对机器人输入 / 输出端进行配置，具体的配置过程请参照本书 4.9 节内容。

输入通道映射如图 6-6 所示。

名称	型号	说明	I/O	I/O	名称	型号	地址
$IN[1]	BOOL		⇐	◀	Channel 1.Input	BOOL	
$IN[2]	BOOL		⇐	◀	Channel 2.Input	BOOL	
$IN[3]	BOOL		⇐	◀	Channel 3.Input	BOOL	
$IN[4]	BOOL		⇐	◀	Channel 4.Input	BOOL	
$IN[5]	BOOL		⇐	◀	Channel 5.Input	BOOL	
$IN[6]	BOOL		⇐	◀	Channel 6.Input	BOOL	
$IN[7]	BOOL		⇐	◀	Channel 7.Input	BOOL	
$IN[8]	BOOL		⇐	◀	Channel 8.Input	BOOL	
$IN[9]	BOOL		⇐	◀	Channel 9.Input	BOOL	
$IN[10]	BOOL		⇐	◀	Channel 10.Input	BOOL	
$IN[11]	BOOL		⇐	◀	Channel 11.Input	BOOL	
$IN[12]	BOOL		⇐	◀	Channel 12.Input	BOOL	
$IN[13]	BOOL		⇐	◀	Channel 13.Input	BOOL	
$IN[14]	BOOL		⇐	◀	Channel 14.Input	BOOL	
$IN[15]	BOOL		⇐	◀	Channel 15.Input	BOOL	
$IN[16]	BOOL		⇐	◀	Channel 16.Input	BOOL	

图 6-6

输出通道映射如图 6-7 所示。

名称	型号	说明	I/O	I/O	名称	型号	地址
$OUT[1]	BOOL		⇒	▶	Channel 1.Output	BOOL	
$OUT[2]	BOOL		⇒	▶	Channel 2.Output	BOOL	
$OUT[3]	BOOL		⇒	▶	Channel 3.Output	BOOL	
$OUT[4]	BOOL		⇒	▶	Channel 4.Output	BOOL	
$OUT[5]	BOOL		⇒	▶	Channel 5.Output	BOOL	
$OUT[6]	BOOL		⇒	▶	Channel 6.Output	BOOL	
$OUT[7]	BOOL		⇒	▶	Channel 7.Output	BOOL	
$OUT[8]	BOOL		⇒	▶	Channel 8.Output	BOOL	
$OUT[9]	BOOL		⇒	▶	Channel 9.Output	BOOL	
$OUT[10]	BOOL		⇒	▶	Channel 10.Output	BOOL	
$OUT[11]	BOOL		⇒	▶	Channel 11.Output	BOOL	
$OUT[12]	BOOL		⇒	▶	Channel 12.Output	BOOL	
$OUT[13]	BOOL		⇒	▶	Channel 13.Output	BOOL	
$OUT[14]	BOOL		⇒	▶	Channel 14.Output	BOOL	
$OUT[15]	BOOL		⇒	▶	Channel 15.Output	BOOL	
$OUT[16]	BOOL		⇒	▶	Channel 16.Output	BOOL	

图 6-7

6.5 系统 I/O 清单

系统 I/O 清单见表 6-2。

表 6-2

输入模块	机器人输入端			
	Bit	信号地址	信号变量	含义
EL1809	1	$IN[1]	di1_Pre_partdetect	纸箱进入待抓取区
	2	$IN[2]	di2_Partdetect	纸箱到达抓取位
	3	$IN[3]	di3_VaccumOk	真空吸盘负压监测没问题
	4	$IN[4]	di4_StartCycle	启动流程按钮
	5	$IN[5]	di5_Reset	复位完成标志按钮
	6	$IN[6]	di6_PalletMode_A	选择码垛垛型 A
	7	$IN[7]	di7_PalletMode_B	选择码垛垛型 B
	8	$IN[8]	di8_PlateInpos	栈板就位检测
输出模块	机器人输出端			
	Bit	信号地址	信号变量	含义
EL2809	1	$OUT[1]	do1_MotorOn	传送带电动机控制
	2	$OUT[2]	do2_VaccumOn	真空吸盘开启
	3	$OUT[3]	do3_Red_Lamp	三色灯红灯，系统故障
	4	$OUT[4]	do4_Yellow_Lamp	三色灯黄灯，系统待机
	5	$OUT[5]	do5_Green_Lamp	三色灯绿灯，系统运行
	6	$OUT[6]	do6_HornOn	蜂鸣器（工作完成提示）

6.6 坐标系的建立

1. 工具坐标系建立

在机器人的吸盘工具中心建立工具坐标系，其中工具坐标系 X 轴的正方向为工具垂直向下作业方向。在 SmartPad 中创建名称为 Grip 的工具坐标系，工具编号为 2，如图 6-8 所示。创建工具坐标系的具体过程如下：

1）我们知道工具坐标系 TCP 的创建方式中有一种方式称为数字输入法，即根据工具设计参数，直接录入工具 TCP 到法兰中心点的距离值（X，Y，Z）和转角（A，B，C）。基于机械 3D 模型，在软件里创建以吸盘架中心为原点的工具坐标系，通过软件分析得出此工具坐标系 TCP 坐标，如图 6-9 所示。

在主菜单中选择“投入运行”→“测量”→“工具”→“数字输入”，为待测定的工具选择“工具编号”为 2，输入“名称”为 Grip，单击“继续”键确认，根据图 6-9 的数值录入工具数据。

2）也可以利用 XYZ4 点法测量工具 TCP，具体操作步骤如下：

① 按“主菜单”键，在菜单中选择“投入运行”→“测量”→“工具”→“XYZ 4 点法”。

② 为待测定的工具选择 2 号工具，名称为 Grip，单击“继续”键确认。

③ 将 TCP 移至任意一个参照尖点，使待测工具的 TCP 点与参照尖点对准，单击“测量”，弹出“是否应用当前位置？继续测量”窗口，单击“是”键确认。

④ 将 TCP 从一个其他方向朝参照点移动，使待测工具的 TCP 点与参照尖点对准，单击“测量”，单击“是”键，回答窗口提问。

⑤ 将步骤④重复两次，共测量 4 个点，第 4 点测量工具可垂直对准参照尖点。

3）采用 ABC 世界坐标系 6D 法确定工具坐标系姿态。

① 按“主菜单”键，在菜单中选择“投入运行”→“测量”→“工具”→“ABC 世界坐标系”。

② 为待测定的工具输入“工具号”为 2，单击“继续”键确认。

③ 选择“6D”法，单击“继续”键确认，将工具坐标 +X 调整至平行于世界坐标 -Z 的方向；将工具坐标的 +Y 平行于世界坐标的 +Y 的方向；将工具坐标的 +Z 平行于世界坐标的 +X 方向，单击“测量”键。

4）在弹出的窗口中输入工具的重量和重心等工具负载数据，单击“继续”键确认，单击“保存”键，结束过程。工具负载数据根据真空吸盘厂家提供的数据录入。

在实际工作中，由于机械误差以及工具坐标系需要调整姿态等因素，所以建议使用 XYZ 4 点法和 ABC 世界坐标系法建立工具坐标系。

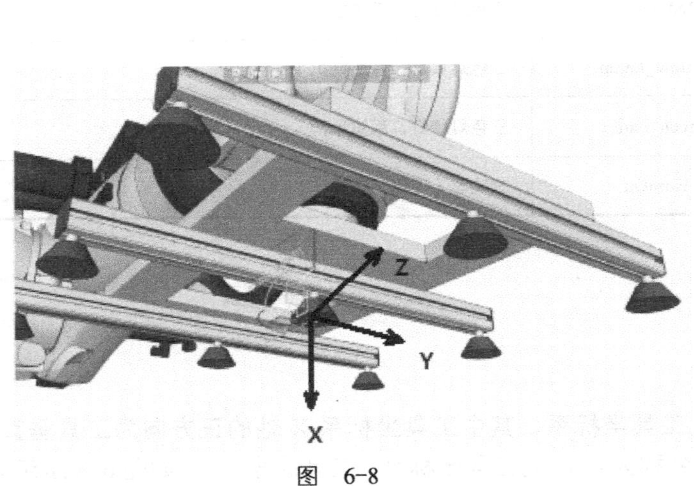

图 6-8

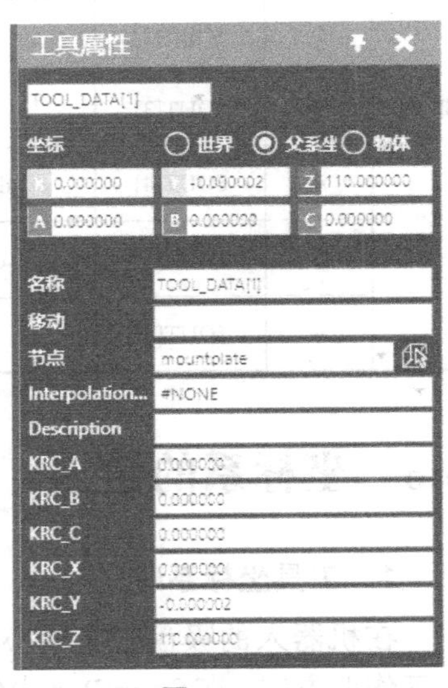

图 6-9

2. 基坐标系建立

如图 6-10 所示，在栈板的边沿利用 3 点法建立一个基坐标系，名称为 BASE_CART，基坐标编号为 1，基坐标的建立过程请参照 2.6.5 节内容。

纸箱在栈板第一层放置顺序（按数字从小到大的顺序放置）如图 6-11 所示，根据所选垛型确定 Z 轴向的纸箱数量。各层的纸箱排布顺序以此排序方式类推。

图 6-10

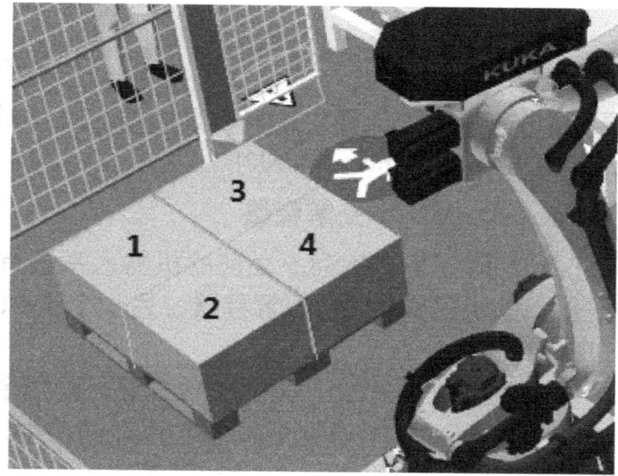

图 6-11

6.7 相关知识点拓展

本书学习的侧重点是 KUKA 机器人的基础入门和编程基础，所以本案例涉及的一些内容并未在之前的章节中提及，为了读者能更好地理解本章内容，下面对相关知识点做进一步的拓展。

1. 系统输出信号

（1）$STOPMESS　该变量置位表示出现了一条或多条请求机器人停止的信息，例如急停开关动作、操作人员防护装置动作等。

（2）$IN_HOME　机器人 TCP 在 HOME 位，则 $IN_HOME 置位。

（3）$PRO_STATE1　程序状态器“R”的不同颜色代表了选定程序的不同状态，见 3.7.4 节的介绍。$PRO_STATE1 的不同取值也代表了不同的选定程序状态，具体说明如下：

1）P_FREE：程序没有选定。

2）P_ACTIVE：程序选定且在运行。

3）P_END：指针位于所选程序最后。

4）P_STOP：选定程序暂停。

5）P_RESET：指针位于所选程序首行。

2. 位置数据相关知识点

DECL E6POS XPActBase={X 822.595215,Y -476.41571,Z 863.638916,A -48.8628883,B 51.7284698,C -28.3785706,S 2,T 34,E1 -125.3964,E2 0.0,E3 0.0,E4 0.0,E5 0.0,E6 0.0}

对位置变量 XPActBase 的定义，相关知识点说明如下：

1）E6POS 是系统预定义的一个位置数据结构。

2）在定义 E6POS 类型的位置变量 XPActBase 后，取 XPActBase 的 X 轴坐标值形式为 XPActBase.X、Y 轴坐标值形式为 XPActBase.Y、Z 轴坐标值形式为 XPActBase.Z。

3）位置变量 XPActBase 点的 X、Y、Z 轴的数值均为实数，可以进行数值运算，如 XPActBase.Z=XPActBase.Z+100，表示把 XPActBase 在当前坐标系下的 Z 轴坐标值增加 100。

4）相同数据类型的变量可以进行数值传递，如 XPActBase=$POS_ACT，表示把机器人当前的位置数据传递给变量 XPActBase。

3. 信号的关联

为了增加程序的可读性和操作性，可以将机器人输入输出端与变量进行关联。关联需要在 $Config 数据文件中定义，具体的 KRL 语句形式为：

```
SIGNAL di2_Partdetect $IN[2]
```

4. SUBMIT 提交解释器

默认情况下，KSS8.5 之前的机器人系统有两套任务（解释器）同时运行，一个是执行机器人运动程序的机器人解释器，另一个是 SUBMIT 提交解释器。提交解释器程序的特点如下：

1）不能执行 PTP、LIN、CIRC 等运动指令。

2）在 SUBMIT 提交解释器的程序结构中，位于 LOOP…ENDLOOP 之间的程序始终在后台扫描执行。而机器人的运动程序和控制逻辑是逐条执行的模式，只有等到一条指令执行完，机器人控制器才会执行后面的语句。

3）可切换输出端，如 $OUT[1]=TRUE。

4）可用 KRL 进行编程，可以对系统变量进行读写，可以对机器人的输入输出端进行读写。

以专家用户组登录，目录 R1\System 中的 SPS.SUB 文件就是 SUBMIT 提交解释器的程序文件，SPS.SUB 的程序结构如图 6-12 所示。

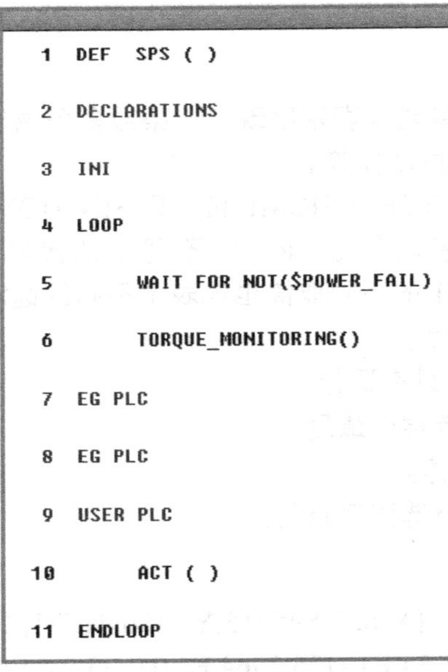

图 6-12

SUBMIT 解释器在机器人控制系统接通时自动启动，也可以在专家组级别通过解释器的状态栏直接进行操作，包括启动、停止和取消选择。

6.8 机器人码垛程序框图

机器人码垛程序框图 6-13 所示。

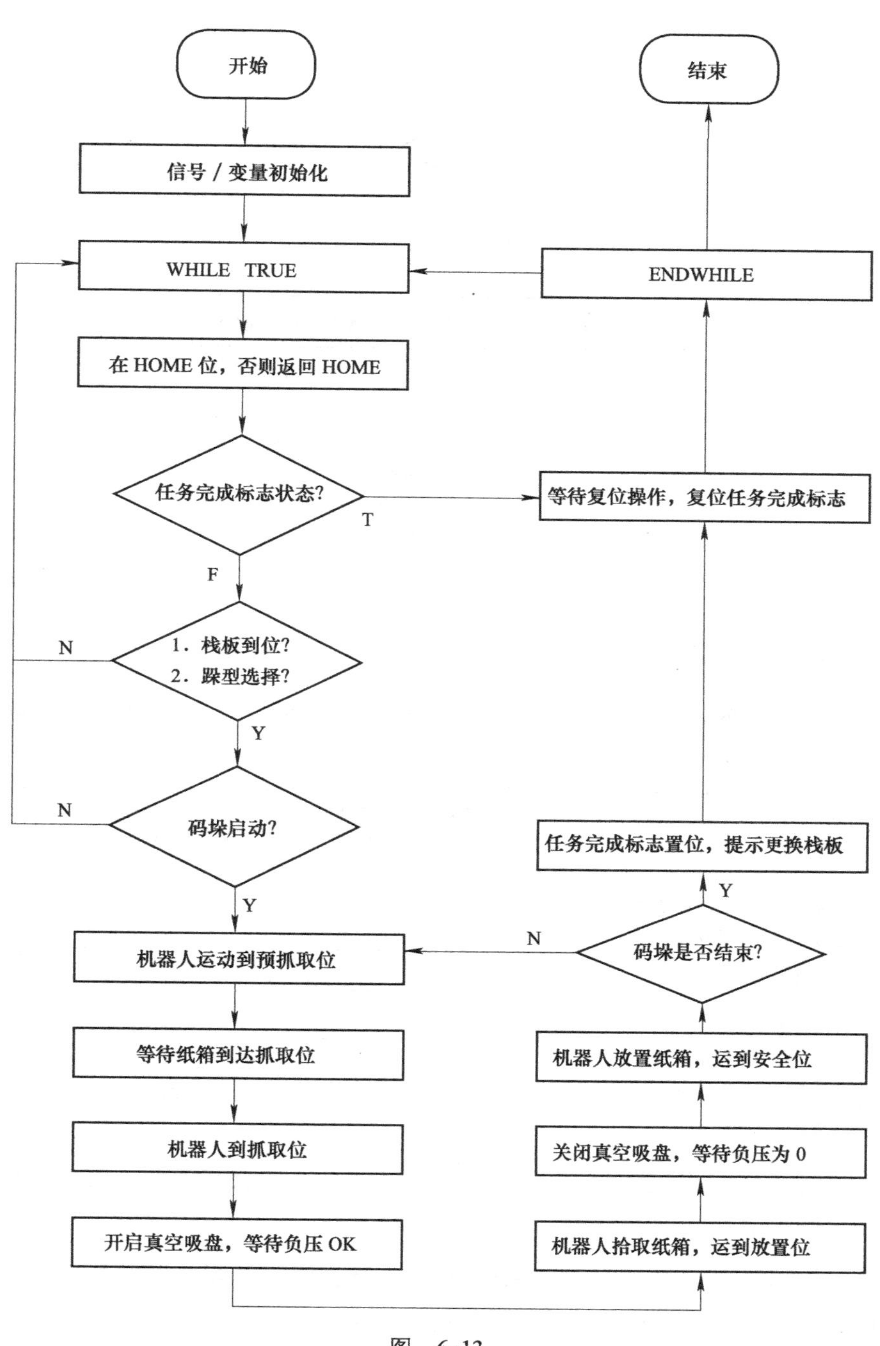

图 6-13

6.9 传送带控制框图

传送带的控制程序在机器人的 SPS 里编辑，控制框图如图 6-14 所示。

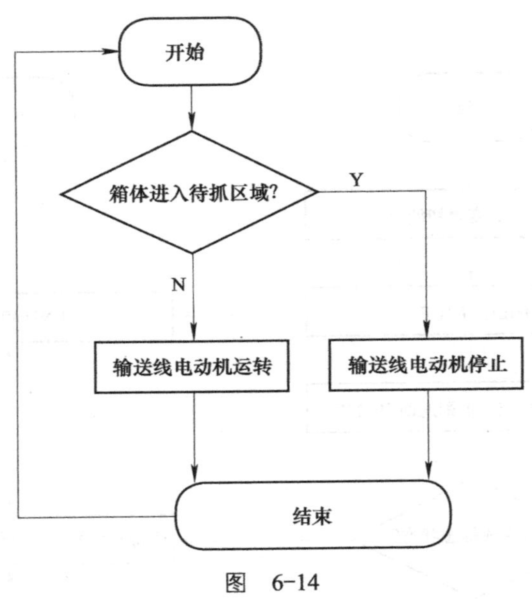

图 6-14

6.10 码垛动作分解

为了更准确地了解码垛过程节拍，机器人抓取、放置一个纸箱的动作分解如图 6-15 所示。

码垛工作站 CT 介绍														
动作分解	0.5	1.0	1.5	2.0	2.5	3.0	3.5	4.0	4.5	5.0	5.5	6.0	6.5	7.0
检测箱子流入切断传送带电动机运作	0.5													
电动机停止运动到箱子到位		0.5												
机器人从原位到抓取位			1.0											
吸盘抓取箱体					0.5									
负压检测						0.5								
机器人运动到箱体上方位置								1.5						
机器人到放置的位置										1.0				
机器人松开吸盘												0.5		
机器人回位													1.0	

图 6-15

以选择垛型 B 为例，因为纸箱在栈板需要摆放 2×2×3 的垛型，抓取放置一个纸箱需 7s，相当于要处理 12 次纸箱取放动作，节拍约为 7s×12=84s。

6.11 目标点示教

可建立用于示教的程序模块，通过联机表单创建运动指令。在本工作站中，共需示教 5 个目标点，目标点名称分别为：

1）HOME 点，如图 6-16a 所示。

2）预抓取点 pPrePick，如图 6-16b 所示。

3）抓取点 pPickPart，如图 6-16c 所示。

4）抓放曲线过渡安全点 pSafePos，如图 6-16d 所示。

5）纸箱放置基准点 pBase，如图 6-16e 所示。

其他程序模块使用到以上目标点，把目标点位置数据复制到相应程序模块的 DAT 数据文件中即可。

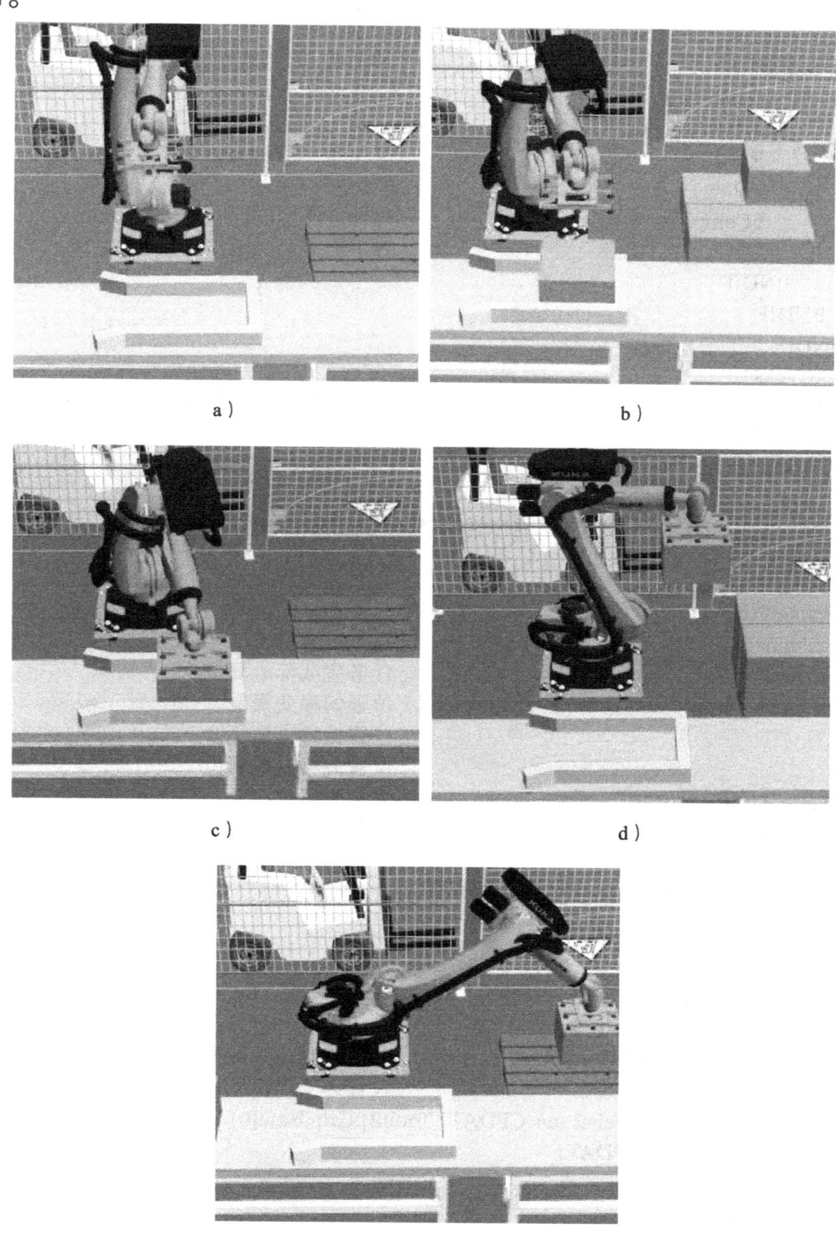

a） b） c） d） e）

图 6-16

6.12 程序清单

```
DEF Main( )
   INI
   InitVariable()                                   ; 子程序：初始化信号及变量
   PTP HOME Vel=150 % PDAT1
   WHILE TRUE
      VerifyAthome()                                ; 子程序：判断 HOME 位
      IF bComplete==FALSE THEN
         GotPgNo()                                  ; 子程序：赋值垛型变量
         IF((nActivePgno>0) AND (nActivePgno<3) AND (di8_PlateInpos==TRUE)) THEN
            IF di4_StartCycle==TRUE THEN
               ReadID()                             ; 子程序：赋值栈板纸箱数
               Pallet()                             ; 子程序：码垛
               bComplete=TRUE                       ; 码垛任务完成标志置位
               $OUT[6]=TRUE                         ; 蜂鸣器提示码垛任务完成
            ENDIF
         ENDIF
      ENDIF
   RCheckCycle()                                    ; 子程序：复位完成标志和变量
   WAIT Time=0.5 sec                                ; 防止控制系统某些情况下扫描过快
   PTP HOME Vel=150 % PDAT1
   ENDWHILE
END
;***************************************************************
```

```
DEF InitVariable( )
   nActivePgno=0                                    ; 垛型变量复位
   bComplete=FALSE                                  ; 任务完成标志复位
   X=0                                              ; 位置偏移变量复位
   Y=0                                              ; 位置偏移变量复位
   Z=0                                              ; 位置偏移变量复位
   $OUT[2]=FALSE                                    ; 真空吸盘关闭
   $OUT[6]=FALSE                                    ; 蜂鸣器关闭
END
;***************************************************************
```

```
DEF VerifyAtHome( )
   INI
   IF $IN_HOME==FALSE THEN
      XpActualPos=$POS_ACT                          ; 获取当前位置数据
      XpActualPos.Z=XpSafePos.Z                     ; 设置为安全高度
      LIN pActualPos CONT Vel=2 m/s CPDAT1 Tool[2]:Grip Base[0]
      PTP HOME Vel=150 % PDAT1
   ENDIF
END
;***************************************************************
```

```
DEF GotPgNo( )
  IF di6_PalletMode_A==TRUE THEN
    nActivePgno=1                              ; 垛型变量赋值
  ENDIF
  IF di7_PalletMode_B==TRUE THEN
    nActivePgno=2                              ; 垛型变量赋值
  ENDIF
END
;***********************************************************

DEF ReadID( )
  IF  nActivePgno==1 THEN
    NX=2                                       ; 栈板 X 轴方向应有纸箱数
    NY=2                                       ; 栈板 Y 轴方向应有纸箱数
    NZ=2                                       ; 栈板 Z 轴方向应有纸箱数
  ENDIF
  IF  nActivePgno==2 THEN
    NX=2                                       ; 栈板 X 轴方向应有纸箱数
    NY=2                                       ; 栈板 Y 轴方向应有纸箱数
    NZ=3                                       ; 栈板 Z 轴方向应有纸箱数
  ENDIF
END
;***********************************************************

DEF Pallet( )
  FOR H=1 TO NZ
    FOR W=1 TO NY
      FOR L=1 TO NX
          Pick()                               ; 子程序：拾取纸箱
          Place()                              ; 子程序：放置纸箱
          X=X+BOXL                             ; 放置位在栈板 X 轴方向偏移
      ENDFOR
      X=0                                      ; 放置位在栈板 X 轴方向偏移清 0
      Y=Y+BOXW                                 ; 放置位在栈板 Y 轴方向偏移
    ENDFOR
    X=0                                        ; 放置位在栈板 X 轴方向偏移清 0
    Y=0                                        ; 放置位在栈板 Y 轴方向偏移清 0
    Z=Z+BOXH                                   ; 放置位在栈板 Z 轴方向偏移
  ENDFOR
END
;***********************************************************

DEF Pick( )
  INI
  PTP pPrePick CONT Vel=150 % PDAT1 Tool[2]:Grip Base[0]
  WAIT FOR ( IN 2 'di2_Partdetect' )           ; 等待纸箱到达抓取位
  LIN pPickPart Vel=2 m/s CPDAT1 Tool[2]:Grip Base[0]
  $OUT[2]=TRUE                                 ; 真空吸盘开启
```

```
    WAIT FOR ( IN 3 'di3_VaccumOk' )                    ; 等待真空吸盘负压监测没问题
    LIN pPrePick CONT Vel=2 m/s CPDAT2 Tool[2]:Grip Base[0]
    PTP pSafePos CONT Vel=150 % PDAT2 Tool[2]:Grip Base[0]
END
;*************************************************************

DEF Place( )
    INI
    XpActBase.X=XpBase.X+X                              ; 获取栈板放置位的 X 轴坐标
    XpActBase.Y=XpBase.Y+Y                              ; 获取栈板放置位的 Y 轴坐标
    XpActBase.Z=XpBase.Z+Z                              ; 获取栈板放置位的 Z 轴坐标
    XpPreBase.X=XpActBase.X+50                          ; 预放置位 XpPreBase 确立
    XpPreBase.Y=XpActBase.Y+50
    XpPreBase.Z=XpActBase.Z+200
    PTP pPreBase CONT Vel=150 % PDAT1 Tool[2]:Grip Base[1]:BASE_CART
    LIN pActBase Vel=2 m/s CPDAT1 Tool[2]:Grip Base[1]:BASE_CART
    $OUT[2]=FALSE                                       ; 真空吸盘关闭
    WAIT FOR NOT ( IN 3 'di3_VaccumOk' )                ; 等待真空吸盘无负压
    LIN pPreBase CONT Vel=2 m/s CPDAT2 Tool[2]:GripBase[1]:BASE_CART
    PTP pSafePos CONT Vel=150 % PDAT2 Tool[2]:Grip Base[0]
END
;*************************************************************

DEF RcheckCycle( )
    IF bComplete=TRUE THEN
        WAIT FOR ( IN 5 'di5_Reset' )                   ; 等待复位信号
        bComplete=FALSE                                 ; 任务完成标志复位
        $OUT[6]=FALSE                                   ; 蜂鸣器关闭
        nActivePgno=0                                   ; 垛型变量复位
        X=0                                             ; 位置偏移变量复位
        Y=0                                             ; 位置偏移变量复位
        Z=0                                             ; 位置偏移变量复位
    ENDIF
END
;*************************************************************

DEFDAT  $Config
    DECL BOOL bComplete=FALSE
    DECL INT nActivePgno=0
  ;----------------------------------------------
  ;        输入端与变量关联
  ;----------------------------------------------
    SIGNAL di1_Pre_partdetect $in[1]
    SIGNAL di2_Partdetect $in[2]
    SIGNAL di3_VaccumOk $in[3]
    SIGNAL di4_StartCycle $in[4]
    SIGNAL di5_Reset $in[5]
    SIGNAL di6_PalletMode_A $in[6]
    SIGNAL di7_PalletMode_B $in[7]
```

```
    SIGNAL di8_PlateInpos $in[8]

    DECL INT X=0
    DECL INT Y=0
    DECL INT Z=0
    DECL INT L
    DECL INT W
    DECL INT H
    DECL INT NX=0
    DECL INT NY=0
    DECL INT NZ=0
    DECL INT BOXL=202                          ; 纸箱长度 + 纸箱间缝隙
    DECL INT BOXW=202                          ; 纸箱宽度 + 纸箱间缝隙
    DECL INT BOXH=152                          ; 纸箱高度 + 纸箱间缝隙
ENDDAT
;*****************************************************************

DEF SPS ( )
   DECLARATIONS
   INI
   LOOP
      WAIT FOR NOT($POWER_FAIL)
      TORQUE_MONITORING()
      USER PLC
      IF $PRO_STATE1==#P_ACTIVE THEN
        $OUT[3]=FALSE
        $OUT[4]=FALSE
        $OUT[5]=TRUE                           ; 三色灯绿灯亮
      ENDIF
      IF (($ALARM_STOP==FALSE) OR ($STOPMESS==TRUE)) THEN
        $OUT[4]=FALSE
        $OUT[5]=FALSE
        $OUT[3]=TRUE                           ; 三色灯红灯亮
      ENDIF
       IF (NOT($PRO_STATE1==#P_ACTIVE) AND NOT($ALARM_STOP==FALSE) AND
       ($STOPMESS==FALSE)) THEN
        $OUT[3]=FALSE
        $OUT[5]=FALSE
        $OUT[4]=TRUE                           ; 三色灯黄灯亮
      ENDIF
      IF ((di1_Pre_partdetect==FALSE) AND ($PRO_STATE1==#P_ACTIVE)) THEN
        $OUT[1]==TRUE
      ELSE                                     ; 传送带电动机控制
        $OUT[1]==FALSE
      ENDIF
ENDLOOP
```

第 7 章

上下料工作站应用精析

- 上下料工作站
- 系统各部分连接
- 系统 I/O 模块配置
- 机器人输入 / 输出端配置
- 系统 I/O 清单
- 坐标系的建立
- 机器人上下料程序框图
- 传送带装置控制框图
- 上下料动作分解
- 示教目标点
- 程序清单
- 本章说明

7.1 上下料工作站

结合前几章学习的内容，通过对上下料工作站案例的解析，可以加强以下知识点的理解和运用：

1）安全防护装置。

2）BECKHOFF I/O 模块和机器人输入输出通道配置。

3）创建工具坐标系。

4）创建基坐标系。

5）变量的声明与使用。

6）KRL 语言编程。

7）子程序调用。

8）结构化编程方法。

9）目标点示教。

10）机器人在自动方式下运行。

本案例是在第 6 章码垛工作站学习的基础上，主要使用了 KRL 语言进行运动程序编写，目的是让读者了解联机表与 KRL 语言编程的区别。

1. 上下料工作站布局

为了提高效率，解放劳动力，工业机器人可以代替人力来完成物料搬运、上料和下料等操作。机器人上下料在汽车制造、食品加工、电子、机加工等行业有着相当广泛的应用。机器人上下料具有运动灵活精准、快速高效、稳定性高等特点，应用越来越广泛。

图 7-1 所示为 KUKA 机器人上下料工作站。

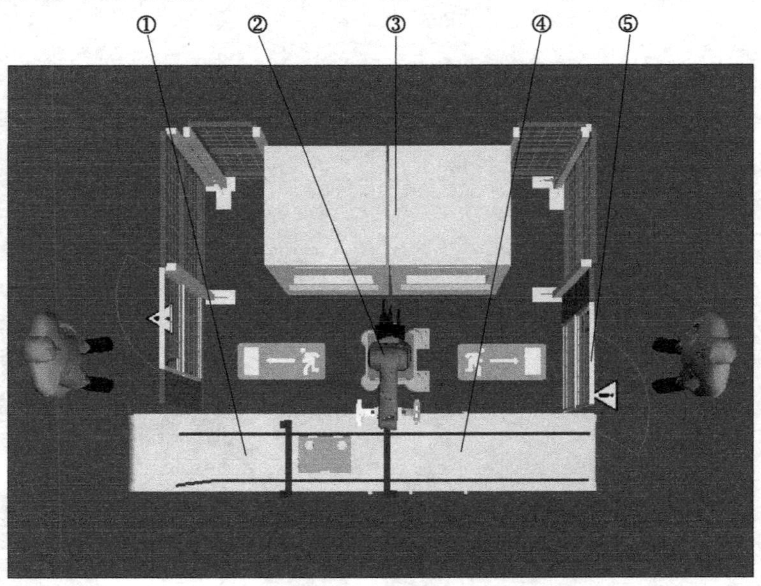

图 7-1

①—进料传送带 ②—KR C4 小负载 6 轴机器人系统（含操作面板） ③—检测工作站 A、B ④—出料传送带 ⑤—安全围栏

2. 系统配置

（1）操作面板 操作面板上的元件布置如图 7-2 所示，包括急停开关、切换开关、启

动按钮、复位按钮、三色灯。操作面板元件功能说明见表 7-1。

图 7-2

表 7-1

元件名称	功能说明
急停开关	系统急停
切换开关	选择检测工作站 A 或检测工作站 B 或检测工作站 AB
启动按钮	启动上下料流程按钮
复位按钮	复位上下料流程按钮
三色灯	指示系统设备的当前状态 绿色：系统处于正常运行状态 黄色：系统处于待机状态 红色：系统处于故障状态

（2）机器人工具——气缸抓手　上下料工作站的机器人工具采用的是气缸抓手，通过电磁阀控制抓手的开闭，实现产品的抓取和松开。

（3）进料传送带　进料传送带用于产品的传输和定位，传送带机构装有 2 个光电检测开关，产品放置于传送带上，作业员按下输送开始按钮后，传送带开始工作。当产品触发第 1 个光电开关，则表示产品进入待抓取区域，此时传送带电动机停止运行。产品停止到位后触发第 2 个光电开关，机器人执行抓取动作。双光电开关的设计保证了机器人抓取待检测产品位置的准确性。

进料传送带旁有一个开关盒，上面有进料传送带启动按钮。

（4）安全围栏　为保证系统的安全性，在上下料工作站周围设有安全围栏，围栏有 2 个检修防护门，检修防护门设有门开关，当机器人处于自动运行状态时，如果有任何一扇门被打开，将触发机器人安全停机。

（5）出料传送带　出料传送带用于产品的下料，机器人系统控制传送带电动机启停，传送带机构装有 1 个接近开关和 1 个光电检测开关。

3. 上下料工作站工作流程

如图 7-3 所示，操作人员有三种模式可以选择，分别是检测工作站 A 工作、检测工作站 B 工作和检测工作站 AB 工作。

Main 主程序在执行期间，三色灯为绿色；机器人待机且无警报时，三色灯为黄色；系统工作过程中发生由急停开关动作、安全防护装置动作等导致机器人停机的故障，三色灯红灯亮。

以检测工作站 A 工作为例，上下料工作站的工作流程如下：

1）机器人系统主程序 Main 在 AUT 方式下被选定执行。通过操作面板的启动按钮，启动上下料工作流程。

2）当作业员将待检测的产品放置于进料传送带，并按下进料传送带启动按钮，进料传送带电动机开始运行；如果待检测产品到达待抓取位，则传送带停止工作，最终停止的位置为抓取位。

3）机器人会根据检测工作站 A 的当前工作状态，执行不同的逻辑动作：

①检测工作站 A 里有产品正在检测时，机器人此时需要在原点位置等待。

② 当检测工作站 A 里有产品且收到产品检测完成信号时，机器人此时需要去检测工作站 A 里将检测产品取走，将产品放置于出料传送带上，然后去进料传送带抓取位置将待检测产品取走，放置于检测工作站 A 里，并等待产品检测完成信号，当机器人收到产品检测完成信号，将检测后的产品抓取至出料传送带。

③ 当检测工作站 A 里无产品时，机器人此时需要去进料传送带抓取位置将待检测产品取走，放置于检测工作站 A 里，并等待产品检测完成信号，当机器人收到产品检测完成信号，将检测后的产品抓取至出料传送带。

4）产品被放置于出料传送带上料位后，接近开关触发，机器人系统启动出料传送带工作；当产品触发光电开关，表示产品到达出料传送带下料位，此时传送带电动机停止运行。

5）机器人回到原点位置后，开始新的工作流程。

本章的程序编制主要以检测工作站 A 工作为例，检测工作站 B 工作的情况与检测工作站 A 工作的情况相同，只是路径不同；另外，检测工作站 A 和 B 同时工作时，只需把检测工作站 A 和检测工作站 B 单独的工作流程进行逻辑选择即可。

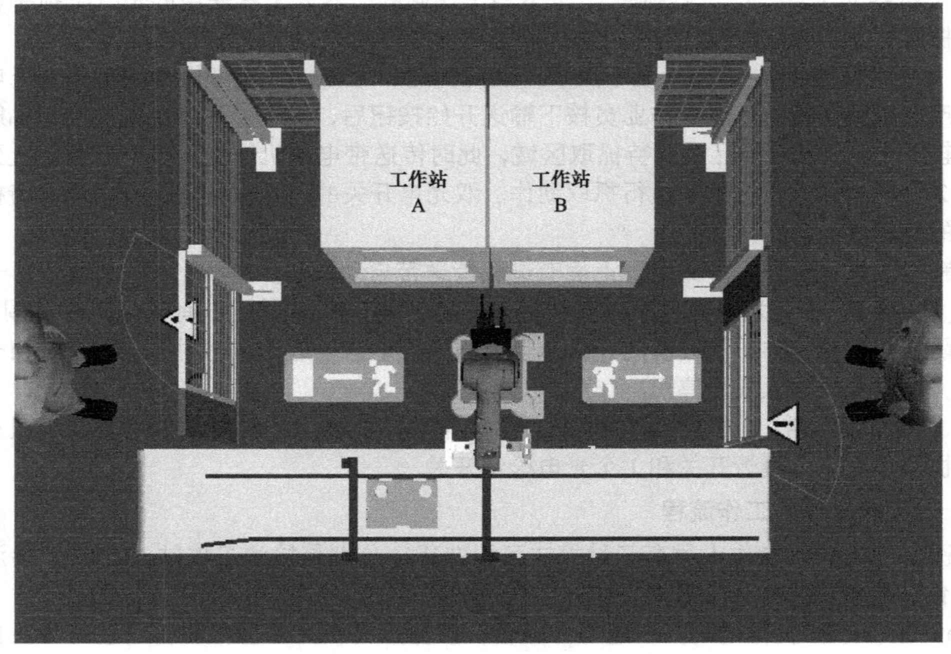

图 7-3

7.2 系统各部分连接

本系统各组成部分连接如图 7-4 所示。

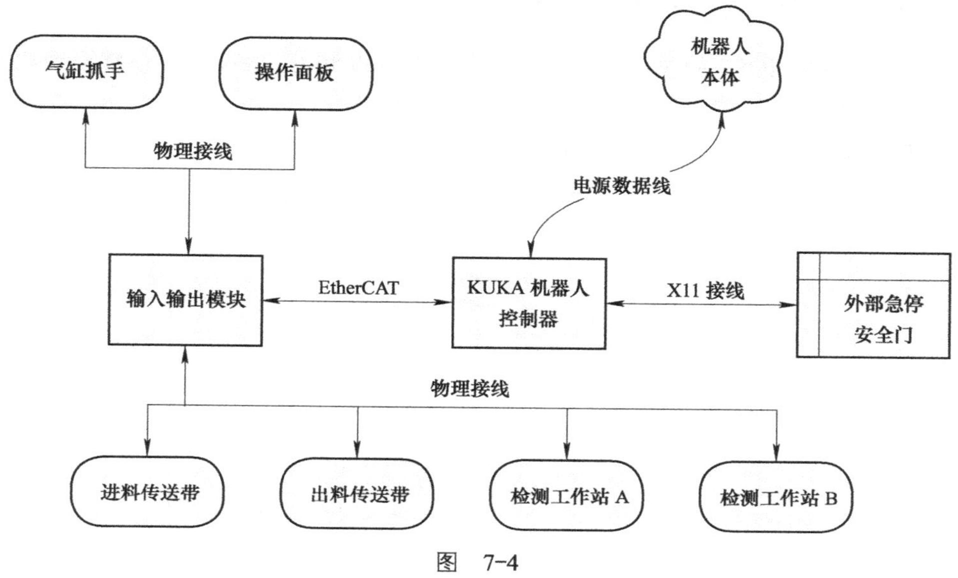

图 7-4

7.3 系统 I/O 模块配置

为 KUKA 机器人控制系统配置 16 通道开关量输入和 16 通道开关量输出，添加图 7-5 所示的 BECKHOFF 总线模块。添加的具体模块型号如下：

1）耦合模块型号：EK1100，数量 1 块。

2）输入模块型号：EL1809，数量 1 块。

3）输出模块型号：EL2809，数量 1 块。

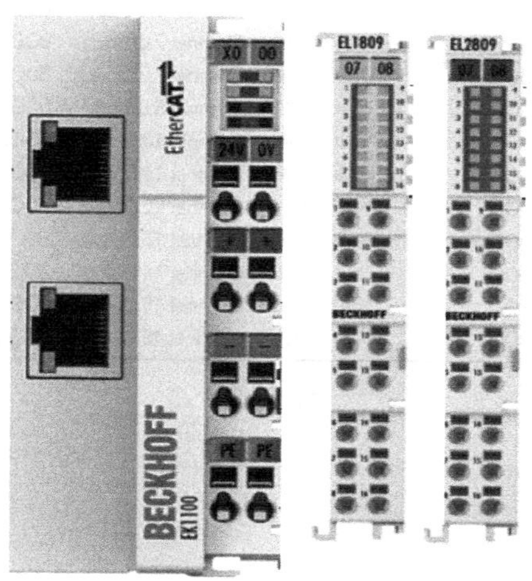

图 7-5

BECKHOFF I/O 模块的配置过程请参照 4.8 节内容。

7.4 机器人输入 / 输出端配置

在添加了 BECKHOFF 的总线模块 EK1100、EL1809 和 EL2809 后，还需要对机器人输入 / 输出端进行配置，具体的配置过程请参照 4.9 节内容。

输入通道映射如图 7-6 所示。

名称	型号	说明	I/O	I/O	名称	型号	地址
$IN[1]	BOOL				Channel 1.Input	BOOL	
$IN[2]	BOOL				Channel 2.Input	BOOL	
$IN[3]	BOOL				Channel 3.Input	BOOL	
$IN[4]	BOOL				Channel 4.Input	BOOL	
$IN[5]	BOOL				Channel 5.Input	BOOL	
$IN[6]	BOOL				Channel 6.Input	BOOL	
$IN[7]	BOOL				Channel 7.Input	BOOL	
$IN[8]	BOOL				Channel 8.Input	BOOL	
$IN[9]	BOOL				Channel 9.Input	BOOL	
$IN[10]	BOOL				Channel 10.Input	BOOL	
$IN[11]	BOOL				Channel 11.Input	BOOL	
$IN[12]	BOOL				Channel 12.Input	BOOL	
$IN[13]	BOOL				Channel 13.Input	BOOL	
$IN[14]	BOOL				Channel 14.Input	BOOL	
$IN[15]	BOOL				Channel 15.Input	BOOL	
$IN[16]	BOOL				Channel 16.Input	BOOL	

图 7-6

输出通道映射如图 7-7 所示。

名称	型号	说明	I/O	I/O	名称	型号	地址
$OUT[1]	BOOL				Channel 1.Output	BOOL	
$OUT[2]	BOOL				Channel 2.Output	BOOL	
$OUT[3]	BOOL				Channel 3.Output	BOOL	
$OUT[4]	BOOL				Channel 4.Output	BOOL	
$OUT[5]	BOOL				Channel 5.Output	BOOL	
$OUT[6]	BOOL				Channel 6.Output	BOOL	
$OUT[7]	BOOL				Channel 7.Output	BOOL	
$OUT[8]	BOOL				Channel 8.Output	BOOL	
$OUT[9]	BOOL				Channel 9.Output	BOOL	
$OUT[10]	BOOL				Channel 10.Output	BOOL	
$OUT[11]	BOOL				Channel 11.Output	BOOL	
$OUT[12]	BOOL				Channel 12.Output	BOOL	
$OUT[13]	BOOL				Channel 13.Output	BOOL	
$OUT[14]	BOOL				Channel 14.Output	BOOL	
$OUT[15]	BOOL				Channel 15.Output	BOOL	
$OUT[16]	BOOL				Channel 16.Output	BOOL	

图 7-7

7.5 系统 I/O 清单

系统 I/O 清单见表 7-2。

表 7-2

输入模块	机器人输入端			
	Bit	信号地址	信号变量	含 义
EL1809	1	$IN[1]	di1_InfeederOn_Request	进料传送带启动按钮
	2	$IN[2]	di2_InfeedPart_Detected	产品在进料传送带待抓取区
	3	$IN[3]	di3_InfeedPart_InPosition	产品在进料传送带抓取位
	4	$IN[4]	di4_Gripper_Open	抓手处于打开状态
	5	$IN[5]	di5_Gripper_Closed	抓手处于关闭状态
	6	$IN[6]	di6_PartIn_StationA	检测工作站 A 有产品
	7	$IN[7]	di7_PartIn_StationB	检测工作站 B 有产品
	8	$IN[8]	di8_JobDone_StationA	检测工作站 A 产品检测完成
	9	$IN[9]	di9_JobDone_StationB	检测工作站 B 产品检测完成
	10	$IN[10]	di10_OutfeedPart_Detected	产品在出料传送带上料位
	11	$IN[11]	di11_PartIn_Remove	产品在出料传送带下料位
	12	$IN[12]	di12_Process_On	启动上下料流程按钮
	13	$IN[13]	di13_Process_Reset	复位上下料流程按钮
	14	$IN[14]	di14_Only_StationA	选择检测工作站 A 工作
	15	$IN[15]	di15_Only_StationB	选择检测工作站 B 工作
	16	$IN[16]	di16_Both_Stations	选择检测工作站 A 和 B 工作
输出模块	机器人输出端			
	Bit	信号地址	信号变量	含 义
EL2809	1	$OUT[1]	do1_Infeeder_On	进料传送带电动机控制
	2	$OUT[2]	do2_Gripper_On	抓手动作
	3	$OUT[3]	do3_Red_Lamp	三色灯红灯（系统故障）
	4	$OUT[4]	do4_Yellow_Lamp	三色灯黄灯（系统待机）
	5	$OUT[5]	do5_Green_Lamp	三色灯绿灯（系统运行）
	6	$OUT[6]	do6_StationA_Loaded	检测工作站 A 上料完成
	7	$OUT[7]	do7_StationA_Unloaded	检测工作站 A 下料完成
	8	$OUT[8]	do8_StationB_Loaded	检测工作站 B 上料完成
	9	$OUT[9]	do9_StationB_Unloaded	检测工作站 B 下料完成
	10	$OUT[10]	do10_Outfeeder_On	出料传送带电动机控制

7.6 坐标系的建立

1. 工具坐标系建立

在机器人的抓手工具中心建立工具坐标系，其中工具坐标系 X 轴的正方向为工具垂直向下作业方向。在 SmartPad 中创建名称为 Grip 的工具坐标系，工具编号为 1，如图 7-8 所示。

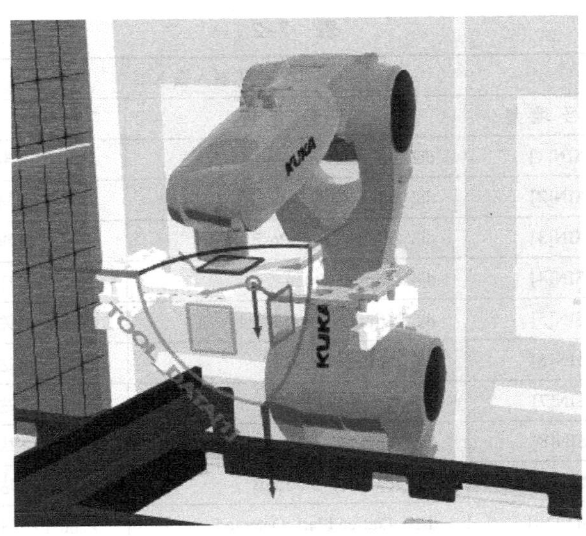

图 7-8

1）可以采用数字输入法来创建工具坐标系 TCP 数据，即根据工具设计参数，直接录入工具 TCP 至法兰中心点的距离值（X，Y，Z）和转角（A，B，C）。基于机械 3D 模型，在软件里创建以抓手中心为原点的工具坐标系，通过软件分析得出此工具坐标系 TCP 坐标，如图 7-9 所示。

工具属性

TOOL_DATA[1]

坐标　○ 世界　◉ 父系坐标 ○ 物体

X 0.000000	Y 74.000000	Z 60.200000
A -138.073395	B 0.000000	C 0.000000

名称	TOOL_DATA[1]
移动	
节点	mountplate
InterpolationM...	#NONE
Description	
KRC_X	0.000000
KRC_Y	74.000000
KRC_Z	60.200000
KRC_A	-138.073395
KRC_B	0.000000
KRC_C	0.000000

图 7-9

在主菜单中选择“投入运行”→“测量”→“工具”→“数字输入”，为待测定的工具选择“工具编号”为 1，输入“名称”为 Grip，单击“继续”键确认，根据图 7-9 的数值录入工具数据。

2）也可以利用 XYZ 4 点法测量工具 TCP，XYZ 4 点法的操作步骤如下：

①按“主菜单”键，在菜单中选择“投入运行”→“测量”→“工具”→“XYZ 4点法”。

②为待测定的工具选择1号工具，名称为Grip，单击“继续”键确认。

③将TCP移至任意一个参照尖点，使待测工具的TCP点与参照尖点对准，单击“测量”，弹出“是否应用当前位置？继续测量”窗口，单击“是”键确认。

④将TCP从一个其他方向朝参照点移动，使待测工具的TCP点与参照尖点对准，单击“测量”，单击“是”键，回答窗口提问。

⑤将步骤④重复两次，共测量4个点，第4点测量工具可垂直对准参照尖点。

3）采用ABC世界坐标系6D法确定工具坐标系姿态。

①按“主菜单”键，在菜单中选择“投入运行”→“测量”→“工具”→“ABC世界坐标系”。

②为待测定的工具输入“工具号”为1，单击“继续”键确认。

③选择“6D”法，单击“继续”键确认，将工具坐标+X调整至平行于世界坐标−Z的方向；将工具坐标的+Y平行于世界坐标的+Y的方向；将工具坐标的+Z平行于世界坐标的+X方向，单击“测量”键。

4）在弹出的窗口中输入工具的重量和重心等工具负载数据，单击“继续”→“保存”结束过程。工具负载数据根据工具厂家提供的数据录入。

2. 基坐标系建立

本项目以机器人足部原点建立一个基坐标系，名称为BASE_ROOT，基坐标编号为1，X、Y、Z、A、B、C均为0，如图7-10所示。

其实，也可以在传送带上通过3点法标定一个基坐标，编号为3，名称为Conveyor，如图7-11所示。基坐标的建立过程请参照2.6.5节内容。

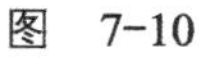

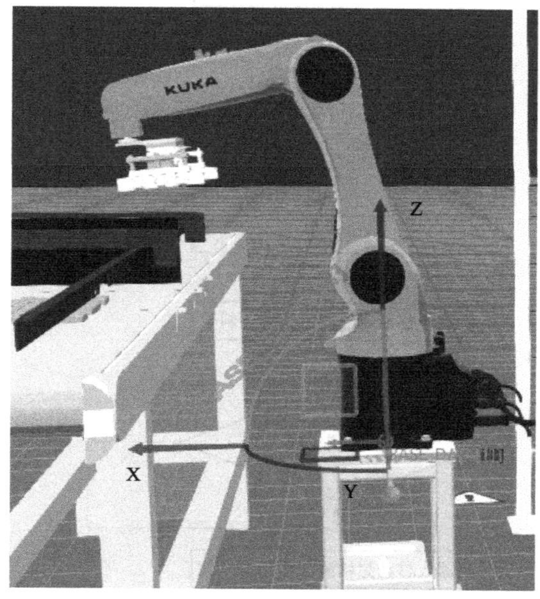

图 7-10

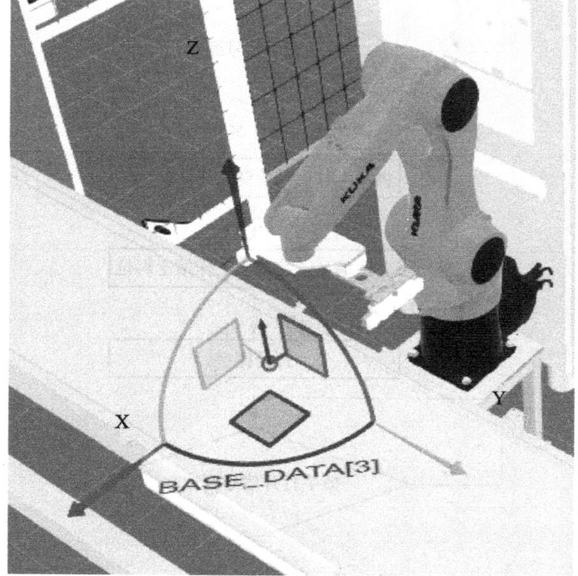

图 7-11

7.7 机器人上下料程序框图

机器人上下料主程序框图7-12所示。

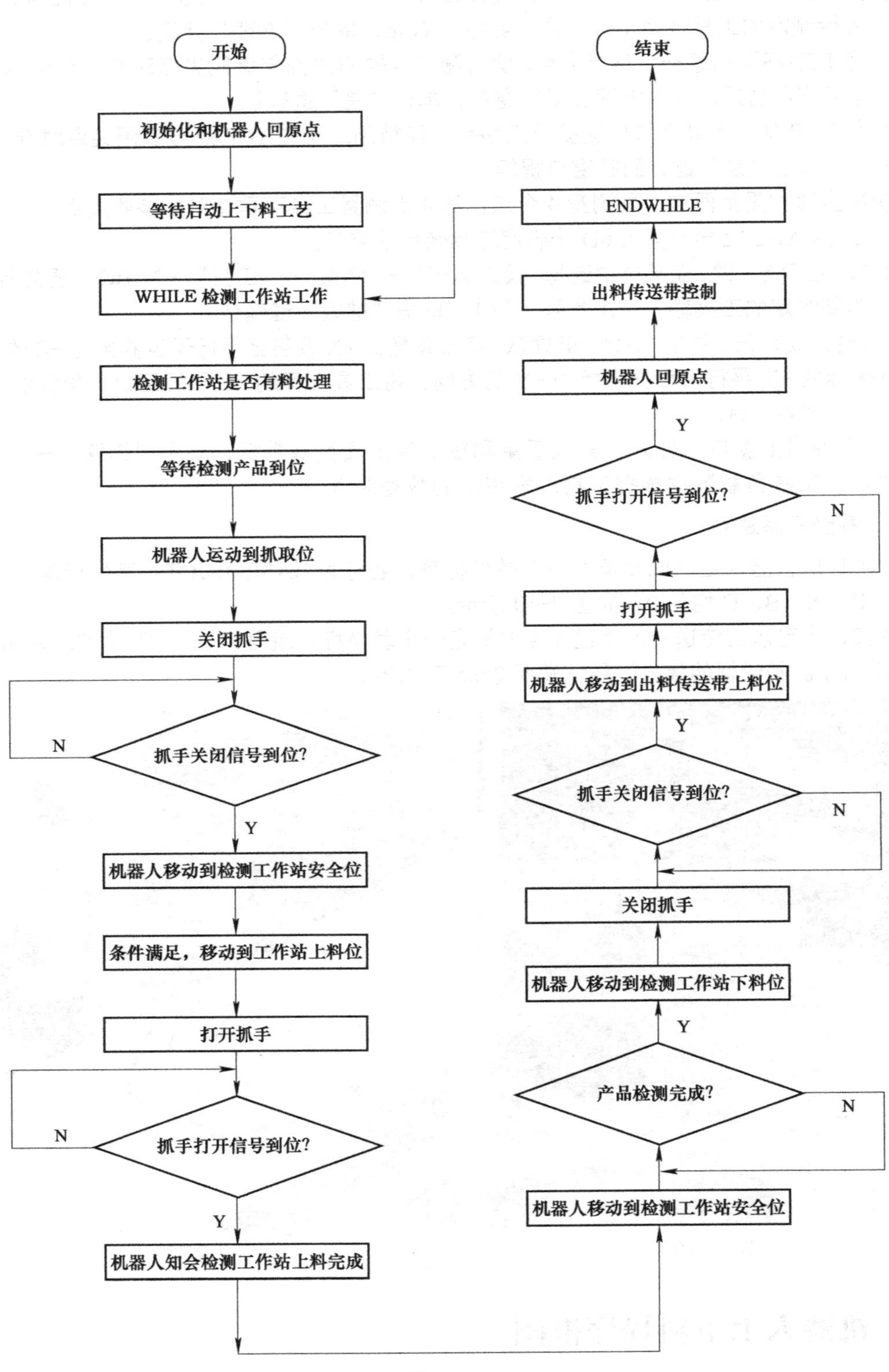
开始
初始化和机器人回原点
等待启动上下料工艺
WHILE 检测工作站工作
检测工作站是否有料处理
等待检测产品到位
机器人运动到抓取位
关闭抓手
抓手关闭信号到位?
N
Y
机器人移动到检测工作站安全位
条件满足，移动到工作站上料位
打开抓手
抓手打开信号到位?
N
Y
机器人知会检测工作站上料完成
机器人移动到检测工作站安全位
产品检测完成?
N
Y
机器人移动到检测工作站下料位
关闭抓手
抓手关闭信号到位?
N
Y
机器人移动到出料传送带上料位
打开抓手
抓手打开信号到位?
N
Y
机器人回原点
出料传送带控制
ENDWHILE
结束

图 7-12

7.8 传送带装置控制框图

1）进料传送带的控制程序在机器人的 SPS 里编辑，控制框图如图 7-13 所示。

2）出料传送带的控制程序在机器人的 SPS 里编辑，控制框图如图 7-14 所示。

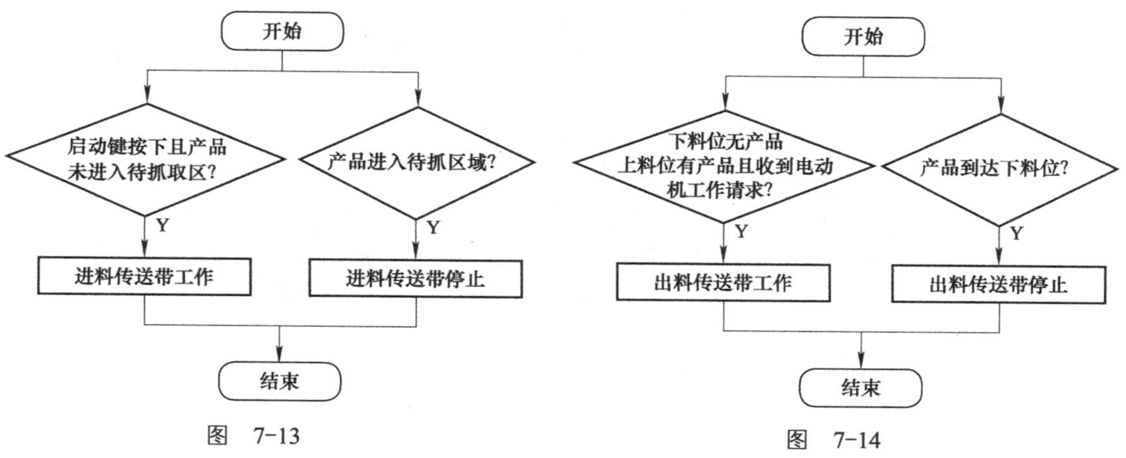

图 7-13　　图 7-14

7.9 上下料动作分解

为了更准确地了解上下料过程节拍，机器人在检测站 A 工作的情况下，动作可分解为如图 7-15 所示。

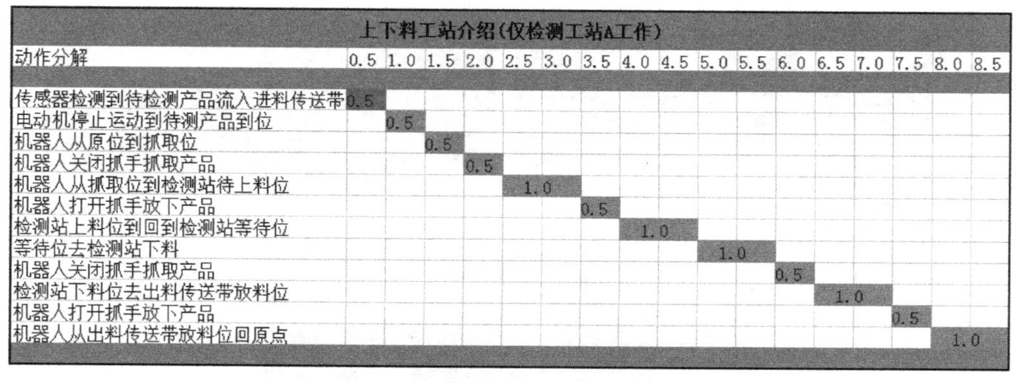

上下料工站介绍（仅检测工站A工作）																	
动作分解	0.5	1.0	1.5	2.0	2.5	3.0	3.5	4.0	4.5	5.0	5.5	6.0	6.5	7.0	7.5	8.0	8.5
传感器检测到待检测产品流入进料传送带	0.5																
电动机停止运动到待测产品到位		0.5															
机器人从原位到抓取位			0.5														
机器人关闭抓手抓取产品				0.5													
机器人从抓取位到检测站待上料位					1.0												
机器人打开抓手放下产品							0.5										
检测站上料位到回到检测站等待位								1.0									
等待位去检测站下料										1.0							
机器人关闭抓手抓取产品												0.5					
检测站下料位去出料传送带放料位													1.0				
机器人打开抓手放下产品															0.5		
机器人从出料传送带放料位回原点																1.0	

图 7-15

以检测工作站 A 工作为例，检测一个产品需 10s，再加上机器人上下料所需时间 8.5s，节拍约为 10s+8.5s=18.5s。

7.10 示教目标点

可建立用于示教的程序模块，通过联机表单创建运动指令，在本工作站中，共需示教 5 个目标点，目标点名称分别为：

1）HOME 点，如图 7-16a 所示。

2）进料传送带抓取点 pPickInfeeder，如图 7-16b 所示。

3）从进料传送带至检测工作站 A 检测位置的曲线过渡安全点 pSafePos，如图 7-16c 所示。

4）检测工作站 A 检测位 pStationA，如图 7-16d 所示。

5）出料传送带上料位 pPutOutfeeder，如图 7-16e 所示。

其他程序模块使用到以上目标点，把目标点位置数据复制到相应程序模块的 DAT 数据文件中即可。

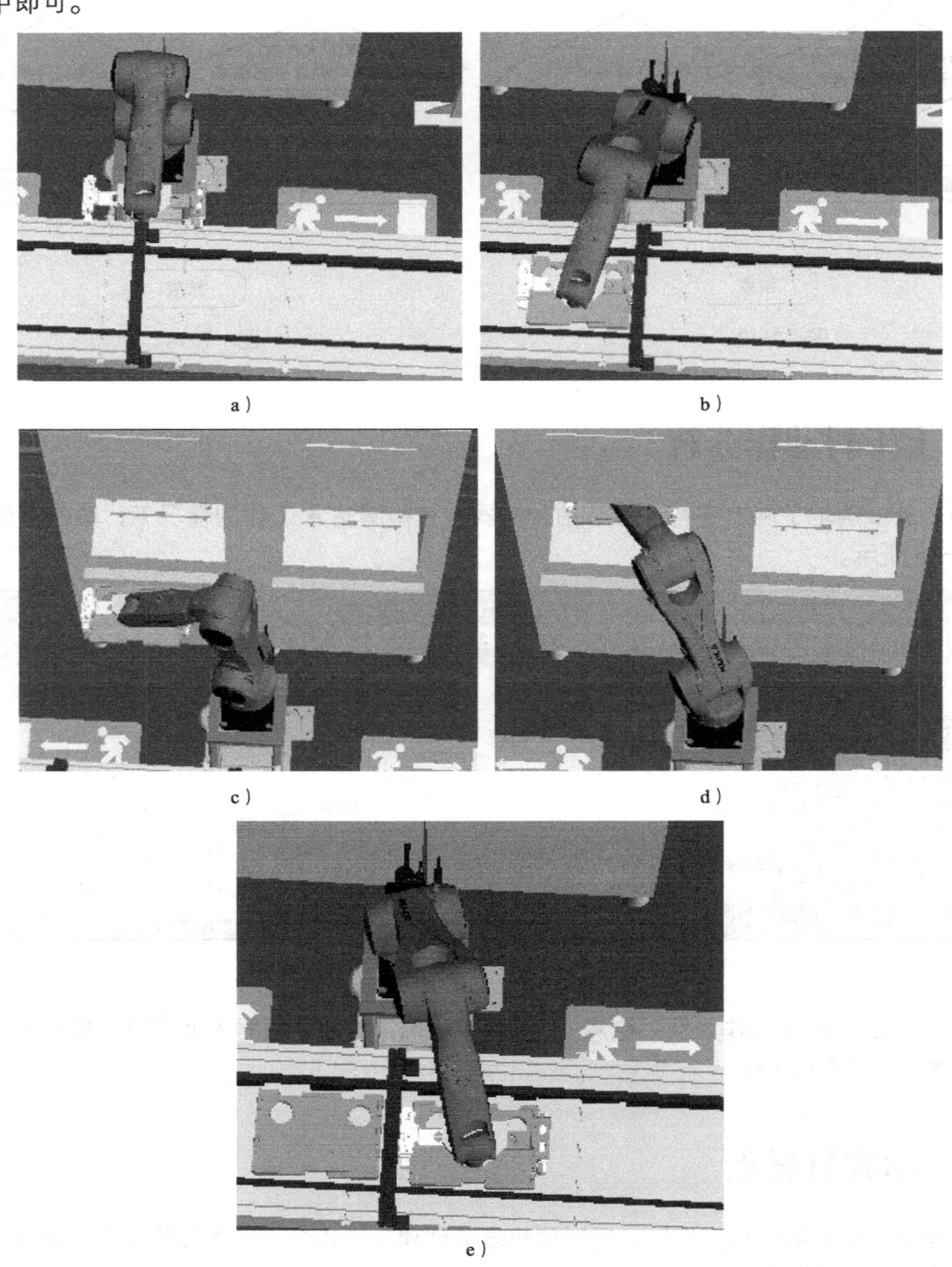

a） b） c） d） e）

图 7-16

7.11 程序清单

```
DEF Main ()
    INI
    InitVariable()                                  ; 子程序：初始化信号及变量
    PTP HOME Vel=150 % PDAT1                        ; 机器人回原位
    WAIT FOR (di12_Process_On==TRUE)                ; 启动上下料流程
    WHILE di14_Only_StationA                        ; 满足条件，循环开始
        IF (di6_PartIn_StationA==TRUE) THEN
          StationA_PartIn_Handle()                  ; 子程序：检测工作站 A 有料处理
        ELSE
          WAIT FOR  di3_InfeedPart_InPosition       ; 等待待检产品到位
          Pick_Infeeder()                           ; 子程序：到进料传送带取料
          ; 等待当前是检测站 A 工作且检测站 A 里没产品
          WAIT FOR(di14_Only_StationA AND NOT di6_PartIn_StationA)
          Infeeder_StationA()                       ; 子程序：去检测
          LIN pSafePos CONT Vel=0.5 m/s CPDAT1 Tool[1]:Grip Base[1]
          WAIT FOR di8_JobDone_StationA             ; 等待检测完成
          Unload_StationA()                         ; 子程序：检测工作站 A 下料
          StationA_Outfeeder()                      ; 子程序：去出料传送带
          Gripper_Open()                            ; 子程序：抓手打开
          Outfeeder_Home()                          ; 子程序：回原位
        ENDIF
        IF d13_Process_Reset THEN
          EXIT                                      ; 跳出循环
        ENDIF
ENDWHILE
END
;*****************************************************************

DEF InitVariable( )
    Gripper_Open()                                  ; 子程序：打开抓手
    do6_StationA_Loaded=FALSE                       ; 检测工作站 A 上料完成
    do7_StationA_Unloaded=FALSE                     ; 检测工作站 A 下料完成
    bOutfeeder_On=FALSE                             ; 出料传送带电动机工作请求
    do1_Infeeder_On=FALSE                           ; 进料传送带控制
    do10_Outfeeder_On=FALSE                         ; 出料传送带控制
END
;*****************************************************************

DEF Pick_Infeeder ( )
    DECL E6POS xPre_Pick
    INI
    xPre_Pick=xpPickInfeeder
    xPre_Pick.z= xPre_Pick.z+150                    ; 计算预抓点
    BAS(#TOOL,1)                                    ; 设置预抓点工具
    BAS(#BASE,1)                                    ; 设置预抓点基坐标
```

```
    BAS(#VEL_PTP,30)                                    ; 设置预抓点速度
    $APO.CDIS=5                                         ; 设置预抓点逼近参数
    PTP xPre_Pick  C_DIS                                ; PTP 移动到预抓点
    LIN pPickInfeeder Vel=0.5 m/s CPDAT1 Tool[1]:Grip Base[1]
    Gripper_Close()                                     ; 抓手关闭
    BAS(#TOOL,1)                                        ; 设置预抓点工具
    BAS(#BASE,1)                                        ; 设置预抓点基坐标
    BAS(#VEL_CP,0.5)                                    ; 设置预抓点速度
    LIN xPre_Pick                                       ; LIN 移动到预抓点
END
;**********************************************************************

DEF Gripper_Open( )
    do2_Gripper_On=FALSE                                ; 抓手打开
    WAIT FOR （ di4_Gripper_Open==TRUE ）                ; 等待抓手打开信号
END
;**********************************************************************

DEF Gripper_Close( )
    do2_Gripper_On=TRUE                                 ; 抓手关闭
    WAIT FOR （ di5_Gripper_Closed==TRUE ）              ; 等待抓手关闭信号
END
;**********************************************************************

DEF  StationA_PartIn_Handle( )
    WAIT FOR di8_JobDone_StationA==TRUE                 ; 等待检测工作站 A 产品检测完成
    Unload_StationA()                                   ; 子程序：检测工作站 A 下料
    StationA_Outfeeder()                                ; 子程序：去传送带
    Gripper_Open()                                      ; 子程序：抓手打开
    Outfeeder_Home()                                    ; 子程序：回原位
END
;**********************************************************************

DEF Infeeder_StationA( )
    DECL E6POS xPre_Load1, xPre_Load2
    INI
    xPre_Load1=xpStationA
    xPre_Load1.X= xPre_Load1.X+500
    xPre_Load1.Z= xPre_Load1.Z+100                      ; 计算预放料点 1
    xPre_Load2=xpStationA
    xPre_Load2.Z= xPre_Load2.Z+100                      ; 计算预放料点 2
    PTP pSafePos CONT Vel=50% PDAT4 Tool[1]:Grip Base[1]
    BAS(#TOOL,1)                                        ; 设置预放料点 1 工具
    BAS(#BASE,1)                                        ; 设置预放料点 1 基坐标
    BAS(#VEL_PTP,30)                                    ; 设置预放料点 1 速度
    $APO.CDIS=5                                         ; 设置逼近参数
    PTP  xPre_Load1 C_DIS                               ; PTP 到预放料点 1
```

```
    BAS(#TOOL,1)                                        ; 设置预放料点 2 工具
    BAS(#BASE,1)                                        ; 设置预放料点 2 基坐标
    BAS(#VEL_CP,0.5)                                    ; 设置预放料点 2 速度
    $APO.CDIS=5                                         ; 设置逼近参数
    LIN xPre_Load2 C_DIS                                ; LIN 到预放料点 2
    LIN pStationA  Vel=0.5 m/s CPDAT1 Tool[1]:Grip Base[1]
    WAIT FOR (di6_PartIn_StationA==TRUE)                ; 等待检测工作站 A 有产品
    Gripper_Open()                                      ; 子程序：打开抓手
    BAS(#TOOL, 1)                                       ; 设置预放料点 2 工具
    BAS(#BASE, 1)                                       ; 设置预放料点 2 基坐标
    BAS(#VEL_CP, 0.5)                                   ; 设置预放料点 2 速度
    $APO.CDIS=5                                         ; 设置逼近参数
    LIN xPre_Load2 C_DIS                                ; LIN 到预放料点 2
    LIN xPre_Load1 C_DIS                                ; LIN 到预放料点 1
    SYN OUT 6 'StationA_Loaded' State=TRUE at START Delay=200ms
                                                        ; 检测工作站 A 上料完成信号置位
END
;*******************************************************************************

DEF Unload_StationA( )
    DECL E6POS xPre_Unload1, xPre_Unload2
    INI
    xPre_Unload1=xpStationA
    xPre_Unload1.X= xPre_Unload1.X+500
    xPre_Unload1.Z= xPre_Unload1.Z+100                  ; 计算预取料点 1
    xPre_Unload2=xpStationA
    xPre_Unload2.Z= xPre_Unload2.Z+100                  ; 计算预取料点 2
    BAS(#TOOL, 1)                                       ; 设置预取料点 1 工具
    BAS(#BASE, 1)                                       ; 设置预取料点 1 基坐标
    BAS(#VEL_PTP, 30)                                   ; 设置预取料点 1 速度
    $APO.CDIS=5                                         ; 设置逼近参数
    PTP  xPre_Unload1 C_DIS                             ; PTP 到预取料点 1
    BAS(#TOOL, 1)                                       ; 设置预取料点 2 工具
    BAS(#BASE, 1)                                       ; 设置预取料点 2 基坐标
    BAS(#VEL_CP, 0.5)                                   ; 设置预取料点 2 速度
    $APO.CDIS=5                                         ; 设置逼近参数
    LIN xPre_Unload2 C_DIS                              ; LIN 到预取料点 2
    LIN pStationA  Vel=0.5 m/s CPDAT1 Tool[1]:Grip Base[1]
    Gripper_Close()
    BAS(#TOOL, 1)                                       ; 设置预取料点 2 工具
    BAS(#BASE, 1)                                       ; 设置预取料点 2 基坐标
    BAS(#VEL_CP, 0.5)                                   ; 设置预取料点 2 速度
    $APO.CDIS=5                                         ; 设置逼近参数
    LIN xPre_Unload2 C_DIS                              ; LIN 到预取料点 2
    BAS(#TOOL, 1)                                       ; 设置预取料点 1 工具
    BAS(#BASE, 1)                                       ; 设置预取料点 1 基坐标
    BAS(#VEL_CP, 0.5)                                   ; 设置预取料点 1 速度
    $APO.CDIS=5                                         ; 设置逼近参数
```

```
    LIN xPre_Unload1 C_DIS                                  ; LIN 到预取料点 1
    WAIT FOR ( NOT di6_PartIn_StationA )
    ;SYN OUT 7 'StationA UnLoaded' State=TRUE at START Delay=200ms
                                                            ; 检测工作站 A 下料完成信号置位
END
;*****************************************************************************

DEF StationA_Outfeeder( )
    DECL E6POS xPre_Put
    INI
    xPre_Put=xpPutOutfeeder
    xPre_Put.Z= xPre_Put.Z+200
    PTP pSafePos CONT Vel=50% PDAT4 Tool[1]:Grip Base[1]
    BAS(#TOOL, 1)                                           ; 设置预放料点工具
    BAS(#BASE, 1)                                           ; 设置预放料点基坐标
    BAS(#VEL_PTP, 30)                                       ; 设置预放料点速度
    $APO.CDIS=5                                             ; 设置逼近参数
    PTP xPre_Put C_DIS
    LIN pPutOutfeeder Vel=0.5 m/s CPDAT1 Tool[1]:Grip Base[1]
END
;*****************************************************************

DEF Outfeeder_Home( )
    DECL E6POS xPre_Put
    INI
    xPre_Put=xpPutOutfeeder
    xPre_Put.Z= xPre_Put.Z+200
    BAS(#TOOL, 1)                                           ; 设置预放料点工具
    BAS(#BASE, 1)                                           ; 设置预放料点基坐标
    BAS(#VEL_CP, 0.5)                                       ; 设置预放料点速度
    $APO.CDIS=5                                             ; 设置逼近参数
    LIN xPre_Put C_DIS                                      ; LIN 到预放料位
    PTP pSafePos CONT Vel=50% PDAT4 Tool[1]:Grip Base[1]
    PTP HOME Vel=150 % PDAT1                                ; 机器人回原位
    WAIT FOR di10_OutfeedPart_Detected                      ; 确认传送带上料位有料
    bOutfeeder_On=TRUE                                      ; 出料传送带电动机工作请求
END
;*****************************************************************

DEFDAT $CONFIG
  DECL BOOL bOutfeeder_On=FALSE
  ;------------------------------------------------------------------------
  ;  输入端与变量关联
  ;------------------------------------------------------------------------
  SIGNAL di1_InfeederOn_Request                             $IN[1]
  SIGNAL di2_InfeedPart_Detected                            $IN[2]
  SIGNAL di3_InfeedPart_InPosition                          $IN[3]
  SIGNAL di4_Gripper_Open                                   $IN[4]
  SIGNAL di5_Gripper_Closed                                 $IN[5]
```

```
SIGNAL  di6_PartIn_StationA                    $IN[6]
SIGNAL  di7_PartIn_StationB                    $IN[7]
SIGNAL  di8_JobDone_StationA                   $IN[8]
SIGNAL  di9_JobDone_StationB                   $IN[9]
SIGNAL  di10_OutfeedPart_Detected              $IN[10]
SIGNAL  di11_OutfeedPart_Remove                $IN[11]
SIGNAL  di12_Process_On                        $IN[12]
SIGNAL  d13_Process_Reset                      $IN[13]
SIGNAL  di14_Only_StationA                     $IN[14]
SIGNAL  di15_Only_StationB                     $IN[15]
SIGNAL  di16_Both_Stations                     $IN[16]
;------------------------------------------------------------------------------------
;   输出端与变量关联
;------------------------------------------------------------------------------------
SIGNAL  do1_Infeeder_On                        $OUT[1]
SIGNAL  do2_Gripper_On                         $OUT[2]
SIGNAL  do3_Red_Lamp                           $OUT[3]
SIGNAL  do4_Yellow_Lamp                        $OUT[4]
SIGNAL  do5_Green_Lamp                         $OUT[5]
SIGNAL  do6_StationA_Loaded                    $OUT[6]
SIGNAL  do7_StationA_Unloaded                  $OUT[7]
SIGNAL  do8_StationB_Loaded                    $OUT[8]
SIGNAL  do9_StationB_Unloaded                  $OUT[9]
SIGNAL  do10_Outfeeder_On                      $OUT[10]
ENDDAT
;*************************************************************

DEF SPS ( )
  DECLARATIONS
  INI
  LOOP
     WAIT FOR NOT($POWER_FAIL)
     TORQUE_MONITORING()
  USER PLC
  IF $PRO_STATE1==#P_ACTIVE THEN
    $OUT[3]=FALSE
    $OUT[4]=FALSE
    $OUT[5]=TRUE                               ; 绿灯
  ENDIF
  IF(($ALARM_STOP==FALSE) OR ($STOPMESS==TRUE)) THEN
    $OUT[4]=FALSE
    $OUT[5]=FALSE
    $OUT[3]=TRUE                               ; 红灯
  ENDIF
  IF (NOT($PRO_STATE1==#P_ACTIVE) AND NOT($ALARM_STOP==FALSE) AND
  ($STOPMESS==FALSE)) THEN
    $OUT[3]=FALSE
    $OUT[5]=FALSE
    $OUT[4]=TRUE                               ; 黄灯
  ENDIF
  IF (($IN[1]==TRUE) AND ($IN[2]==FALSE)) THEN
```

```
    $OUT[1]=TRUE
  ENDIF                                        ; 进料传动带电动机控制
  IF $IN[2]==TRUE  THEN
    $OUT[1]=FALSE
  ENDIF
  IF ( NOT $IN[11] AND ($IN[10]==TRUE)  AND bOutfeeder_On )THEN
    $OUT[10]=TRUE
  ENDIF                                        ; 出料传送带电动机控制
  IF $IN[11]==TRUE THEN
    $OUT[10]=FALSE
    bOutfeeder_On=FALSE
  ENDIF
ENDLOOP
```

7.12 本章说明

1）该案例的程序采用了结构化编程方法，比如，把通用的功能单独建立子程序，其他程序可以调用。例如，抓手打开：Gripper_Open（ ）；抓手关闭：Gripper_Close（ ）等。

2）如图 7-17 所示，案例中运动程序采用的是 KRL 高级编程。

```
BAS(#TOOL,1)                ;设置预取料点 1 工具
BAS(#BASE,1)                ;设置预取料点 1 基坐标
BAS(#VEL_PTP,30)            ;设置预取料点 1 速度
$APO.CDIS=5                 ;设置逼近参数
PTP  xPre_Unload1 C_DIS     ;PTP 到预取料点 1
BAS(#TOOL,1)                ;设置预取料点 2 工具
BAS(#BASE,1)                ;设置预取料点 2 基坐标
BAS(#VEL_CP,0.5)            ;设置预取料点 2 速度
$APO.CDIS=5                 ;设置逼近参数
LIN xPre_Unload2 C_DIS      ;LIN 到预取料点 2
```

图 7-17